强制性条文速查系列手册

建筑结构与岩土强制性条文速查手册

（第二版）

闫军　主编

中国建筑工业出版社

图书在版编目(CIP)数据

建筑结构与岩土强制性条文速查手册/闫军主编. —2版. —北京：中国建筑工业出版社，2015.5
（强制性条文速查系列手册）
ISBN 978-7-112-18148-3

Ⅰ. ①建… Ⅱ. ①闫… Ⅲ. ①建筑结构-国家标准-中国-手册②岩土工程-国家标准-中国-手册　Ⅳ. ①TU3-65②TU4-65

中国版本图书馆 CIP 数据核字(2015)第 107293 号

强制性条文速查系列手册

建筑结构与岩土强制性条文速查手册
（第二版）
闫军　主编

*

中国建筑工业出版社出版、发行（北京西郊百万庄）
各地新华书店、建筑书店经销
北京红光制版公司制版
环球印刷（北京）有限公司印刷

*

开本：850×1168毫米　1/32　印张：10　字数：274千字
2015 年 7 月第二版　2015 年 7 月第三次印刷
定价：**42.00**元
ISBN 978-7-112-18148-3
(27375)

本书为"强制性条文速查系列手册"第二分册。共收录建筑结构类规范 75 本,岩土类规范 39 本。强制性条文共计千余条。第一篇结构工程包括:通用部分、钢结构、抗震、鉴定加固与监测、砌体、混凝土、高层与空间结构、幕墙与装饰、木结构、注册结构考试相关。第二篇岩土工程包括:勘察、地下工程、地基基础、区域性地质、注册岩土考试相关。

本书供结构、岩土从业人员及施工图审查人员使用,并可供施工、监理、安全、材料等工程建设领域人员学习参考。

＊　　＊　　＊

责任编辑:郭　栋
责任设计:赵明霞
责任校对:李欣慰　关　健

第 二 版 前 言

本书第一版自 2012 年 12 月出版以来，深受读者的喜爱。然随时间的推移，有些条文已经陈旧，需要适时地推出第二版，吐旧纳新，替换掉废止规范并吸收新规范进来。第二版加入了与注册结构考试和注册岩土考试相关的强制性条文。

《工程建设强制性条文》是工程建设过程中的强制性技术规定，是参与建设活动各方执行工程建设强制性标准的依据。执行《工程建设强制性条文》既是贯彻落实《建设工程质量管理条例》的重要内容，又是从技术上确保建设工程质量的关键。强制性条文的正确实施，对促进房屋建筑活动健康发展，保证工程质量、安全，提高投资效益、社会效益和环境效益都具有重要的意义。

强制性条文的内容，摘自工程建设强制性标准，主要涉及人民生命财产安全、人身健康、环境保护和其他公众利益。强制性条文的内容是工程建设过程中各方必须遵守的。按照建设部第 81 号令《实施工程建设强制性标准监督规定》，施工单位违反强制性条文，除责令整改外，还要处以工程合同价款 2% 以上 4% 以下的罚款。勘察、设计单位违反工程建设强制性标准进行勘察、设计的，责令改正，并处以 10 万元以上 30 万元以下的罚款。

"强制性条文速查系列手册"搜集整理了最新的工程建设强制性条文，共分建筑设计、结构与岩土、建筑施工、给水排水与暖通、交通工程、建筑材料六个分册。六个分册购齐，工程建设强制性条文就齐全了。搜集、整理花费了不少的时间和心血，希望读者喜欢。六个分册的名称如下：

➢《建筑设计强制性条文速查手册》
➢《建筑结构与岩土强制性条文速查手册》

➢《建筑施工强制性条文速查手册》

➢《给水排水与暖通强制性条文速查手册》

➢《交通工程强制性条文速查手册》

➢《建筑材料强制性条文速查手册》

本书由闫军主编，参加编写的有张爱洁、鞠小奇（中民筑友有限公司）、高正华、吴建亚、胡明军、张慧、张安雪、乔文军、朱永明、李德生、朱忠辉、刘永刚、徐益斌、张晓琴、杨明珠、刘昌言、曹立峰、周少华、郑泽刚。

注：原规范中未以黑体表示但为意思表达完整所必须的数字，本书以楷体标识。

目　录

第二篇　岩土工程

第一篇　结　构　工　程

第一章 通 用 部 分

一、《工程结构可靠性设计统一标准》GB 50153—2008

3.2.1 工程结构设计时，应根据结构破坏可能产生的后果（危及人的生命、造成经济损失、对社会或环境产生影响等）的严重性，采用不同的安全等级。工程结构安全等级的划分应符合表3.2.1的规定。

表 3.2.1 工程结构的安全等级

安全等级	破坏后果
一级	很严重
二级	严重
三级	不严重

注：对重要的结构，其安全等级应取为一级；对一般的结构，其安全等级宜取为二级；对次要的结构，其安全等级可取为三级。

3.3.1 工程结构设计时，应规定结构的设计使用年限。

二、《建筑结构可靠度设计统一标准》GB 50068—2001

1.0.5 结构的设计使用年限应按表1.0.5采用。

表 1.0.5 设计使用年限分类

类 别	设计使用年限（年）	示 例
1	5	临时性结构
2	25	易于替换的结构构件
3	50	普通房屋和构筑物
4	100	纪念性建筑和特别重要的建筑结构

1.0.8 建筑结构设计时，应根据结构破坏可能产生的后果（危及人的生命、造成经济损失、产生社会影响等）的严重性，采用不同的安全等级。建筑结构安全等级的划分应符合表 1.0.8 的要求。

表 1.0.8 建筑结构的安全等级

安全等级	破坏后果	建筑物类型
一 级	很严重	重要的房屋
二 级	严 重	一般的房屋
三 级	不严重	次要的房屋

注：1 对特殊的建筑物，其安全等级应根据具体情况另行确定；

2 地基基础设计安全等级及按抗震要求设计时建筑结构的安全等级，尚应符合国家现行有关规范的规定。

三、《建筑结构荷载规范》GB 50009—2012

3.1.2 建筑结构设计时，应按下列规定对不同荷载采用不同的代表值：

1 对永久荷载应采用标准值作为代表值；

2 对可变荷载应根据设计要求采用标准值、组合值、频遇值或准永久值作为代表值；

3 对偶然荷载应按建筑结构使用的特点确定其代表值。

3.1.3 确定可变荷载代表值时应采用 50 年设计基准期。

3.2.3 荷载基本组合的效应设计值 S_d，应从下列荷载组合值中取用最不利的效应设计值确定：

1 由可变荷载控制的效应设计值，应按下式进行计算：

$$S_d = \sum_{j=1}^{m} \gamma_{G_j} S_{G_jk} + \gamma_{Q_1} \gamma_{L_1} S_{Q_1k} + \sum_{i=2}^{n} \gamma_{Q_i} \gamma_{L_i} \psi_{c_i} S_{Q_ik}$$

$$(3.2.3\text{-}1)$$

式中：γ_{G_j} ——第 j 个永久荷载的分项系数，应按本规范第 3.2.4 条采用；

γ_{Q_i}——第 i 个可变荷载的分项系数，其中 γ_{Q_1} 为主导可变荷载 Q_1 的分项系数，应按本规范第 3.2.4 条采用；

γ_{L_i}——第 i 个可变荷载考虑设计使用年限的调整系数，其中 γ_{L_1} 为主导可变荷载 Q_1 考虑设计使用年限的调整系数；

S_{G_jk}——按第 j 个永久荷载标准值 G_{jk} 计算的荷载效应值；

S_{Q_ik}——按第 i 个可变荷载标准值 Q_{ik} 计算的荷载效应值，其中 S_{Q_1k} 为诸可变荷载效应中起控制作用者；

ψ_{c_i}——第 i 个可变荷载 Q_i 的组合值系数；

m——参与组合的永久荷载数；

n——参与组合的可变荷载数。

2 由永久荷载控制的效应设计值，应按下式进行计算：

$$S_d = \sum_{j=1}^{m} \gamma_{G_j} S_{G_jk} + \sum_{i=1}^{n} \gamma_{Q_i} \gamma_{L_i} \psi_{c_i} S_{Q_ik} \qquad (3.2.3-2)$$

注：1   基本组合中的效应设计值仅适用于荷载与荷载效应为线性的情况；

2   当对 S_{Q_1k} 无法明显判断时，应轮次以各可变荷载效应作为 S_{Q_1k}，并选取其中最不利的荷载组合的效应设计值。

3.2.4   基本组合的荷载分项系数，应按下列规定采用：

1   永久荷载的分项系数应符合下列规定：

1） 当永久荷载效应对结构不利时，对由可变荷载效应控制的组合应取 1.2，对由永久荷载效应控制的组合应取 1.35；

2） 当永久荷载效应对结构有利时，不应大于1.0。

2   可变荷载的分项系数应符合下列规定：

1） 对标准值大于 $4kN/m^2$ 的工业房屋楼面结构的活荷载，应取 1.3；

2） 其他情况，应取 1.4。

　　3 对结构的倾覆、滑移或漂浮验算，荷载的分项系数应满足有关的建筑结构设计规范的规定。

5.1.1 民用建筑楼面均布活荷载的标准值及其组合值系数、频遇值系数和准永久值系数的取值，不应小于表 5.1.1 的规定。

表 5.1.1　民用建筑楼面均布活荷载标准值及
其组合值、频遇值和准永久值系数

项次	类　别		标准值 (kN/m²)	组合值 系数 ψ_c	频遇值 系数 ψ_f	准永久值 系数 ψ_q
1	(1) 住宅、宿舍、旅馆、办公楼、医院病房、托儿所、幼儿园		2.0	0.7	0.5	0.4
	(2) 试验室、阅览室、会议室、医院门诊室		2.0	0.7	0.6	0.5
2	教室、食堂、餐厅、一般资料档案室		2.5	0.7	0.6	0.5
3	(1) 礼堂、剧场、影院、有固定座位的看台		3.0	0.7	0.5	0.3
	(2) 公共洗衣房		3.0	0.7	0.6	0.5
4	(1) 商店、展览厅、车站、港口、机场大厅及其旅客等候室		3.5	0.7	0.6	0.5
	(2) 无固定座位的看台		3.5	0.7	0.5	0.3
5	(1) 健身房、演出舞台		4.0	0.7	0.6	0.5
	(2) 运动场、舞厅		4.0	0.7	0.6	0.3
6	(1) 书库、档案库、贮藏室		5.0	0.9	0.9	0.8
	(2) 密集柜书库		12.0	0.9	0.9	0.8
7	通风机房、电梯机房		7.0	0.9	0.9	0.8
8	汽车通道及客车停车库	(1) 单向板楼盖（板跨不小于 2m）和双向板楼盖（板跨不小于 3m×3m） 客车	4.0	0.7	0.7	0.6
		消防车	35.0	0.7	0.5	0.0
		(2) 双向板楼盖（板跨不小于 6m×6m）和无梁楼盖（柱网不小于 6m×6m） 客车	2.5	0.7	0.7	0.6
		消防车	20.0	0.7	0.5	0.0

续表 5.1.1

项次	类　别		标准值 (kN/m²)	组合值系数 ψ_c	频遇值系数 ψ_f	准永久值系数 ψ_q
9	厨房	（1）餐厅	4.0	0.7	0.7	0.7
		（2）其他	2.0	0.7	0.6	0.5
10	浴室、卫生间、盥洗室		2.5	0.7	0.6	0.5
11	走廊、门厅	（1）宿舍、旅馆、医院病房、托儿所、幼儿园、住宅	2.0	0.7	0.5	0.4
		（2）办公楼、餐厅、医院门诊部	2.5	0.7	0.6	0.5
		（3）教学楼及其他可能出现人员密集的情况	3.5	0.7	0.5	0.3
12	楼梯	（1）多层住宅	2.0	0.7	0.5	0.4
		（2）其他	3.5	0.7	0.5	0.3
13	阳台	（1）可能出现人员密集的情况	3.5	0.7	0.6	0.5
		（2）其他	2.5	0.7	0.6	0.5

注：1　本表所给各项活荷载适用于一般使用条件，当使用荷载较大、情况特殊或有专门要求时，应按实际情况采用；

　　2　第 6 项书库活荷载当书架高度大于 2m 时，书库活荷载尚应按每米书架高度不小于 2.5kN/m² 确定；

　　3　第 8 项中的客车活荷载仅适用于停放载人少于 9 人的客车；消防车活荷载适用于满载总重为 300kN 的大型车辆；当不符合本表的要求时，应将车轮的局部荷载按结构效应的等效原则，换算为等效均布荷载；

　　4　第 8 项消防车活荷载，当双向板楼盖板跨介于 3m×3m～6m×6m 之间时，应按跨度线性插值确定；

　　5　第 12 项楼梯活荷载，对预制楼梯踏步平板，尚应按 1.5kN 集中荷载验算；

　　6　本表各项荷载不包括隔墙自重和二次装修荷载；对固定隔墙的自重应按永久荷载考虑，当隔墙位置可灵活自由布置时，非固定隔墙的自重应取不小于 1/3 的每延米长墙重（kN/m）作为楼面活荷载的附加值（kN/㎡）计入，且附加值不应小于 1.0kN/m²。

5.1.2　设计楼面梁、墙、柱及基础时，本规范表 5.1.1 中楼面活荷载标准值的折减系数取值不应小于下列规定：

　1　设计楼面梁时：

　　1）第 1（1）项当楼面梁从属面积超过 25m² 时，应取 0.9；

2）第 1（2）～7 项当楼面梁从属面积超过 50m² 时，应取 0.9；

3）第 8 项对单向板楼盖的次梁和槽形板的纵肋应取 0.8，对单向板楼盖的主梁应取 0.6，对双向板楼盖的梁应取 0.8；

4）第 9～13 项应采用与所属房屋类别相同的折减系数。

2 设计墙、柱和基础时：

1）第 1（1）项应按表 5.1.2 规定采用；

2）第 1（2）～7 项应采用与其楼面梁相同的折减系数；

3）第 8 项的客车，对单向板楼盖应取 0.5，对双向板楼盖和无梁楼盖应取 0.8；

4）第 9～13 项应采用与所属房屋类别相同的折减系数。

注：楼面梁的从属面积应按梁两侧各延伸二分之一梁间距的范围内的实际面积确定。

表 5.1.2 活荷载按楼层的折减系数

墙、柱、基础计算截面以上的层数	1	2～3	4～5	6～8	9～20	>20
计算截面以上各楼层活荷载总和的折减系数	1.00 (0.90)	0.85	0.70	0.65	0.60	0.55

注：当楼面梁的从属面积超过 25m² 时，应采用括号内的系数。

5.3.1 房屋建筑的屋面，其水平投影面上的屋面均布活荷载的标准值及其组合值系数、频遇值系数和准永久值系数的取值，不应小于表 5.3.1 的规定。

表 5.3.1 屋面均布活荷载标准值及其组合值系数、频遇值系数和准永久值系数

项次	类 别	标准值 (kN/m²)	组合值系数 ψ_c	频遇值系数 ψ_f	准永久值系数 ψ_q
1	不上人的屋面	0.5	0.7	0.5	0.0
2	上人的屋面	2.0	0.7	0.5	0.4

续表 5.3.1

项次	类　别	标准值 （kN/m²）	组合值系数 ψ_c	频遇值系数 ψ_f	准永久值系数 ψ_q
3	屋顶花园	3.0	0.7	0.6	0.5
4	屋顶运动场地	3.0	0.7	0.6	0.4

注：1　不上人的屋面，当施工或维修荷载较大时，应按实际情况采用；对不同类型的结构应按有关设计规范的规定采用，但不得低于 0.3kN/m²；

　　2　当上人的屋面兼作其他用途时，应按相应楼面活荷载采用；

　　3　对于因屋面排水不畅、堵塞等引起的积水荷载，应采取构造措施加以防止；必要时，应按积水的可能深度确定屋面活荷载；

　　4　屋顶花园活荷载不应包括花圃土石等材料自重。

5.5.1　施工和检修荷载应按下列规定采用：

　　1　设计屋面板、檩条、钢筋混凝土挑檐、悬挑雨篷和预制小梁时，施工或检修集中荷载标准值不应小于 1.0kN，并应在最不利位置处进行验算；

　　2　对于轻型构件或较宽的构件，应按实际情况验算，或应加垫板、支撑等临时设施；

　　3　计算挑檐、悬挑雨篷的承载力时，应沿板宽每隔 1.0m取一个集中荷载；在验算挑檐、悬挑雨篷的倾覆时，应沿板宽每隔 2.5m～3.0m 取一个集中荷载。

5.5.2　楼梯、看台、阳台和上人屋面等的栏杆活荷载标准值，不应小于下列规定：

　　1　住宅、宿舍、办公楼、旅馆、医院、托儿所、幼儿园，栏杆顶部的水平荷载应取 1.0kN/m；

　　2　学校、食堂、剧场、电影院、车站、礼堂、展览馆或体育场，栏杆顶部的水平荷载应取 1.0kN/m，竖向荷载应取 1.2kN/m，水平荷载与竖向荷载应分别考虑。

7.1.1　屋面水平投影面上的雪荷载标准值应按下式计算：

$$s_k = \mu_r s_0 \tag{7.1.1}$$

式中：s_k——雪荷载标准值（kN/m²）；

μ_r——屋面积雪分布系数；

s_0——基本雪压（kN/m^2）。

7.1.2 基本雪压应采用按本规范规定的方法确定的 50 年重现期的雪压；对雪荷载敏感的结构，应采用 100 年重现期的雪压。

8.1.1 垂直于建筑物表面上的风荷载标准值，应按下列规定确定：

1 计算主要受力结构时，应按下式计算：

$$w_k = \beta_z \mu_s \mu_z w_0 \qquad (8.1.1-1)$$

式中：w_k——风荷载标准值（kN/m^2）；

β_z——高度 z 处的风振系数；

μ_s——风荷载体型系数；

μ_z——风压高度变化系数；

w_0——基本风压（kN/m^2）。

2 计算围护结构时，应按下式计算：

$$w_k = \beta_{gz} \mu_{sl} \mu_z w_0 \qquad (8.1.1-2)$$

式中：β_{gz}——高度 z 处的阵风系数；

μ_{sl}——风荷载局部体型系数。

8.1.2 基本风压应采用按本规范规定的方法确定的 50 年重现期的风压，但不得小于 $0.3kN/m^2$。对于高层建筑、高耸结构以及对风荷载比较敏感的其他结构，基本风压的取值应适当提高，并应符合有关结构设计规范的规定。

第二章 钢 结 构

一、《钢结构设计规范》GB 50017—2003

1.0.5 在钢结构设计文件中，应注明建筑结构的设计使用年限、钢材牌号、连接材料的型号（或钢号）和对钢材所要求的力学性能、化学成分及其他的附加保证项目。此外，还应注明所要求的焊缝形式、焊缝质量等级、端面刨平顶紧部位及对施工的要求。

3.1.2 承重结构应按下列承载能力极限状态和正常使用极限状态进行设计：

　　1 承载能力极限状态包括：构件和连接的强度破坏、疲劳破坏和因过度变形而不适于继续承载，结构和构件丧失稳定，结构转变为机动体系和结构倾覆。

　　2 正常使用极限状态包括：影响结构、构件和非结构构件正常使用或外观的变形，影响正常使用的振动，影响正常使用或耐久性能的局部损坏（包括混凝土裂缝）。

3.1.3 设计钢结构时，应根据结构破坏可能产生的后果，采用不同的安全等级。

　　一般工业与民用建筑钢结构的安全等级应取为二级，其他特殊建筑钢结构的安全等级应根据具体情况另行确定。

3.1.4 按承载能力极限状态设计钢结构时，应考虑荷载效应的基本组合，必要时尚应考虑荷载效应的偶然组合。

　　按正常使用极限状态设计钢结构时，应考虑荷载效应的标准组合，对钢与混凝土组合梁，尚应考虑准永久组合。

3.1.5 计算结构或构件的强度、稳定性以及连接的强度时，应采用荷载设计值（荷载标准值乘以荷载分项系数）；计算疲劳时，应采用荷载标准值。

3.2.1 设计钢结构时，荷载的标准值、荷载分项系数、荷载组合值系数、动力荷载的动力系数等，应按现行国家标准《建筑结构荷载规范》GB 50009 的规定采用。

结构的重要性系数 γ_0 应按现行国家标准《建筑结构可靠度设计统一标准》GB 50068 的规定采用，其中对设计使用年限为 25 年的结构构件，γ_0 不应小于 0.95。

注：对支承轻屋面的构件或结构（檩条、屋架、框架等），当仅有一个可变荷载且受荷水平投影面积超过 60m² 时，屋面均布活荷载标准值应取为 0.3kN/m²。

3.3.3 承重结构采用的钢材应具有抗拉强度、伸长率、屈服强度和硫、磷含量的合格保证，对焊接结构尚应具有碳含量的合格保证。

焊接承重结构以及重要的非焊接承重结构采用的钢材还应具有冷弯试验的合格保证。

3.4.1 钢材的强度设计值，应根据钢材厚度或直径按表3.4.1-1采用。钢铸件的强度设计值应按表 3.4.1-2 采用。连接的强度设计值应按表 3.4.1-3 至表 3.4.1-5 采用。

表 3.4.1-1 钢材的强度设计值（N/mm²）

钢 材		抗拉、抗压和抗弯 f	抗剪 f_v	端面承压（刨平顶紧）f_{ce}
牌 号	厚度或直径（mm）			
Q235 钢	≤16	215	125	325
	>16～40	205	120	
	>40～60	200	115	
	>60～100	190	110	
Q345 钢	≤16	310	180	400
	>16～35	295	170	
	>35～50	265	155	
	>50～100	250	145	

续表 3.4.1-1

钢材		抗拉、抗压和抗弯 f	抗剪 f_v	端面承压（刨平顶紧）f_{ce}
牌号	厚度或直径（mm）			
Q390 钢	≤16	350	205	415
	>16～35	335	190	
	>35～50	315	180	
	>50～100	295	170	
Q420 钢	≤16	380	220	440
	>16～35	360	210	
	>35～50	340	195	
	>50～100	325	185	

注：表中厚度系指计算点的钢材厚度，对轴心受拉和轴心受压构件系指截面中较厚板件的厚度。

表 3.4.1-2 钢铸件的强度设计值（N/mm²）

钢 号	抗拉、抗压和抗弯 f	抗剪 f_v	端面承压（刨平顶紧）f_{ce}
ZG200-400	155	90	260
ZG230-450	180	105	290
ZG270-500	210	120	325
ZG310-570	240	140	370

表 3.4.1-3 焊缝的强度设计值（N/mm²）

焊接方法和焊条型号	构件钢材		对接焊缝				角焊缝
	牌号	厚度或直径（mm）	抗压 f_c^w	焊缝质量为下列等级时，抗拉 f_t^w		抗剪 f_v^w	抗拉、抗压和抗剪 f_f^w
				一级二级	三级		
自动焊、半自动焊、E43 型焊条的手工焊	Q235 钢	≤16	215	215	185	125	160
		>16～40	205	205	175	120	
		>40～60	200	200	170	115	
		>60～100	190	190	160	110	

续表 3.4.1-3

焊接方法和焊条型号	构件钢材		对接焊缝				角焊缝
	牌号	厚度或直径 (mm)	抗压 f_c^w	焊缝质量为下列等级时，抗拉 f_t^w		抗剪 f_v^w	抗拉、抗压和抗剪 f_f^w
				一级、二级	三级		
自动焊、半自动焊和 E50 型焊条的手工焊	Q345 钢	≤16	310	310	265	180	200
		>16～35	295	295	250	170	
		>35～50	265	265	225	155	
		>50～100	250	250	210	145	
自动焊、半自动焊和 E55 型焊条的手工焊	Q390 钢	≤16	350	350	300	205	220
		>16～35	335	335	285	190	
		>35～50	315	315	270	180	
		>50～100	295	295	250	170	
	Q420 钢	≤16	380	380	320	220	220
		>16～35	360	360	305	210	
		>35～50	340	340	290	195	
		>50～100	325	325	275	185	

注：1 自动焊和半自动焊所采用的焊丝和焊剂，应保证其熔敷金属的力学性能不低于现行国家标准《埋弧焊用碳钢焊丝和焊剂》GB/T 5293 和《低合金钢埋弧焊用焊剂》GB/T 12470 中相关的规定。

2 焊缝质量等级应符合现行国家标准《钢结构工程施工质量验收规范》GB 50205 的规定。其中厚度小于 8mm 钢材的对接焊缝，不应采用超声波探伤确定焊缝质量等级。

3 对接焊缝在受压区的抗弯强度设计值取 f_c^w，在受拉区的抗弯强度设计值取 f_t^w。

4 表中厚度系指计算点的钢材厚度，对轴心受拉和轴心受压构件系指截面中较厚板件的厚度。

表 3.4.1-4 螺栓连接的强度设计值（N/mm²）

螺栓的性能等级、锚栓和构件钢材的牌号		普通螺栓						锚栓	承压型连接高强度螺栓		
		C级螺栓			A级、B级螺栓						
		抗拉 f_t^b	抗剪 f_v^b	承压 f_c^b	抗拉 f_t^b	抗剪 f_v^b	承压 f_c^b	抗拉 f_t^a	抗拉 f_t^b	抗剪 f_v^b	承压 f_c^b
普通螺栓	4.6级、4.8级	170	140	—	—	—	—	—	—	—	—
	5.6级	—	—	—	210	190	—	—	—	—	—
	8.8级	—	—	—	400	320	—	—	—	—	—
锚栓	Q235钢	—	—	—	—	—	—	140	—	—	—
	Q345钢	—	—	—	—	—	—	180	—	—	—
承压型连接高强度螺栓	8.8级	—	—	—	—	—	—	—	400	250	—
	10.9级	—	—	—	—	—	—	—	500	310	—
构件	Q235钢	—	—	305	—	—	405	—	—	—	470
	Q345钢	—	—	385	—	—	510	—	—	—	590
	Q390钢	—	—	400	—	—	530	—	—	—	615
	Q420钢	—	—	425	—	—	560	—	—	—	655

注：1 A级螺栓用于 $d \leqslant 24$mm 和 $l \leqslant 10d$ 或 $l \leqslant 150$mm（按较小值）的螺栓；B级螺栓用于 $d > 24$mm 或 $l > 10d$ 或 $l > 150$mm（按较小值）的螺栓。d 为公称直径，l 为螺杆公称长度。

2 A、B级螺栓孔的精度和孔壁表面粗糙度，C级螺栓孔的允许偏差和孔壁表面粗糙度，均应符合现行国家标准《钢结构工程施工质量验收规范》GB 50205 的要求。

表 3.4.1-5 铆钉连接的强度设计值（N/mm²）

铆钉钢号和构件钢材牌号		抗拉（钉头拉脱）f_t^r	抗剪 f_v^r		承压 f_c^r	
			I 类孔	II 类孔	I 类孔	II 类孔
铆钉	BL2 或 BL3	120	185	155	—	—
构件	Q235钢	—	—	—	450	365
	Q345钢	—	—	—	565	460
	Q390钢	—	—	—	590	480

注：1 属于下列情况者为 I 类孔：

1) 在装配好的构件上按设计孔径钻成的孔；

2) 在单个零件和构件上按设计孔径分别用钻模钻成的孔；

3) 在单个零件上先钻成或冲成较小的孔径，然后在装配好的构件上再扩钻至设计孔径的孔。

2 在单个零件上一次冲成或不用钻模钻成设计孔径的孔属于 II 类孔。

3.4.2 计算下列情况的结构构件或连接时，第 3.4.1 条规定的强度设计值应乘以相应的折减系数。

　　1 单面连接的单角钢：

　　　　1）按轴心受力计算强度和连接乘以系数 0.85；

　　　　2）按轴心受压计算稳定性：等边角钢乘以系数 0.6＋0.0015λ，但不大于 1.0；

　　　　短边相连的不等边角钢乘以系数 0.5＋0.0025λ，但不大于 1.0；

　　　　长边相连的不等边角钢乘以系数 0.70；

　　　　λ 为长细比，对中间无联系的单角钢压杆，应按最小回转半径计算，当 λ＜20 时，取 λ＝20；

　　2 无垫板的单面施焊对接焊缝乘以系数 0.85；

　　3 施工条件较差的高空安装焊缝和铆钉连接乘以系数 0.90；

　　4 沉头和半沉头铆钉连接乘以系数 0.80。

　　注：当几种情况同时存在时，其折减系数应连乘。

8.1.4 结构应根据其形式、组成和荷载的不同情况，设置可靠的支撑系统。在建筑物每一个温度区段或分期建设的区段中，应分别设置独立的空间稳定的支撑系统。

8.3.6 对直接承受动力荷载的普通螺栓受拉连接应采用双螺帽或其他能防止螺帽松动的有效措施。

8.9.3 柱脚在地面以下的部分应采用强度等级较低的混凝土包裹（保护层厚度不应小于 50mm），并应使包裹的混凝土高出地面不小于 150mm。当柱脚底面在地面以上时，柱脚底面应高出地面不小于 100mm。

8.9.5 受高温作用的结构，应根据不同情况采取下列防护措施：

　　1 当结构可能受到炽热熔化金属的侵害时，应采用砖或耐热材料做成的隔热层加以保护；

　　2 当结构的表面长期受辐射热达 150℃ 以上或在短时间内可能受到火焰作用时，应采取有效的防护措施（如加隔热层或水套等)。

9.1.3 按塑性设计时,钢材的力学性能应满足强屈比 $f_u/f_y \geqslant$ 1.2,伸长率 $\delta_5 \geqslant 15\%$,相应于抗拉强度 f_u 的应变 ε_u 不小于 20 倍屈服点应变 ε_y。

二、《冷弯薄壁型钢结构技术规范》GB 50018—2002

3.0.6 在冷弯薄壁型钢结构设计图纸和材料订货文件中,应注明所采用的钢材的牌号和质量等级、供货条件等以及连接材料的型号(或钢材的牌号)。必要时尚应注明对钢材所要求的机械性能和化学成分的附加保证项目。

4.1.3 设计冷弯薄壁型钢结构时的重要性系数 γ_0 应根据结构的安全等级、设计使用年限确定。

一般工业与民用建筑冷弯薄壁型钢结构的安全等级取为二级,设计使用年限为 50 年时,其重要性系数不应小于 1.0;设计使用年限为 25 年时,其重要性系数不应小于 0.95。特殊建筑冷弯薄壁型钢结构安全等级、设计使用年限另行确定。

4.1.7 设计刚架、屋架、檩条和墙梁时,应考虑由于风吸力作用引起构件内力变化的不利影响,此时永久荷载的荷载分项系数应取 1.0。

4.2.1 (冷弯薄壁型钢结构)钢材的强度设计值应按表 4.2.1 采用。

表 4.2.1　钢材的强度设计值(N/mm²)

钢材牌号	抗拉、抗压和抗弯 f	抗剪 f_v	端面承压(磨平顶紧) f_{ce}
Q235 钢	205	120	310
Q345 钢	300	175	400

4.2.3 经退火、焊接和热镀锌等热处理的冷弯薄壁型钢构件不得采用考虑冷弯效应的强度设计值。

4.2.4 焊缝的强度设计值应按表 4.2.4 采用。

表 4.2.4 焊缝的强度设计值（N/mm²）

构件钢材牌号	对接焊缝			角焊缝
	抗压 f_c^w	抗拉 f_t^w	抗剪 f_v^w	抗压、抗拉和抗剪 f_f^w
Q235 钢	205	175	120	140
Q345 钢	300	255	175	195

注：1 当 Q235 钢与 Q345 钢对接焊接时，焊缝的强度设计值应按表 4.2.4 中 Q235 钢栏的数值采用；

2 经 X 射线检查符合一、二级焊缝质量标准的对接焊缝的抗拉强度设计值采用抗压强度设计值。

4.2.5 C 级普通螺栓连接的强度设计值应按表 4.2.5 采用。

表 4.2.5 C级普通螺栓连接的强度设计值（N/mm²）

类别	性能等级	构件钢材的牌号	
	4.6 级、4.8 级	Q235 钢	Q345 钢
抗拉 f_t^b	165	—	—
抗剪 f_v^b	125	—	—
承压 f_c^b	—	290	370

4.2.7 计算下列情况的结构构件和连接时，本规范 4.2.1 至 4.2.6 条规定的强度设计值，应乘以下列相应的折减系数。

　　1 平面格构式檩条的端部主要受压腹杆：0.85；

　　2 单面连接的单角钢杆件：

　　　　1）按轴心受力计算强度和连接 0.85；

　　　　2）按轴心受压计算稳定性 0.6＋0.0014；

　　注：对中间无联系的单角钢压杆，为按最小回转半径计算的杆件长细比。

　　3 无垫板的单面对接焊缝：0.85；

　　4 施工条件较差的高空安装焊缝：0.90；

　　5 两构件的连接采用搭接或其间填有垫板的连接以及单盖板的不对称连接：0.90。

　　上述几种情况同时存在时，其折减系数应连乘。

9.2.2 屋盖应设置支撑体系。当支撑采用圆钢时，必须具有拉紧装置。

10.2.3 门式刚架房屋应设置支撑体系。在每个温度区段或分期建设的区段，应设置横梁上弦横向水平支撑及柱间支撑；刚架转折处（即边柱柱顶和屋脊）及多跨房屋适当位置的中间柱顶，应沿房屋全长设置刚性系杆。

三、《高层民用建筑钢结构技术规程》JGJ 99—98

5.3.3 第一阶段抗震设计中，框架支撑（剪力墙板）体系中总框架任一楼层所承担的地震剪力，不得小于结构底部总剪力的 25%。

6.1.6 按 7 度及以上抗震设防的高层建筑，其抗侧力框架的梁中可能出现塑性铰的区段，板件宽厚比不应超过表 6.1.6 规定的限值（见图 6.1.6，略）。

表 6.1.6　框架梁板件宽厚比限值

板件	7度及以下	6度和非抗震设防
工字形梁和箱形梁翼缘悬伸部分 b/t	9	11
工字形梁和箱形梁腹板 h_0/t_w	$72-100N/Af$	$85-120N/Af$
箱形梁翼缘在两腹板之间的部分 b_0/t	30	36

注：1　表中，N 为梁的轴力，A 为梁的截面面积，f 为梁的钢材强度设计值；
　　2　表列数值适用于 $f_y=235N/mm^2$ 的 Q235 钢，当钢材为其他牌号时，应乘以 $\sqrt{235/f_y}$。

6.3.4 按 7 度及以上抗震设防的框架柱板件宽厚比，不应超过表 6.3.4 的规定。

表 6.3.4　框架柱板件宽厚比

板件	7度	8度或9度
工字形柱翼缘悬伸部分	11	10
工字形柱腹板	43	43
箱形柱壁板	37	33

注：表列数值适用于 $f_y=235N/mm^2$ 的 Q235 钢，当钢材为其他牌号时，应乘以 $\sqrt{235/f_y}$。

6.4.5 在多遇地震效应组合作用下，人字形支撑、V 形支撑、十字交叉支撑和单斜杆支撑的斜杆内力应乘以增大系数。

6.5.4 耗能梁段与柱连接时，不应设计成弯曲屈服型。

7.2.14 当进行组合梁的钢梁翼缘与混凝土翼板的纵向界面受剪承载力的计算时，应分别取包络连接件的纵向界面和混凝土翼板纵向界面。

7.4.6 组合板的总厚度不应小于 90mm；压型钢板顶面以上的混凝土厚度不应小于 50mm。

8.3.6 框架梁与柱刚性连接时，应在梁翼缘的对应位置设置柱的水平加劲肋（或隔板）。对于抗震设防的结构，水平加劲肋应与梁翼缘等厚。对非抗震设防的结构，水平加劲肋应能传递梁翼缘的集中力，其厚度不得小于梁翼缘厚度的 1/2，并应符合板件宽厚比限值。水平加劲肋的中心线应与梁翼缘的中心线对准。

8.4.2 箱形柱宜为焊接柱，其角部的组装焊缝应为部分熔透的 V 形或 U 形焊缝，焊缝厚度不应小于板厚的 1/3，并不应小于 14mm，抗震设防时不应小于板厚的 1/2（图 8.4.2-1a）。当梁与柱刚性连接时，在框架梁的上、下 600mm 范围内，应采用全熔透焊缝（图 8.4.2-1b）。

十字形柱应由钢板或两个 H 型钢焊接而成（图 8.4.2-2）；

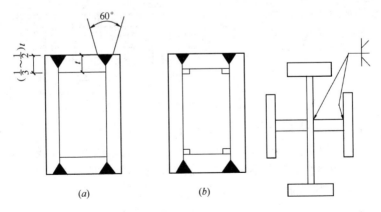

图 8.4.2-1　箱形组合柱的角部组装焊缝　　图 8.4.2-2　十字形组合柱的组装焊缝

组装的焊缝均应采用部分熔透的 K 形坡口焊缝，每边焊接深度不应小于 1/3 板厚。

8.4.6　箱形柱在工地的接头应全部采用坡口焊接的形式。

下节箱形柱的上端应设置隔板，并应与柱口齐平，厚度不宜小于 16mm。其边缘应与柱口截面一起刨平。在上节箱形柱安装单元的下部附近，尚应设置上柱隔板，其厚度不宜小于 10mm。柱在工地的接头上下侧各 100mm 范围内，截面组装焊缝应采用坡口全熔透焊缝。

8.6.2　埋入式柱脚（图 8.6.2）的埋深，对轻型工字形柱，不得小于钢柱截面高度的二倍；对于大截面 H 型钢柱和箱型柱，不得小于钢柱截面高度的三倍。埋入式柱脚在钢柱埋入部分的顶部，应设置水平加劲肋或隔板。

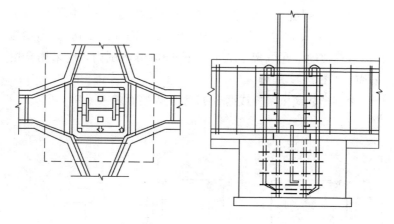

图 8.6.2　埋入式柱脚

8.7.1　抗剪支撑节点设计应符合下列要求：

二、除偏心支撑外，支撑的重心线应通过梁与柱轴线的交点，当受条件限制有不大于支撑杆件宽度的偏心时，节点设计应计入偏心造成的附加弯矩的影响。

三、柱和梁在与支撑翼缘的连接处，应设置加劲肋。加劲肋应按承受支撑轴心力对柱或梁的水平或竖向分力计算。支撑翼缘与箱形柱连接时，在柱壁板的相应位置应设置隔板。

8.7.6 耗能梁段加劲肋应在三边与梁用角焊缝连接。其与腹板连接焊缝的承载力不应低于 $A_{st}f$，与翼缘连接焊缝的承载力不应低于 $A_{st}f/4$。此处，$A_{st}=b_{st}t_{st}$，b_{st} 为加劲肋的宽度，t_{st} 为加劲肋的厚度。

8.7.7 耗能梁段两端上下翼缘，应设置水平侧向支撑。与耗能梁段同跨的框架梁上下翼缘，也应设置水平侧向支撑。

四、《轻型钢结构住宅技术规程》JGJ 209—2010

3.1.2 轻钢结构采用的钢材应具有抗拉强度、伸长率、屈服强度以及硫、磷含量的合格保证。对焊接承重结构的钢材尚应具有碳含量的合格保证和冷弯试验的合格保证。对有抗震设防要求的承重结构钢材的屈服强度实测值与抗拉强度实测值的比值不应大于 0.85，伸长率不应小于 20%。

3.1.8 不配钢筋的纤维水泥类板材和不配钢筋的水泥加气发泡类板材不得用于楼板及楼梯间和人流通道的墙体。

4.4.3 外墙保温板应采用整体外包钢结构的安装方式。当采用填充钢框架式外墙时，外露钢结构部位应做外保温隔热处理。

5.1.4 轻型钢结构住宅结构构件承载力应符合下列要求：

  1 无地震作用组合 $\gamma_0 S_d \leqslant R_d$ (5.1.4-1)

  2 有地震作用组合 $S_d \leqslant R_d/\gamma_{RE}$ (5.1.4-2)

式中：γ_0——结构重要性系数，对于一般钢结构住宅安全等级取
           二级，当设计使用年限不少于 50 年时，γ_0 取值不
           应小于 1.0；

    S_d——作用组合的效应设计值，应按本规程第 5.1.5 条规
           定计算；

    R_d——结构或结构构件的抗力设计值；

    γ_{RE}——承载力抗震调整系数，按现行国家标准《建筑抗震
           设计规范》GB 50011 的规定取值。

5.1.5 作用组合的效应设计值应按下列公式确定：

1 无地震作用组合的效应：

$$S_d = \gamma_G S_{Gk} + \psi_Q \gamma_Q S_{Qk} + \psi_w \gamma_w S_{wk} \qquad (5.1.5\text{-}1)$$

式中：γ_G——永久荷载分项系数，当可变荷载起控制作用时应取 1.2，当永久荷载起控制作用时应取 1.35，当重力荷载效应对构件承载力有利时不应大于 1.0；

γ_Q——楼（屋）面活荷载分项系数，应取 1.4；

γ_w——风荷载分项系数，应取 1.4；

S_{Gk}——永久荷载效应标准值；

S_{Qk}——楼（屋）面活荷载效应标准值；

S_{wk}——风荷载效应标准值；

ψ_Q、ψ_w——分别为楼（屋）面活荷载效应组合值系数和风荷载效应组合值系数，当永久荷载起控制作用时应分别取 0.7 和 0.6；当可变荷载起控制作用时应分别取 1.0 和 0.6 或 0.7 和 1.0。

2 有地震作用组合的效应：

$$S_d = \gamma_G S_{GE} + \gamma_{Eh} S_{Ehk} \qquad (5.1.5\text{-}2)$$

式中：S_{GE}——重力荷载代表值效应的标准值；

S_{Ehk}——水平地震作用效应标准值；

γ_{Eh}——水平地震作用分项系数，应取 1.3。

3 计算变形时，应采用作用（荷载）效应的标准组合，即公式（5.1.5-1）和公式（5.1.5-2）中的分项系数均应取 1.0。

五、《低层冷弯薄壁型钢房屋建筑技术规程》JGJ 227—2011

3.2.1 冷弯薄壁型钢钢材强度设计值应按表 3.2.1 采用。

表 3.2.1　冷弯薄壁型钢钢材的强度设计值（N/mm²）

钢材牌号	钢材厚度 t （mm）	屈服强度 f_y	抗拉、抗压和抗弯 f	抗剪 f_v	端面承压（磨平顶紧）f_e
Q235	$t \leqslant 2$	235	205	120	310
Q345	$t \leqslant 2$	345	300	175	400

续表 3.2.1

钢材牌号	钢材厚度 t (mm)	屈服强度 f_y	抗拉、抗压和抗弯 f	抗剪 f_v	端面承压（磨平顶紧）f_e
LQ550	$t \leqslant 6$	530	455	260	—
	$0.6 \leqslant t \leqslant 0.9$	500	430	250	
	$0.9 \leqslant t \leqslant 1.2$	465	400	230	
	$1.2 \leqslant t \leqslant 1.5$	420	360	210	

4.5.3 冷弯薄壁型钢结构承重构件的壁厚不应小于 0.6mm，主要承重构件的壁厚不应小于 0.75mm。

12.0.2 建筑中的下列部位应采用耐火极限不低于 1.00h 的不燃烧体墙和楼板与其他部位分隔：

   1 配电室、锅炉房、机动车库。

   2 资料库（室）、档案库（室）、仓储室。

   3 公共厨房。

六、《建筑钢结构焊接技术规程》JGJ 81—2002

3.0.1 建筑钢结构用钢材及焊接填充材料的选用应符合设计图的要求，并应具有钢厂和焊接材料厂出具的质量证明书或检验报告；其化学成分、力学性能和其它质量要求必须符合国家现行标准规定。当采用其它钢材和焊接材料替代设计选用的材料时，必须经原设计单位同意。

4.4.2 严禁在调质钢上采用塞焊和槽焊焊缝。

5.1.1 凡符合以下情况之一者，应在钢结构构件制作及安装施工之前进行焊接工艺评定：

   1 国内首次应用于钢结构工程的钢材（包括钢材牌号与标准相符但微合金强化元素的类别不同和供货状态不同，或国外钢号国内生产）；

   2 国内首次应用于钢结构工程的焊接材料；

   3 设计规定的钢材类别、焊接材料、焊接方法、接头形式、焊接位置、焊后热处理制度以及施工单位所采用的焊接工艺参数、预热后热措施等各种参数的组合条件为施工企业首次采用。

7.1.5 抽样检查的焊缝数如不合格率小于 2％时，该批验收应定为合格；不合格率大于 5％时，该批验收应定为不合格；不合格率为 2％～5％时，应加倍抽检，且必须在原不合格部位两侧的焊缝延长线各增加一处，如在所有抽检焊缝中不合格率不大于 3％时，该批验收应定为合格，大于 3％时，该批验收应定为不合格。当批量验收不合格时，应对该批余下焊缝的全数进行检查。当检查出一处裂纹缺陷时，应加倍抽查，如在加倍抽检焊缝中未检查出其它裂纹缺陷时，该批验收应定为合格，当检查出多处裂纹缺陷或加倍抽查又发现裂纹缺陷时，应对该批余下焊缝的全数进行检查。

7.3.3 设计要求全焊透的焊缝，其内部缺陷的检验应符合下列要求：

  1 一级焊缝应进行 100％的检验，其合格等级应为现行国家标准《钢焊缝手工超声波探伤方法及质量分级法》GB 11345 B 级检验的 Ⅱ 级及 Ⅱ 级以上；

  2 二级焊缝应进行抽检，抽检比例应不小于 20％，其合格等级应为现行国家标准《钢焊缝手工超声波探伤方法及质量分级法》GB 11345 B 级检验的 Ⅲ 级及 Ⅲ 级以上。

七、《钢结构高强度螺栓连接技术规程》JGJ 82—2011

3.1.7 在同一连接接头中，高强度螺栓连接不应与普通螺栓连接混用。承压型高强度螺栓连接不应与焊接连接并用。

4.3.1 每一杆件在高强度螺栓连接节点及拼接接头的一端，其连接的高强度螺栓数量不应少于 2 个。

6.1.2 高强度螺栓连接副应按批配套进场，并附有出厂质量保证书。高强度螺栓连接副应在同批内配套使用。

6.2.6 高强度螺栓连接处的钢板表面处理方法及除锈等级应符

合设计要求。连接处钢板表面应平整、无焊接飞溅、无毛刺、无油污。经处理后的摩擦型高强度螺栓连接的摩擦面抗滑移系数应符合设计要求。

6.4.5 在安装过程中，不得使用螺纹损伤及沾染脏物的高强度螺栓连接副，不得用高强度螺栓兼作临时螺栓。

6.4.8 安装高强度螺栓时，严禁强行穿入。当不能自由穿入时，该孔应用铰刀进行修整，修整后孔的最大直径不应大于 1.2 倍螺栓直径，且修孔数量不应超过该节点螺栓数量的 25%。修孔前应将四周螺栓全部拧紧，使板迭密贴后再进行铰孔。严禁气割扩孔。

八、《钢结构焊接规范》GB 50661—2011

4.0.1 钢结构焊接工程用钢材及焊接材料应符合设计文件的要求，并应具有钢厂和焊接材料厂出具的产品质量证明书或检验报告，其化学成分、力学性能和其他质量要求应符合国家现行有关标准的规定。

5.7.1 承受动载需经疲劳验算时，严禁使用塞焊、槽焊、电渣焊和气电立焊接头。

6.1.1 除符合本规范第 6.6 节规定的免予评定条件外，施工单位首次采用的钢材、焊接材料、焊接方法、接头形式、焊接位置、焊后热处理制度以及焊接工艺参数、预热和后热措施等各种参数的组合条件，应在钢结构构件制作及安装施工之前进行焊接工艺评定。

8.1.8 抽样检验应按下列规定进行结果判定：

    1 抽样检验的焊缝数不合格率小于 2% 时，该批验收合格；

    2 抽样检验的焊缝数不合格率大于 5% 时，该批验收不合格；

    3 除本条第 5 款情况外抽样检验的焊缝数不合格率为 2%～5% 时，应加倍抽检，且必须在原不合格部位两侧的焊缝延长线各增加一处，在所有抽检焊缝中不合格率不大于 3% 时，该批验收合格，大于3%时，该批验收不合格；

 4 批量验收不合格时，应对该批余下的全部焊缝进行检验；

 5 检验发现1处裂纹缺陷时，应加倍抽查，在加倍抽检焊缝中未再检查出裂纹缺陷时，该批验收合格；检验发现多于1处裂纹缺陷或加倍抽查又发现裂纹缺陷时，该批验收不合格，应对该批余下焊缝的全数进行检查。

九、《铝合金结构设计规范》GB 50429—2007

3.3.1 采用焊接铝合金结构时，必须考虑热影响区材料强度降低带来的不利影响。热影响区范围内强度的折减系数 p_{haz} 按表3.3.1采用。

表 3.3.1 热影响区范围内强度的折减系数 p_{haz}

合金牌号	状态	p_{haz}
6061、6063、6063A	T4	1.00
	T5/T6	0.50
5083	O/F	1.00
	H112	0.80
3003	H24	0.20
3004	H34/H36	0.20

4.1.2 在铝合金结构设计文件中，应注明建筑结构的安全等级、设计使用年限、铝合金材料牌号及供货状态、连接材料的型号和对铝合金材料所要求的力学性能、化学成分及其他的附加保证项目。

4.1.3 铝合金结构应按下列承载能力极限状态和正常使用极限状态进行设计：

 1 承载能力极限状态包括：构件和连接的强度破坏和因过度变形而不适于继续承载，结构和构件丧失稳定，结构转变为机动体系和结构倾覆。

 2 正常使用极限状态包括：影响结构、构件和非结构构件正常使用或外观的变形，影响正常使用的振动，影响正常使用或耐久性能的局部损坏。

4.1.4 按承载能力极限状态设计铝合金结构时，应考虑荷载效应的基本组合，必要时尚应考虑荷载效应的偶然组合。按正常使用极限状态设计铝合金结构时，应按规定考虑荷载效应组合。

4.2.2 设计铝合金结构时，荷载的标准值、荷载分项系数、荷载组合值系数等，应按现行国家标准《建筑结构荷载规范》GB 50009 的规定采用。

结构的重要性系数 γ_0 应按现行国家标准《建筑结构可靠度设计统一标准》GB 50068 的规定采用，其中对设计年限为 25 年的结构构件，γ_0 不应小于 0.95。

4.3.4 铝合金材料的强度设计值应按表 4.3.4 采用。

表 4.3.4 铝合金材料强度设计值（N/mm²）

铝合金材料			用于构件计算		用于焊接连接计算	
牌号	状态	厚度 (mm)	抗拉、抗压和抗弯 f	抗剪 f_v	焊件热影响区抗拉、抗压和抗弯 $f_{u, haz}$	焊件热影响区抗剪 $f_{v, haz}$
6061	T4	所有	90	55	140	80
	T6	所有	200	115	100	60
6063	T5	所有	90	55	60	35
	T6	所有	150	85	80	45
6063A	T5	≤10	135	75	75	45
		>10	125	70	70	40
	T6	≤10	160	90	90	50
		>10	150	85	85	50
5083	O/F	所有	90	55	210	120
	H112	所有	90	55	170	95
3003	H24	≤4	100	60	20	10
3004	H34	≤4	145	85	35	20
	H36	≤3	160	95	40	20

4.3.5 铝合金结构普通螺栓和铆钉连接的强度设计值应按表 4.3.5-1 和表 4.3.5-2 采用。

表 4.3.5-1 普通螺栓连接的强度设计值（N/mm²）

螺栓的材料、性能等级和构件铝合金牌号			普通螺栓								
			铝合金			不锈钢			钢		
			抗拉 f_t^b	抗剪 f_v^b	承压 f_c^b	抗拉 f_t^b	抗剪 f_v^b	承压 f_c^b	抗拉 f_t^b	抗剪 f_v^b	承压 f_c^b
普通螺栓	铝合金	2B11	160	170	—	—	—	—	—	—	—
		2A90	145	150	—	—	—	—	—	—	—
	不锈钢	A2-50、A4-50	—	—	—	190	200	—	—	—	—
		A2-70、A4-70	—	—	—	265	280	—	—	—	—
	钢	4.6、4.8级	—	—	—	—	—	—	170	140	—
构件		6061-T4	—	—	210	—	—	210	—	—	210
		6061-T6	—	—	305	—	—	305	—	—	305
		6063-T5	—	—	185	—	—	185	—	—	185
		6063-T6	—	—	240	—	—	240	—	—	240
		6063A-T5	—	—	220	—	—	220	—	—	220
		6063A-T6	—	—	255	—	—	255	—	—	255
		5083-O/F/H112	—	—	315	—	—	315	—	—	315

表 4.3.5-2 铆钉连接的强度设计值（N/mm²）

铝合金铆钉牌号及构件铝合金牌号		铝合金铆钉	
		抗剪 f_v^r	承压 f_c^r
铆钉	5B05-HX8	90	—
	2A01-T4	110	—
	2A10-T4	135	—
构件	6061-T4	—	210
	6061-T6	—	305
	6063-T5	—	185
	6063-T6	—	240
	6063A-T5	—	220
	6063A-T6	—	255
	5083-O/F/H112	—	315

4.3.6 铝合金结构焊缝的强度设计值应按表 4.3.6 采用。

表 4.3.6 焊缝的强度设计值（N/mm²）

铝合金母材牌号及状态	焊丝型号	对接焊缝		角焊缝	
		抗拉 f_t^w	抗压 f_c^w	抗剪 f_v^w	抗拉、抗压和抗剪 f_f^w
6061-T4 6061-T6	SAlMG-3 （Eur 5356）	145	145	85	85
	SAlSi-1 （Eur 4043）	135	135	80	80
6063-T5 6063-T6 6063A-T5 6063A-T6	SAlMG-3 （Eur 5356）	115	115	65	65
	SAlSi-1 （Eur 4043）	115	115	65	65
5083-O/F/H112	SAlMG-3 （Eur 5356）	185	185	105	105

注：对于两种不同种类合金的焊接，焊缝的强度设计值应采用较小值。

10.4.3 铝合金结构的表面长期受辐射热温度达 80℃ 以上时，应加隔热层或采用其它有效的防护措施。

10.5.1 当铝合金材料与除不锈钢以外的其他金属材料或含酸性或碱性的非金属材料接触、紧固时，应采用隔离材料，防止与其直接接触。

十、《型钢混凝土组合结构技术规程》JGJ 138—2001

1.0.2 本规程适用于非地震区和抗震设防烈度为 6 度至 9 度的多、高层建筑和一般构筑物的型钢混凝土组合结构的设计与施工。型钢混凝土组合结构构件应由混凝土、型钢、纵向钢筋和箍筋组成。

4.2.6 型钢混凝土组合结构构件的抗震设计，应根据设防烈度、结构类型、房屋高度按表 4.2.6 采用不同的抗震等级，并应符合相应的计算和抗震构造要求。

表 4.2.6 型钢混凝土组合结构的抗震等级

结构体系与类型		设 防 烈 度			
		6	7	8	9
框架结构	房屋高度（m）	≤25　>25	≤35　>35	≤35　　>35	≤25
	框架	四　三	三　二	二　　一	一
框架-剪力墙结构	房屋高度（m）	≤50　>50	≤60　>60	<50　50~80　>80	≤25　>25
	框架	四　三	三　二	二　　　一	二　一
	剪力墙	三	二	一	一
剪力墙结构	房屋高度（m）	≤60　>60	≤80　>80	<35　35~80　>80	≤25　>25
	一般剪力墙	四	三	二	一
	框支落地剪力墙底部加强部位	三	二	不应采用	
	框支层框架	三	二		
筒体结构	框架-核心筒体　框架	三	二	一	
	框架-核心筒体　核心筒体	二	二	一	
	筒中筒　框架外筒	三	二	一	
	筒中筒　内筒	三	二	一	

注：1 框架-剪力墙结构中，当剪力墙部分承受的地震倾覆力矩不大于结构总地震倾覆力矩的 50% 时，其框架部分应按框架结构的抗震等级采用；

　　2 部分框支剪力墙结构当采用型钢混凝土结构时，对 8 度设防烈度，其房屋高度不应超过 100m；

　　3 有框支层的剪力墙结构，除落地剪力墙底部加强部位外，均按一般剪力墙结构的抗震等级取用；

　　4 设防烈度为 8 度的丙类建筑，且房屋高度不超过 12m 的规则的一般民用框架结构（体育馆和影剧院等除外）和类似的工业框架结构，抗震等级采用三级。

5.4.5 型钢混凝土框架梁中箍筋的配置应符合国家标准《混凝土结构设计规范》GB 50010 的规定；考虑地震作用组合的型钢

混凝土框架梁，梁端应设置箍筋加密区，其加密区长度、箍筋最大间距和箍筋最小直径应满足表5.4.5要求。

表 5.4.5　梁端箍筋加密区的构造要求

抗震等级	箍筋加密区长度	箍筋最大间距（mm）	箍筋最小直径（mm）
一 级	$2h$	100	12
二 级	$1.5h$	100	10
三 级	$1.5h$	150	10
四 级	$1.5h$	150	8

注：表中 h 为型钢混凝土梁的梁高。

6.2.1　型钢混凝土框架柱中箍筋的配置应符合国家标准《混凝土结构设计规范》GB 50010 的规定；考虑地震作用组合的型钢混凝土框架柱，柱端箍筋加密区长度、箍筋最大间距和最小直径应按表6.2.1的规定采用。

表 6.2.1　框架柱端箍筋加密区的构造要求

抗震等级	箍筋加密区长度	箍筋最大间距	箍筋最小直径
一 级	取矩形截面长边尺寸（或圆形截面直径）、层间柱净高的1/6和500mm三者中的最大值	取纵向钢筋直径的6倍、100mm 二者中的较小值	$\phi10$
二 级		取纵向钢筋直径的8倍、100mm 二者中的较小值	$\phi8$
三 级		取纵向钢筋直径的8倍、150mm 二者中的较小值	$\phi8$
四 级			$\phi6$

注：1　对二级抗震等级的框架柱，当箍筋最小直径不小于 $\phi10$ 时，其箍筋最大间距可取 150mm；

　　2　剪跨比不大于2的框架柱、框支柱和一级抗震等级角柱应沿全长加密箍筋，箍筋间距均不应大于100mm。

十一、《钢-混凝土组合桥梁设计规范》GB 50917—2013

4.2.2 钢-混凝土组合梁的承载能力极限状态计算应采用下式：

$$\gamma_0 S_{ud} \leqslant R \qquad (4.2.2-1)$$

当采用预应力的超静定结构时，应采用下式：

$$\gamma_0 S_{ud} + \gamma_p S_p \leqslant R \qquad (4.2.2-2)$$

式中：γ_0——桥梁结构的重要性系数，对应于设计安全等级一
级、二级的钢-混凝土组合桥梁应分别取不小于
1.1、1.0；

γ_p——预应力分项系数，当预应力效应对结构有利时，应
取 1.0，不利时应取 1.2；

S_{ud}——作用效应的组合设计值，对于汽车荷载应计入冲击
系数；

S_p——扣除全部预应力损失后，预应力引起的次效应；

R——构件承载力设计值。

十二、《钢管混凝土结构技术规范》GB 50936—2014

3.1.4 抗震设计时，钢管混凝土结构的钢材应符合下列规定：

1 钢材的屈服强度实测值与抗拉强度实测值的比值不应大
于 0.85；

2 钢材应有明显的屈服台阶，且伸长率不应小于 20%；

3 钢材应有良好的可焊性和合格的冲击韧性。

9.4.1 钢管混凝土结构中，混凝土严禁使用含氯化物类的外
加剂。

十三、《钢筒仓技术规范》GB 50884—2013

4.1.1 钢筒仓设计，应计算下列荷载：

1 永久荷载：结构自重，其他构件及固定设备重；

2 可变荷载：贮料荷载、楼面活荷载、屋面活荷载、雪荷
载、风荷载、可移动设备荷载、固定设备中的活荷载及设备安装

荷载、积灰荷载、钢筒仓外部地面的堆料荷载及管道输送产生的正、负压力；

　　3　温度作用；

　　4　地震作用。

4.2.2　计算贮料荷载时，应采用对结构产生最不利作用的贮料品种的参数。计算贮料对波纹钢板仓壁的摩擦作用时，应取贮料的内摩擦角。

5.1.2　圆形钢筒仓结构，按承载能力极限状态进行设计时，应采用荷载设计值和材料强度设计值，计算应包括下列内容：

　　1　结构构件及连接强度、稳定性计算；

　　2　钢筒仓整体抗倾覆计算、稳定计算；

　　3　钢筒仓与基础的锚固计算。

6.1.2　矩形钢筒仓结构，按承载能力极限状态进行设计时，应包括下列计算内容：

　　1　结构构件及连接强度、稳定性计算；

　　2　钢筒仓整体抗倾覆计算、稳定计算；

　　3　钢筒仓与基础的锚固计算。

第三章 抗 震

一、《建筑工程抗震设防分类标准》GB 50223—2008

1.0.3 抗震设防区的所有建筑工程应确定其抗震设防类别。

新建、改建、扩建的建筑工程，其抗震设防类别不应低于本标准的规定。

3.0.2 建筑工程应分为以下四个抗震设防类别：

1 特殊设防类：指使用上有特殊设施，涉及国家公共安全的重大建筑工程和地震时可能发生严重次生灾害等特别重大灾害后果，需要进行特殊设防的建筑。简称甲类。

2 重点设防类：指地震时使用功能不能中断或需尽快恢复的生命线相关建筑，以及地震时可能导致大量人员伤亡等重大灾害后果，需要提高设防标准的建筑。简称乙类。

3 标准设防类：指大量的除 1、2、4 款以外按标准要求进行设防的建筑。简称丙类。

4 适度设防类：指使用上人员稀少且震损不致产生次生灾害，允许在一定条件下适度降低要求的建筑。简称丁类。

3.0.3 各抗震设防类别建筑的抗震设防标准，应符合下列要求：

1 标准设防类，应按本地区抗震设防烈度确定其抗震措施和地震作用，达到在遭遇高于当地抗震设防烈度的预估罕遇地震影响时不致倒塌或发生危及生命安全的严重破坏的抗震设防目标。

2 重点设防类，应按高于本地区抗震设防烈度一度的要求加强其抗震措施；但抗震设防烈度为 9 度时应按比 9 度更高的要求采取抗震措施；地基基础的抗震措施，应符合有关规定。同时，应按本地区抗震设防烈度确定其地震作用。

3　特殊设防类，应按高于本地区抗震设防烈度提高一度的要求加强其抗震措施；但抗震设防烈度为9度时应按比9度更高的要求采取抗震措施。同时，应按批准的地震安全性评价的结果且高于本地区抗震设防烈度的要求确定其地震作用。

4　适度设防类，允许比本地区抗震设防烈度的要求适当降低其抗震措施，但抗震设防烈度为6度时不应降低。一般情况下，仍应按本地区抗震设防烈度确定其地震作用。

注：对于划为重点设防类而规模很小的工业建筑，当改用抗震性能较好的材料且符合抗震设计规范对结构体系的要求时，允许按标准设防类设防。

二、《建筑抗震设计规范》GB 50011—2010

1.0.2　抗震设防烈度为6度及以上地区的建筑，必须进行抗震设计。

1.0.4　抗震设防烈度必须按国家规定的权限审批、颁发的文件（图件）确定。

3.1.1　抗震设防的所有建筑应按现行国家标准《建筑工程抗震设防分类标准》GB 50223确定其抗震设防类别及其抗震设防标准。

3.3.1　选择建筑场地时，应根据工程需要和地震活动情况、工程地质和地震地质的有关资料，对抗震有利、一般、不利和危险地段做出综合评价。对不利地段，应提出避开要求；当无法避开时应采取有效的措施。对危险地段，严禁建造甲、乙类的建筑，不应建造丙类的建筑。

3.3.2　建筑场地为Ⅰ类时，对甲、乙类的建筑应允许仍按本地区抗震设防烈度的要求采取抗震构造措施；对丙类的建筑应允许按本地区抗震设防烈度降低一度的要求采取抗震构造措施，但抗震设防烈度为6度时仍应按本地区抗震设防烈度的要求采取抗震构造措施。

3.4.1　建筑设计应根据抗震概念设计的要求明确建筑形体的规

则性。不规则的建筑应按规定采取加强措施；特别不规则的建筑应进行专门研究和论证，采取特别的加强措施；严重不规则的建筑不应采用。

注：形体指建筑平面形状和立面、竖向剖面的变化。

3.5.2 结构体系应符合下列各项要求：

1 应具有明确的计算简图和合理的地震作用传递途径。

2 应避免因部分结构或构件破坏而导致整个结构丧失抗震能力或对重力荷载的承载能力。

3 应具备必要的抗震承载力，良好的变形能力和消耗地震能量的能力。

4 对可能出现的薄弱部位，应采取措施提高其抗震能力。

3.7.1 非结构构件，包括建筑非结构构件和建筑附属机电设备，自身及其与结构主体的连接，应进行抗震设计。

3.7.4 框架结构的围护墙和隔墙，应估计其设置对结构抗震的不利影响，避免不合理设置而导致主体结构的破坏。

3.9.1 抗震结构对材料和施工质量的特别要求，应在设计文件上注明。

3.9.2 结构材料性能指标，应符合下列最低要求：

1 砌体结构材料应符合下列规定：

1）普通砖和多孔砖的强度等级不应低于 MU10，其砌筑砂浆强度等级不应低于 M5；

2）混凝土小型空心砌块的强度等级不应低于 MU7.5，其砌筑砂浆强度等级不应低于 Mb7.5。

2 混凝土结构材料应符合下列规定：

1）混凝土的强度等级，框支梁、框支柱及抗震等级为一级的框架梁、柱、节点核芯区，不应低于 C30；构造柱、芯柱、圈梁及其他各类构件不应低于 C20；

2）抗震等级为一、二、三级的框架和斜撑构件（含梯段），其纵向受力钢筋采用普通钢筋时，钢筋的抗拉强度实测值与屈服强度实测值的比值不应小于 1.25；钢筋的屈服强度实测值与屈服强度标准值的比值不应大于 1.3，且钢筋在最大拉力下的总伸长率实测值不应小于 9%。

3 钢结构的钢材应符合下列规定：

　　1）钢材的屈服强度实测值与抗拉强度实测值的比值不应大于 0.85；

　　2）钢材应有明显的屈服台阶，且伸长率不应小于 20%；

　　3）钢材应有良好的焊接性和合格的冲击韧性。

3.9.4 在施工中，当需要以强度等级较高的钢筋替代原设计中的纵向受力钢筋时，应按照钢筋受拉承载力设计值相等的原则换算，并应满足最小配筋率要求。

3.9.6 钢筋混凝土构造柱和底部框架－抗震墙房屋中的砌体抗震墙，其施工应先砌墙后浇构造柱和框架梁柱。

4.1.6 建筑的场地类别，应根据土层等效剪切波速和场地覆盖层厚度按表 4.1.6 划分为四类，其中 I 类分为 I_0、I_1 两个亚类。当有可靠的剪切波速和覆盖层厚度且其值处于表 4.1.6 所列场地类别的分界线附近时，应允许按插值方法确定地震作用计算所用的特征周期。

表 4.1.6　各类建筑场地的覆盖层厚度（m）

岩石的剪切波速或土的	场地类别				
等效剪切波速（m/s）	I_0	I_1	II	III	IV
$v_s > 800$	0				
$800 \geqslant v_s > 500$		0			
$500 \geqslant v_{se} > 250$		<5	$\geqslant 5$		
$250 \geqslant v_{se} > 150$		<3	$3 \sim 50$	>50	
$v_{se} \leqslant 150$		<3	$3 \sim 15$	$15 \sim 80$	>80

注：表中 v_s 系岩石的剪切波速。

4.1.8 当需要在条状突出的山嘴、高耸孤立的山丘、非岩石和强风化岩石的陡坡、河岸和边坡边缘等不利地段建造丙类及丙类以上建筑时，除保证其在地震作用下的稳定性外，尚应估计不利地段对设计地震动参数可能产生的放大作用，其水平地震影响系数最大值应乘以增大系数。其值应根据不利地段的具体情况确定，在 1.1～1.6 范围内采用。

4.1.9 场地岩土工程勘察，应根据实际需要划分的对建筑有利、一般、不利和危险的地段，提供建筑的场地类别和岩土地震稳定性（含滑坡、崩塌、液化和震陷特性）评价，对需要采用时程分析法补充计算的建筑，尚应根据设计要求提供土层剖面、场地覆盖层厚度和有关的动力参数。

4.2.2 天然地基基础抗震验算时，应采用地震作用效应标准组合，且地基抗震承载力应取地基承载力特征值乘以地基抗震承载力调整系数计算。

4.3.2 地面下存在饱和砂土和饱和粉土时，除 6 度外，应进行液化判别；存在液化土层的地基，应根据建筑的抗震设防类别、地基的液化等级，结合具体情况采取相应的措施。

　　注：本条饱和土液化判别要求不含黄土、粉质黏土。

4.4.5 液化土和震陷软土中桩的配筋范围，应自桩顶至液化深度以下符合全部消除液化沉陷所要求的深度，其纵向钢筋应与桩顶部相同，箍筋应加粗和加密。

5.1.1 各类建筑结构的地震作用，应符合下列规定：

　　1 一般情况下，应至少在建筑结构的两个主轴方向分别计算水平地震作用，各方向的水平地震作用应由该方向抗侧力构件承担。

　　2 有斜交抗侧力构件的结构，当相交角度大于 15°时，应分别计算各抗侧力构件方向的水平地震作用。

　　3 质量和刚度分布明显不对称的结构，应计入双向水平地震作用下的扭转影响；其他情况，应允许采用调整地震作用效应的方法计入扭转影响。

　　4 8、9 度时的大跨度和长悬臂结构及 9 度时的高层建筑，应计算竖向地震作用。

注：8、9度时采用隔震设计的建筑结构，应按有关规定计算竖向地震作用。

5.1.3　计算地震作用时，建筑的重力荷载代表值应取结构和构配件自重标准值和各可变荷载组合值之和。各可变荷载的组合值系数，应按表5.1.3采用。

表5.1.3　组合值系数

可变荷载种类		组合值系数
雪荷载		0.5
屋面积灰荷载		0.5
屋面活荷载		不计入
按实际情况计算的楼面活荷载		1.0
按等效均布荷载 计算的楼面活荷载	藏书库、档案库	0.8
	其他民用建筑	0.5
起重机悬吊物重力	硬钩吊车	0.3
	软钩吊车	不计入

注：硬钩吊车的吊重较大时，组合值系数应按实际情况采用。

5.1.4　建筑结构的地震影响系数应根据烈度、场地类别、设计地震分组和结构自振周期以及阻尼比确定。其水平地震影响系数最大值应按表5.1.4-1采用；特征周期应根据场地类别和设计地震分组按表5.1.4-2采用，计算罕遇地震作用时，特征周期应增加0.05s。

注：周期大于6.0s的建筑结构所采用的地震影响系数应专门研究。

表5.1.4-1　水平地震影响系数最大值

地震影响	6度	7度	8度	9度
多遇地震	0.04	0.08(0.12)	0.16(0.24)	0.32
罕遇地震	0.28	0.50(0.72)	0.90(1.20)	1.40

注：括号中数值分别用于设计基本地震加速度为0.15g和0.30g的地区。

表 5.1.4-2　特征周期值（s）

设计地震分组	场地类别				
	I₀	I₁	II	III	IV
第一组	0.20	0.25	0.35	0.45	0.65
第二组	0.25	0.30	0.40	0.55	0.75
第三组	0.30	0.35	0.45	0.65	0.90

5.1.6　结构的截面抗震验算，应符合下列规定：

1　6 度时的建筑（不规则建筑及建造于 IV 类场地上较高的高层建筑除外），以及生土房屋和木结构房屋等，应符合有关的抗震措施要求。但应允许不进行截面抗震验算。

2　6 度时不规则建筑、建造于 IV 类场地上较高的高层建筑，7 度和 7 度以上的建筑结构（生土房屋和木结构房屋等除外），应进行多遇地震作用下的截面抗震验算。

注：采用隔震设计的建筑结构，其抗震验算应符合有关规定。

5.2.5　抗震验算时，结构任一楼层的水平地震剪力应符合下式要求：

$$V_{eki} > \lambda \sum_{j=i}^{n} G_j \qquad (5.2.5)$$

式中　V_{eki}——第 i 层对应于水平地震作用标准值的楼层剪力；

　　　λ——剪力系数，不应小于表 5.2.5 规定的楼层最小地震剪力系数值，对竖向不规则结构的薄弱层，尚应乘以 1.15 的增大系数；

　　　G_j——第 j 层的重力荷载代表值。

表 5.2.5　楼层最小地震剪力系数值

类别	6 度	7 度	8 度	9 度
扭转效应明显或基本周期小于 3.5s 的结构	0.008	0.016 (0.024)	0.032 (0.048)	0.064
基本周期大于 5.0s 的结构	0.006	0.012 (0.018)	0.024 (0.036)	0.048

注：1　基本周期介于 3.5s 和 5s 之间的结构，按插入法取值；
　　2　括号内数值分别用于设计基本地震加速度为 0.15g 和 0.30g 的地区。

5.4.1　结构构件的地震作用效应和其他荷载效应的基本组合，应按下式计算：

$$S = \gamma_G S_{GE} + \gamma_{Eh} S_{Ehk} + \gamma_{Ev} S_{EVk} + \psi_w \gamma_w S_{Wk} \qquad (5.4.1)$$

式中　S——结构构件内力组合的设计值，包括组合的弯矩、轴向力和剪力设计值等；

　　　γ_G——重力荷载分项系数，一般情况应采用 1.2，当重力荷载效应对构件承载能力有利时，不应大于 1.0；

γ_{Eh}、γ_{Ev}——分别为水平、竖向地震作用分项系数，应按表 5.4.1 采用；

　　　γ_w——风荷载分项系数，应采用 1.4；

　　S_{GE}——重力荷载代表值的效应，可按本规范第 5.1.3 条采用，但有吊车时，尚应包括悬吊物重力标准值的效应；

　　S_{Ehk}——水平地震作用标准值的效应，尚应乘以相应的增大系数或调整系数；

　　S_{EVk}——竖向地震作用标准值的效应，尚应乘以相应的增大系数或调整系数；

　　S_{wk}——风荷载标准值的效应；

　　　ψ_w——风荷载组合值系数，一般结构取 0.0，风荷载起控制作用的建筑应采用 0.2。

注：本规范一般略去表示水平方向的下标。

表 5.4.1　地震作用分项系数

地震作用	γ_{Eh}	γ_{Ev}
仅计算水平地震作用	1.3	0.0
仅计算竖向地震作用	0.0	1.3
同时计算水平与竖向地震作用（水平地震为主）	1.3	0.5
同时计算水平与竖向地震作用（竖向地震为主）	0.5	1.3

5.4.2　结构构件的截面抗震验算，应采用下列设计表达式：

$$S \leqslant R/\gamma_{RE} \qquad (5.4.2)$$

式中　γ_{RE}——承载力抗震调整系数，除另有规定外，应按表
　　　　　5.4.2采用；

　　　　R——结构构件承载力设计值。

表5.4.2　承载力抗震调整系数

材料	结构构件	受力状态	γ_{RE}
钢	柱，梁，支撑，节点板件，螺栓，焊缝柱，支撑	强度 稳定	0.75 0.80
砌体	两端均有构造柱、芯柱的抗震墙 其他抗震墙	受剪 受剪	0.9 1.0
混凝土	梁 轴压比小于0.15的柱 轴压比不小于0.15的柱 抗震墙 各类构件	受弯 偏压 偏压 偏压 受剪、偏拉	0.75 0.75 0.80 0.85 0.85

5.4.3　当仅计算竖向地震作用时，各类结构构件承载力抗震调整
系数均应采用1.0。

6.1.2　钢筋混凝土房屋应根据设防类别、烈度、结构类型和房
屋高度采用不同的抗震等级，并应符合相应的计算和构造措施要
求。丙类建筑的抗震等级应按表6.1.2确定。

6.3.3　梁的钢筋配置，应符合下列各项要求：

　　1　梁端计入受压钢筋的混凝土受压区高度和有效高度之比，
一级不应大于0.25，二、三级不应大于0.35。

　　2　梁端截面的底面和顶面纵向钢筋配筋量的比值，除按计
算确定外，一级不应小于0.5，二、三级不应小于0.3。

　　3　梁端箍筋加密区的长度、箍筋最大间距和最小直径应按
表6.3.3采用，当梁端纵向受拉钢筋配筋率大于2%时，表中箍
筋最小直径数值应增大2mm。

表6.1.2 现浇钢筋混凝土房屋的抗震等级

结构类型		设 防 烈 度							
		6		7		8		9	
框架结构	高度（m）	≤24	>24	≤24	>24	≤24	>24	≤24	
	框架	四	三	三	二	二	一	一	
	大跨度框架	三		二		一			
框架-抗震墙结构	高度（m）	≤60	>60	<24 / 24~60	>60	<24 / 24~60	>60	≤24	24~50
	框架	四	三	四 / 三	二	三 / 二	一	二	一
	抗震墙	三		三 / 二		二 / 一		一	
抗震墙结构	高度（m）	≤80	>80	<24 / 24~80	>80	<24 / 24~80	>80	≤24	24~60
	剪力墙	四	三	四 / 三	二	三 / 二	一	二	一
部分框支抗震墙结构	高度（m）	≤80	>80	<24 / 24~80	>80	<24 / 24~80			
	抗震墙 一般部位	四	三	四 / 三	二	三 / 二			
	抗震墙 加强部位	三	二	三 / 二	一	二 / 一			
	框支层框架	二		二	一	一			
框架-核心筒结构	框架	三		二		一			
	核心筒	二		二		一			
筒中筒结构	外筒	三		二		一			
	内筒	三		二		一			
板柱-抗震墙结构	高度（m）	≤35	>35	≤35	>35	≤35	>35		
	框架、板柱的柱	三	二	二	二	一	一		
	抗震墙	二	二	二	二	一	一		

注：1 建筑场地为 I 类时，除 6 度外应允许按表内降低一度所对应的抗震等级采取抗震构造措施，但相应的计算要求不应降低；

2 接近或等于高度分界时，应允许结合房屋不规则程度及场地、地基条件确定抗震等级；

3 大跨度框架指跨度不小于 18m 的框架；

4 高度不超过 60m 的框架-核心筒结构按框架-抗震墙的要求设计时，应按表中框架-抗震墙结构的规定确定其抗震等级。

表 6.3.3 梁端箍筋加密区的长度、箍筋的最大间距和最小直径

抗震等级	加密区长度 （采用较大值） （mm）	箍筋最大间距 （采用较小值） （mm）	箍筋最小直径 （mm）
一	$2h_b$，500	$h_b/4$，$6d$，100	10
二	$1.5h_b$，500	$h_b/4$，$8d$，100	8
三	$1.5h_b$，500	$h_b/4$，$8d$，150	8
四	$1.5h_b$，500	$h_b/4$，$8d$，150	6

注：1 d 为纵向钢筋直径，h_b 为梁截面高度；

2 箍筋直径大于 12mm、数量不少于 4 肢且肢距不大于 150mm 时，一、二级的最大间距应允许适当放宽，但不得大于 150mm。

6.3.7 柱的钢筋配置，应符合下列各项要求：

1 柱纵向受力钢筋的最小总配筋率应按表 6.3.7-1 采用，同时每一侧配筋率不应小于 0.2%；对建造于Ⅳ类场地且较高的高层建筑，最小总配筋率应增加 0.1%。

表 6.3.7-1 柱截面纵向钢筋的最小总配筋率（百分率）

类 别	抗震等级			
	一	二	三	四
中柱和边柱	0.9(1.0)	0.7(0.8)	0.6(0.7)	0.5(0.6)
角柱、框支柱	1.1	0.9	0.8	0.7

注：1 表中括号内数值用于框架结构的柱；

2 钢筋强度标准值小于 400MPa 时，表中数值应增加 0.1，钢筋强度标准值为 400MPa 时，表中数值应增加 0.05；

3 混凝土强度等级高于 C60 时，上述数值应相应增加 0.1。

2 柱箍筋在规定的范围内应加密，加密区的箍筋间距和直径，应符合下列要求：

1） 一般情况下，箍筋的最大间距和最小直径，应按表 6.3.7-2 采用。

表 6.3.7-2 柱箍筋加密区的箍筋最大间距和最小直径

抗震等级	箍筋最大间距（采用较小值，mm）	箍筋最小直径（mm）
一	6d，100	10
二	8d，100	8
三	8d，150（柱根 100）	8
四	8d，150（柱根 100）	6（柱根 8）

注：1 d 为柱纵筋最小直径；

2 柱根指底层柱下端箍筋加密区。

  2）一级框架柱的箍筋直径大于 12mm 且箍筋肢距不大于 150mm 及二级框架柱的箍筋直径不小于 10mm 且箍筋肢距不大于 200mm 时，除底层柱下端外，最大间距应允许采用 150mm；三级框架柱的截面尺寸不大于 400mm 时，箍筋最小直径应允许采用 6mm；四级框架柱剪跨比不大于 2 时，箍筋直径不应小于 8mm。

  3）框支柱和剪跨比不大于 2 的框架柱，箍筋间距不应大于 100mm。

6.4.3 抗震墙竖向、横向分布钢筋的配筋，应符合下列要求：

  1 一、二、三级抗震墙的竖向和横向分布钢筋最小配筋率均不应小于 0.25%，四级抗震墙分布钢筋最小配筋率不应小于 0.20%。

  注：高度小于 24m 且剪压比很小的四级抗震墙，其竖向分布筋的最小配筋率应允许按 0.15% 采用。

  2 部分框支抗震墙结构的落地抗震墙底部加强部位，竖向和横向分布钢筋配筋率均不应小于 0.3%。

7.1.2 多层房屋的层数和高度应符合下列要求：

  1 一般情况下，房屋的层数和总高度不应超过表 7.1.2 的规定。

  2 横墙较少的多层砌体房屋，总高度应比表 7.1.2 的规定降低 3m，层数相应减少一层；各层横墙很少的多层砌体房屋，还应再减少一层。

表 7.1.2　房屋的层数和总高度限值（m）

房屋类别		最小抗震墙厚度（mm）	烈度和设计基本地震加速度										
			6		7				8				9
			0.05g		0.10g		0.15g		0.20g		0.30g		0.40g
			高度	层数	高度	层数	高度	层数	高度	层数	高度	层数	高度	层数
多层砌体房屋	普通砖	240	21	7	21	7	21	7	18	6	15	5	12	4
	多孔砖	240	21	7	21	7	18	6	18	6	15	5	9	3
	多孔砖	190	21	7	18	6	15	5	15	5	12	4	—	—
	小砌块	190	21	7	21	7	18	6	18	6	15	5	9	3
底部框架-抗震墙砌体房屋	普通砖多孔砖	240	22	7	22	7	19	6	16	5	—	—	—	—
	多孔砖	190	22	7	19	6	16	5	13	4	—	—	—	—
	小砌块	190	22	7	22	7	19	6	16	5	—	—	—	—

注：1　房屋的总高度指室外地面到主要屋面板板顶或檐口的高度，半地下室从地下室室内地面算起，全地下室和嵌固条件好的半地下室应允许从室外地面算起；对带阁楼的坡屋面应算到山尖墙的 1/2 高度处；

2　室内外高差大于 0.6m 时，房屋总高度应允许比表中的数据适当增加，但增加量应少于 1.0m；

3　乙类的多层砌体房屋仍按本地区设防烈度查表，其层数应减少一层且总高度应降低 3m；不应采用底部框架-抗震墙砌体房屋；

4　本表小砌块砌体房屋不包括配筋混凝土小型空心砌块砌体房屋。

注：横墙较少是指同一楼层内开间大于 4.2m 的房间占该层总面积的 40% 以上；其中，开间不大于 4.2m 的房间占该层总面积不到 20% 且开间大于 4.8m 的房间占该层总面积的 50% 以上为横墙很少。

3　6、7 度时，横墙较少的丙类多层砌体房屋，当按规定采取加强措施并满足抗震承载力要求时，其高度和层数应允许仍按表 7.1.2 的规定采用。

4　采用蒸压灰砂砖和蒸压粉煤灰砖的砌体的房屋，当砌体的抗剪强度仅达到普通黏土砖砌体的 70% 时，房屋的层数应比普通砖房减少一层，总高度应减少 3m；当砌体的抗剪强度达到普通黏土砖砌体的取值时，房屋层数和总高度的要求同普通砖房屋。

7.1.5　房屋抗震横墙的间距，不应超过表 7.1.5 的要求：

表 7.1.5　房屋抗震横墙的间距（m）

房　屋　类　别		烈　　　度			
		6	7	8	9
多层砌体房屋	现浇或装配整体式钢筋混凝土楼、屋盖	15	15	11	7
	装配式钢筋混凝土楼、屋盖	11	11	9	4
	木屋盖	9	9	4	—
底部框架-抗震墙砌体房屋	上部各层	同多层砌体房屋			—
	底层或底部两层	18	15	11	—

注：1　多层砌体房屋的顶层，除木屋盖外的最大横墙间距应允许适当放宽，但应采取相应加强措施；

　　2　多孔砖抗震横墙厚度为 190mm 时，最大横墙间距应比表中数值减少 3m。

7.1.8　底部框架-抗震墙砌体房屋的结构布置，应符合下列要求：

1　上部的砌体墙体与底部的框架梁或抗震墙，除楼梯间附近的个别墙段外均应对齐。

2　房屋的底部，应沿纵横两方向设置一定数量的抗震墙，并应均匀对称布置。6 度且总层数不超过四层的底层框架-抗震墙砌体房屋，应允许采用嵌砌于框架之间的约束普通砖砌体或小砌块砌体的砌体抗震墙，但应计入砌体墙对框架的附加轴力和附加剪力并进行底层的抗震验算，且同一方向不应同时采用钢筋混凝土抗震墙和约束砌体抗震墙；其余情况，8 度时应采用钢筋混凝土抗震墙，6、7 度时应采用钢筋混凝土抗震墙或配筋小砌块砌体抗震墙。

3　底层框架-抗震墙砌体房屋的纵横两个方向，第二层计入构造柱影响的侧向刚度与底层侧向刚度的比值，6、7 度时不应大于 2.5，8 度时不应大于 2.0，且均不应小于 1.0。

4 底部两层框架 抗震墙砌体房屋纵横两个方向，底层与底部第二层侧向刚度应接近，第三层计入构造柱影响的侧向刚度与底部第二层侧向刚度的比值，6、7度时不应大于2.0，8度时不应大于1.5，且均不应小于1.0。

5 底部框架-抗震墙砌体房屋的抗震墙应设置条形基础、筏形基础等整体性好的基础。

7.2.4 底部框架-抗震墙砌体房屋的地震作用效应，应按下列规定调整：

1 对底层框架-抗震墙砌体房屋，底层的纵向和横向地震剪力设计值均应乘以增大系数；其值应允许在1.2~1.5范围内选用，第二层与底层侧向刚度比大者应取大值。

2 对底部两层框架-抗震墙砌体房屋，底层和第二层的纵向和横向地震剪力设计值亦均应乘以增大系数；其值应允许在1.2~1.5范围内选用，第三层与第二层侧向刚度比大者应取大值。

3 底层或底部两层的纵向和横向地震剪力设计值应全部由该方向的抗震墙承担，并按各墙体的侧向刚度比例分配。

7.2.6 各类砌体沿阶梯形截面破坏的抗震抗剪强度设计值，应按下式确定：

$$f_{vE} = \zeta_N f_v \qquad (7.2.6)$$

式中：f_{vE}——砌体沿阶梯形截面破坏的抗震抗剪强度设计值；

f_v——非抗震设计的砌体抗剪强度设计值；

ζ_N——砌体抗震抗剪强度的正应力影响系数，应按表7.2.6采用。

表 7.2.6　砌体强度的正应力影响系数

砌体类别	σ_0/f_v							
	0.0	1.0	3.0	5.0	7.0	10.0	12.0	$\geqslant$16.0
普通砖，多孔砖	0.80	0.99	1.25	1.47	1.65	1.90	2.05	—
小砌块	—	1.23	1.69	2.15	2.57	3.02	3.32	3.92

注：σ_0 为对应于重力荷载代表值的砌体截面平均压应力。

7.3.1 各类多层砖砌体房屋，应按下列要求设置现浇钢筋混凝土构造柱（以下简称构造柱）：

1 构造柱设置部位，一般情况下应符合表7.3.1的要求。

2 外廊式和单面走廊式的多层房屋，应根据房屋增加一层的层数，按表7.3.1的要求设置构造柱，且单面走廊两侧的纵墙均应按外墙处理。

3 横墙较少的房屋，应根据房屋增加一层的层数，按表7.3.1的要求设置构造柱。当横墙较少的房屋为外廊式或单面走廊式时，应按本条2款要求设置构造柱；但6度不超过四层、7度不超过三层和8度不超过二层时，应按增加二层的层数对待。

4 各层横墙很少的房屋，应按增加二层的层数设置构造柱。

5 采用蒸压灰砂砖和蒸压粉煤灰砖的砌体房屋，当砌体的抗剪强度仅达到普通黏土砖砌体的70%时，应根据增加一层的层数按本条1～4款要求设置构造柱；但6度不超过四层、7度不超过三层和8度不超过二层时，应按增加二层的层数对待。

表7.3.1 多层砖砌体房屋构造柱设置要求

房 屋 层 数				设 置 部 位	
6度	7度	8度	9度		
四、五	三、四	二、三		楼、电梯间四角，楼梯斜梯段上下端对应的墙体处； 外墙四角和对应转角； 错层部位横墙与外纵墙交接处； 大房间内外墙交接处； 较大洞口两侧	隔12m或单元横墙与外纵墙交接处； 楼梯间对应的另一侧内横墙与外纵墙交接处
六	五	四	二		隔开间横墙（轴线）与外墙交接处； 山墙与内纵墙交接处
七	≥六	≥五	≥三		内墙（轴线）与外墙交接处； 内墙的局部较小墙垛处； 内纵墙与横墙（轴线）交接处

注：较大洞口，内墙指不小于2.1m的洞口；外墙在内外墙交接处已设置构造柱时应允许适当放宽，但洞侧墙体应加强。

7.3.3 多层砖砌体房屋的现浇钢筋混凝土圈梁设置应符合下列要求：

1 装配式钢筋混凝土楼、屋盖或木屋盖的砖房，应按表7.3.3的要求设置圈梁；纵墙承重时，抗震横墙上的圈梁间距应比表内要求适当加密。

2 现浇或装配整体式钢筋混凝土楼、屋盖与墙体有可靠连接的房屋，应允许不另设圈梁，但楼板沿抗震墙体周边均应加强配筋并应与相应的构造柱钢筋可靠连接。

表 7.3.3　多层砖砌体房屋现浇钢筋混凝土圈梁设置要求

墙　类	烈　　度		
	6、7	8	9
外墙和内纵墙	屋盖处及每层楼盖处	屋盖处及每层楼盖处	屋盖处及每层楼盖处
内横墙	同上；屋盖处间距不应大于4.5m；楼盖处间距不应大于7.2m；构造柱对应部位	同上；各层所有横墙，且间距不应大于4.5m；构造柱对应部位	同上；各层所有横墙

7.3.5 多层砖砌体房屋的楼、屋盖应符合下列要求：

1 现浇钢筋混凝土楼板或屋面板伸进纵、横墙内的长度，均不应小于120mm。

2 装配式钢筋混凝土楼板或屋面板，当圈梁未设在板的同一标高时，板端伸进外墙的长度不应小于120mm，伸进内墙的长度不应小于100mm或采用硬架支模连接，在梁上不应小于80mm或采用硬架支模连接。

3 当板的跨度大于4.8m并与外墙平行时，靠外墙的预制板侧边应与墙或圈梁拉结。

4 房屋端部大房间的楼盖，6度时房屋的屋盖和7～9度时房屋的楼、屋盖，当圈梁设在板底时，钢筋混凝土预制板应相互拉结，并应与梁、墙或圈梁拉结。

7.3.6 楼、屋盖的钢筋混凝土梁或屋架应与墙、柱（包括构造柱）或圈梁可靠连接；不得采用独立砖柱。跨度不小于 6m 大梁的支承构件应采用组合砌体等加强措施，并满足承载力要求。

7.3.8 楼梯间尚应符合下列要求：

1 顶层楼梯间墙体应沿墙高每隔 500mm 设 2ϕ6 通长钢筋和 ϕ4 分布短钢筋平面内点焊组成的拉结网片或 ϕ4 点焊网片；7～9 度时其他各层楼梯间墙体应在休息平台或楼层半高处设置 60mm 厚、纵向钢筋不应少于 2ϕ10 的钢筋混凝土带或配筋砖带，配筋砖带不少于 3 皮，每皮的配筋不少于 2ϕ6，砂浆强度等级不应低于 M7.5 且不低于同层墙体的砂浆强度等级。

2 楼梯间及门厅内墙阳角处的大梁支承长度不应小于 500mm，并应与圈梁连接。

3 装配式楼梯段应与平台板的梁可靠连接，8、9 度时不应采用装配式楼梯段；不应采用墙中悬挑式踏步或踏步竖肋插入墙体的楼梯，不应采用无筋砖砌栏板。

4 突出屋顶的楼、电梯间，构造柱应伸到顶部，并与顶部圈梁连接，所有墙体应沿墙高每隔 500mm 设 2ϕ6 通长钢筋和 ϕ4 分布短筋平面内点焊组成的拉结网片或 ϕ4 点焊网片。

7.4.1 多层小砌块房屋应按表 7.4.1 的要求设置钢筋混凝土芯柱。对外廊式和单面走廊式的多层房屋、横墙较少的房屋、各层横墙很少的房屋，尚应分别按本规范第 7.3.1 条第 2、3、4 款关于增加层数的对应要求，按表 7.4.1 的要求设置芯柱。

7.4.4 多层小砌块房屋的现浇钢筋混凝土圈梁的设置位置应按本规范第 7.3.3 条多层砖砌体房屋圈梁的要求执行，圈梁宽度不应小于 190mm，配筋不应少于 4ϕ12，箍筋间距不应大于 200mm。

7.5.7 底部框架-抗震墙砌体房屋的楼盖应符合下列要求：

1 过渡层的底板应采用现浇钢筋混凝土板，板厚不应小于 120mm；并应少开洞、开小洞，当洞口尺寸大于 800mm 时，洞口周边应设置边梁。

表 7.4.1　多层小砌块房屋芯柱设置要求

房屋层数				设置部位	设置数量
6度	7度	8度	9度		
四、五	三、四	二、三		外墙转角，楼、电梯间四角，楼梯斜梯段上下端对应的墙体处； 大房间内外墙交接处； 错层部位横墙与外纵墙交接处； 隔 12m 或单元横墙与外纵墙交接处	外墙转角，灌实 3 个孔； 内外墙交接处，灌实 4 个孔； 楼梯斜梯段上下端对应的墙体处，灌实 2 个孔
六	五	四		同上； 隔开间横墙（轴线）与外纵墙交接处	
七	六	五	二	同上； 各内墙（轴线）与外纵墙交接处； 内纵墙与横墙（轴线）交接处和洞口两侧	外墙转角，灌实 5 个孔； 内外墙交接处，灌实 4 个孔； 内墙交接处，灌实 4～5 个孔； 洞口两侧各灌实 1 个孔
	七	≥六	≥三	同上； 横墙内芯柱间距不大于 2m	外墙转角，灌实 7 个孔； 内外墙交接处，灌实 5 个孔； 内墙交接处，灌实 4～5 个孔； 洞口两侧各灌实 1 个孔

注：外墙转角、内外墙交接处、楼电梯间四角等部位，应允许采用钢筋混凝土构造柱替代部分芯柱。

2　其他楼层，采用装配式钢筋混凝土楼板时均应设现浇圈梁；采用现浇钢筋混凝土楼板时应允许不另设圈梁，但楼板沿抗震墙体周边均应加强配筋并应与相应的构造柱可靠连接。

7.5.8　底部框架-抗震墙砌体房屋的钢筋混凝土托墙梁，其截面和构造应符合下列要求：

1　梁的截面宽度不应小于 300mm，梁的截面高度不应小于跨度的 1/10。

2　箍筋的直径不应小于 8mm，间距不应大于 200mm；梁端在 1.5 倍梁高且不小于 1/5 梁净跨范围内，以及上部墙体的洞口处和洞口两侧各 500mm 且不小于梁高的范围内，箍筋间距不应大于 100mm。

3 沿梁高应设腰筋，数量不应少于 $2\phi4$，间距不应大于 200mm。

4 梁的纵向受力钢筋和腰筋应按受拉钢筋的要求锚固在柱内，且支座上部的纵向钢筋在柱内的锚固长度应符合钢筋混凝土框支梁的有关要求。

8.1.3 钢结构房屋应根据设防分类、烈度和房屋高度采用不同的抗震等级，并应符合相应的计算和构造措施要求。丙类建筑的抗震等级应按表 8.1.3 确定。

表 8.1.3 钢结构房屋的抗震等级

房屋高度	烈 度			
	6	7	8	9
≤50m		四	三	二
>50m	四	三	二	一

注：1 高度接近或等于高度分界时，应允许结合房屋不规则程度和场地、地基条件确定抗震等级；

2 一般情况，构件的抗震等级应与结构相同；当某个部位各构件的承载力均满足 2 倍地震作用组合下的内力要求时，7～9 度的构件抗震等级应允许按降低一度确定。

8.3.1 框架柱的长细比，一级不应大于 $60\sqrt{235/f_{ay}}$，二级不应大于 $80\sqrt{235/f_{ay}}$，三级不应大于 $100\sqrt{235/f_{ay}}$，四级时不应大于 $120\sqrt{235/f_{ay}}$。

8.3.6 梁与柱刚性连接时，柱在梁翼缘上下各 500mm 的范围内，柱翼缘与柱腹板间或箱形柱壁板间的连接焊缝应采用全熔透坡口焊缝

8.4.1 中心支撑的杆件长细比和板件宽厚比限值应符合下列规定：

1 支撑杆件的长细比，按压杆设计时，不应大于 120

$\sqrt{235/f_{ay}}$；一、二、三级中心支撑不得采用拉杆设计，四级采用拉杆设计时，其长细比不应大于 180。

2 支撑杆件的板件宽厚比，不应大于表 8.4.1 规定的限值。采用节点板连接时，应注意节点板的强度和稳定。

表 8.4.1　钢结构中心支撑板件宽厚比限值

板件名称	一级	二级	三级	四级
翼缘外伸部分	8	9	10	13
工字形截面腹板	25	26	27	33
箱形截面壁板	18	20	25	30
圆管外径与壁厚比	38	40	40	42

注：表列数值适用于 Q235 钢，采用其他牌号钢材应乘以 $\sqrt{235/f_{ay}}$，圆管应乘以 $235/f_{ay}$。

8.5.1 偏心支撑框架消能梁段的钢材屈服强度不应大于 345MPa。消能梁段及与消能梁段同一跨内的非消能梁段，其板件的宽厚比不应大于表 8.5.1 规定的限值。

表 8.5.1　偏心支撑框架梁的板件宽厚比限值

板件名称		宽厚比限值
翼缘外伸部分		8
腹板	当 $N/(Af) \leqslant 0.14$ 时	$90[1-1.65N/(A/f)]$
	当 $N/(Af) > 0.14$ 时	$33[2.3-N/(Af)]$

注：表列数值适用于 Q235 钢，当材料为其他钢号时应乘以 $\sqrt{235/f_{ay}}$，$N/(Af)$ 为梁轴压比。

10.1.3 单层空旷房屋大厅屋盖的承重结构，在下列情况下不应采用砖柱：

1 7 度（0.15g）、8 度、9 度时的大厅。

2 大厅内设有挑台。

3 7 度（0.10g）时，大厅跨度大于 12m 或柱顶高度大于 6m。

4 6 度时，大厅跨度大于 15m 或柱顶高度大于 8m。

10.1.12 8度和9度时，高大山墙的壁柱应进行平面外的截面抗震验算。

10.1.15 前厅与大厅，大厅与舞台间轴线上横墙，应符合下列要求：

1 应在横墙两端，纵向梁支点及大洞口两侧设置钢筋混凝土框架柱或构造柱。

2 嵌砌在框架柱间的横墙应有部分设计成抗震等级不低于二级的钢筋混凝土抗震墙。

3 舞台口的柱和梁应采用钢筋混凝土结构，舞台口大梁上承重砌体墙应设置间距不大于4m的立柱和间距不大于3m的圈梁，立柱、圈梁的截面尺寸、配筋及与周围砌体的拉结应符合多层砌体房屋的要求。

4 9度时，舞台口大梁上的墙体应采用轻质隔墙。

12.1.5 隔震和消能减震设计时，隔震装置和消能部件应符合下列要求：

1 隔震装置和消能部件的性能参数应经试验确定。

2 隔震装置和消能部件的设置部位，应采取便于检查和替换的措施。

3 设计文件上应注明对隔震装置和消能部件的性能要求，安装前应按规定进行检测，确保性能符合要求。

12.2.1 隔震设计应根据预期的竖向承载力、水平向减震系数和位移控制要求，选择适当的隔震装置及抗风装置组成结构的隔震层。

隔震支座应进行竖向承载力的验算和罕遇地震下水平位移的验算。

隔震层以上结构的水平地震作用应根据水平向减震系数确定；其竖向地震作用标准值，8度(0.20g)、8度(0.30g)和9度时分别不应小于隔震层以上结构总重力荷载代表值的20%、30%和40%。

12.2.9 隔震层以下的结构和基础应符合下列要求：

1 隔震层支墩、支柱及相连构件，应采用隔震结构罕遇地震下隔震支座底部的竖向力、水平力和力矩进行承载力验算。

2 隔震层以下的结构（包括地下室和隔震塔楼下的底盘）中直接支承隔震层以上结构的相关构件，应满足嵌固的刚度比和隔震后设防地震的抗震承载力要求，并按罕遇地震进行抗剪承载力验算。隔震层以下地面以上的结构在罕遇地震下的层间位移角限值应满足表 12.2.9 要求。

3 隔震建筑地基基础的抗震验算和地基处理仍应按本地区抗震设防烈度进行，甲、乙类建筑的抗液化措施应按提高一个液化等级确定，直至全部消除液化沉陷。

表 12.2.9　隔震层以下地面以上结构罕遇地震
作用下层间弹塑性位移角限值

下部结构类型	$[\theta_p]$
钢筋混凝土框架结构和钢结构	1/100
钢筋混凝土框架-抗震墙	1/200
钢筋混凝土抗震墙	1/250

三、《预应力混凝土结构抗震设计规程》JGJ 140—2004

3.1.1 建筑结构的地震影响系数应根据烈度、场地类别、设计地震分组和结构自振周期以及阻尼比确定。其水平地震影响系数最大值应按表 3.1.1-1 采用；特征周期应根据场地类别和设计地震分组按表 3.1.1-2 采用，计算 8、9 度罕遇地震作用时，特征周期应增加 0.05s。

注：1　周期大于 6.0s 的建筑结构所采用的地震影响系数应专门研究；

2　已编制抗震设防区划的城市，应允许按批准的设计地震动系数采用相应的地震影响系数。

表 3.1.1-1　水平地震影响系数最大值

地震影响	6 度	7 度	8 度	9 度
多遇地震	0.04	0.08(0.12)	0.16(0.24)	0.32
罕遇地震	—	0.50(0.72)	0.90(1.20)	1.40

注：括号中数值分别用于设计基本地震加速度为 0.15g 和 0.30g 的地区。

表 3.1.1-2 特征周期值（s）

设计地震分组	场 地 类 别			
	Ⅰ	Ⅱ	Ⅲ	Ⅳ
第一组	0.25	0.35	0.45	0.65
第二组	0.30	0.40	0.55	0.75
第三组	0.35	0.45	0.65	0.90

3.1.5 预应力混凝土结构构件在地震作用效应和其他荷载效应的基本组合下，进行截面抗震验算时，应加入预应力作用效应项。当预应力作用效应对结构不利时，预应力分项系数应取1.2；有利时应取1.0。

承载力抗震调整系数 γ_{RE}，除另有规定外，应按表 3.1.5 取用。

表 3.1.5 承载力抗震调整系数

结构构件	受力状态	γ_{RE}
梁	受弯	0.75
轴压比小于0.15的柱	偏压	0.75
轴压比不小于0.15的柱	偏压	0.80
框架节点	受剪	0.85
各类构件	受剪、偏拉	0.85
局部受压部位	局部受压	1.00

3.2.2 预应力混凝土结构构件的抗震设计，应根据设防烈度、结构类型、房屋高度采用不同的抗震等级，并应符合相应的计算和构造措施要求。丙类建筑的抗震等级应按本地区的设防烈度由表 3.2.2 确定。

表 3.2.2　现浇预应力混凝土结构构件的抗震等级

结构体系		设　防　烈　度					
		6		7		8	
框架结构	高度（m）	≤30	>30	≤30	>30	≤30	>30
	框架	四	三	三	二	二	一
	剧场、体育馆等大跨度公共建筑中的框架	三		二		一	
框架-剪力墙结构	高度（m）	≤60	>60	≤60	>60	≤60	>60
	框架	四	三	三	二	二	一
部分框支剪力墙结构	高度（m）	≤80	>80	≤80	>80	≤80	>80
	框支层框架	二		二		一	
框架-核心筒结构	框架	三		二		一	
板柱-剪力墙结构	板柱的柱及周边框架	三		二		一	

注：1　接近或等于高度分界时，应结合房屋不规则程度及场地、地基条件确定抗震等级；
　　2　剪力墙等非预应力构件的抗震等级应按钢筋混凝土结构的规定执行。

4.2.2　预应力混凝土框架梁端，考虑受压钢筋的截面混凝土受压区高度应符合下列要求：

一级抗震等级　$x \leqslant 0.25h_0$　　　　　　　（4.2.2-1）

二、三级抗震等级　$x \leqslant 0.35h_0$　　　　　（4.2.2-2）

且纵向受拉钢筋按非预应力钢筋抗拉强度设计值换算的配筋率不应大于 2.5%（HRB400 级钢筋）或 3.0%（HRB335 级钢筋）。

4.2.4　预应力混凝土框架梁端截面的底面和顶面纵向非预应力钢筋截面面积 A_s' 和 A_s 的比值，除按计算确定外，尚应满足下列要求：

一级抗震等级　　　$\dfrac{A_s'}{A_s} \geqslant \dfrac{0.5}{1-\lambda}$　　　　（4.2.4-1）

二、三级抗震等级 $\dfrac{A'_s}{A_s} \geqslant \dfrac{0.3}{1-\lambda}$ （4.2.4-2）

且梁底面纵向非预应力钢筋配筋率不应小于0.2%。

四、《镇（乡）村建筑抗震技术规程》JGJ 161—2008

1.0.4 抗震设防烈度为6度及以上地区的村镇建筑，必须进行抗震设计。

1.0.5 抗震设防烈度必须按国家规定的权限审批、颁发的文件（图件）确定。

五、《底部框架-抗震墙砌体房屋抗震技术规程》JGJ 248—2012

3.0.2 底部框架-抗震墙砌体房屋的总高度和层数应符合下列要求：

1 抗震设防类别为重点设防类时，不应采用底部框架-抗震墙砌体房屋。标准设防类的底部框架-抗震墙砌体房屋，房屋的总高度和层数不应超过表3.0.2的规定。

表3.0.2 底部框架-抗震墙砌体房屋总高度（m）和层数限值

上部砌体抗震墙类别	上部砌体抗震墙最小厚度（mm）	烈度和设计基本地震加速度							
		6		7				8	
		0.05g		0.10g		0.15g		0.20g	
		高度	层数	高度	层数	高度	层数	高度	层数
普通砖多孔砖	240	22	7	22	7	19	6	16	5
多孔砖	190	22	7	19	6	16	5	13	4
小砌块	190	22	7	22	7	19	6	16	5

注：1 房屋的总高度指室外地面到主要屋面板板顶或檐口的高度，半地下室可从地下室室内地面算起，全地下室和嵌固条件好的半地下室应允许从室外地面算起；对带阁楼的坡屋面应算到山尖墙的1/2高度处；

2 室内外高差大于0.6m时，房屋总高度应允许比表中数值适当增加，但增加量应少于1.0m；

3 表中上部小砌块砌体房屋不包括配筋小砌块砌体房屋。

2　上部为横墙较少时，底部框架-抗震墙砌体房屋的总高度，应比表 3.0.2 的规定降低 3m，层数相应减少一层；上部砌体房屋不应采用横墙很少的结构。

> 注：横墙较少指同一楼层内开间大于 4.2m 的房间面积占该层总面积的 40%以上；当开间不大于 4.2m 的房间面积占该层总面积不到 20%且开间大于 4.8m 的房间面积占该层总面积的 50%以上时为横墙很少。

3　6 度、7 度时，底部框架-抗震墙砌体房屋的上部为横墙较少时，当按规定采取加强措施并满足抗震承载力要求时，房屋的总高度和层数应允许仍按表 3.0.2 的规定采用。

3.0.6　底部框架-抗震墙砌体房屋的结构体系，应符合下列要求：

1　底层或底部两层的纵、横向均应布置为框架-抗震墙体系，抗震墙应基本均匀对称布置。上部的砌体墙体与底部的框架梁或抗震墙，除楼梯间附近的个别墙段外均应对齐。

2　6 度且总层数不超过四层的底层框架-抗震墙砌体房屋，应采用钢筋混凝土抗震墙、配筋小砌块砌体抗震墙或嵌砌于框架之间的约束普通砖砌体或小砌块砌体的砌体抗震墙，当采用约束砌体抗震墙时，应计入砌体墙对框架的附加轴力和附加剪力并进行底层的抗震验算，且同一方向不应同时采用钢筋混凝土抗震墙和约束砌体抗震墙；6 度时其余情况及 7 度时应采用钢筋混凝土抗震墙或配筋小砌块砌体抗震墙；8 度时应采用钢筋混凝土抗震墙。

3　底部框架-抗震墙砌体房屋的底部抗震墙应设置条形基础、筏形基础等整体性好的基础。

3.0.9　底层框架-抗震墙砌体房屋在纵横两个方向，第二层计入构造柱影响的侧向刚度与底层的侧向刚度比值，6 度、7 度时不应大于 2.5，8 度时不应大于 2.0，且均不得小于 1.0；

底部两层框架-抗震墙砌体房屋在纵横两个方向，底层与底部第二层侧向刚度应接近，第三层计入构造柱影响的侧向刚度与底部第二层的侧向刚度比值，6度、7度时不应大于2.0，8的度时不应大于1.5，且均不得小于1.0。

5.5.15 底部钢筋混凝土托墙梁应符合下列要求：

1 梁截面宽度不应小于300mm，截面高度不应小于跨度的1/10；

2 箍筋直径不应小于8mm，间距不应大于200mm；梁端在1.5倍梁高且不小于1/5梁净跨范围内，以及上部墙体的洞口处和洞口两侧各500mm且不小于梁高的范围内，箍筋间距不应大于100mm；

3 沿梁截面高度应设置通长腰筋，数量不应少于2φ14，间距不应大于200mm；

4 梁的纵向受力钢筋和腰筋应按受拉钢筋的要求锚固在柱内，且支座上部的纵向钢筋在柱内的锚固长度应符合钢筋混凝土框支梁的有关要求。

5.5.28 底层框架-抗震墙砌体房屋的底层和底部两层框架-抗震墙砌体房屋第二层的顶板应采用现浇钢筋混凝土板，并应满足下列要求：

1 楼板厚度不应小于120mm；

2 楼板应少开洞、开小洞，当洞口边长或直径大于800mm时，应采取加强措施，洞口周边应设置边梁，边梁宽度不应小于2倍板厚。

6.2.1 上部砖砌体房屋，应按下列要求设置现浇钢筋混凝土构造柱（以下简称构造柱）：

1 构造柱设置部位应符合表6.2.1的要求；

2 上部砖砌体房屋为横墙较少情况时，应根据房屋增加一层后的总层数，按表6.2.1的要求设置构造柱。

6.2.3 上部砖砌体房屋的现浇钢筋混凝土圈梁设置，应符合下列要求：

1 装配式钢筋混凝土楼盖、屋盖，应按表6.2.3的要求设置圈梁；纵墙承重时，抗震横墙上的圈梁间距应比表内要求适当加密；

表 6.2.1   上部砖砌体房屋构造柱设置要求

房屋总层数			设 置 部 位	
6 度	7 度	8 度		
≤五	≤四	二、三	楼、电梯间四角，楼梯踏步段上下端对应的墙体处； 建筑物平面凹凸角处对应的外墙转角； 错层部位横墙与外纵墙交接处； 大房间内外墙交接处； 较大洞口两侧	隔 12m 或单元横墙与外纵墙交接处； 楼梯间对应的另一侧内横墙与外纵墙交接处
六	五	四		隔开间横墙（轴线）与外墙交接处； 山墙与内纵墙交接处
七	六、七	≥五		内墙（轴线）与外墙交接处； 内墙的局部较小墙垛处； 内纵墙与横墙（轴线）交接处

注：较大洞口，内墙指不小于 2.1m 的洞口；外墙在内外墙交接处已设置构造柱时应允许适当放宽，但洞侧墙体应加强。

表 6.2.3   上部砖砌体房屋现浇钢筋混凝土圈梁设置要求

墙 类	烈 度	
	6、7	8
外墙和内纵墙	屋盖处及每层楼盖处	屋盖处及每层楼盖处
内横墙	同上； 屋盖处间距不应大于 4.5m； 楼盖处间距不应大于 7.2m； 构造柱对应部位	同上； 各层所有横墙，且间距不应大于 4.5m； 构造柱对应部位

2 现浇或装配整体式钢筋混凝土楼盖、屋盖与墙体有可靠连接的房屋，应允许不另设圈梁，但楼板沿抗震墙体周边均应加强配筋并应与相应的构造柱钢筋可靠连接。

6.2.5 上部小砌块房屋，应按表 6.2.5 的要求设置钢筋混凝土芯柱。对上部小砌块房屋为横墙较少的情况，应根据房屋增加一层后的总层数，按表 6.2.5 的要求设置芯柱。

表 6.2.5 上部小砌块房屋芯柱设置要求

房屋总层数			设置部位	设置数量
6 度	7 度	8 度		
≤五	≤四	二、三	建筑物平面凹凸角处对应的外墙转角； 楼、电梯间四角，楼梯踏步段上下端对应的墙体处； 大房间内外墙交接处； 错层部位横墙与外纵墙交接处； 隔 12m 或单元横墙与外纵墙交接处	外墙转角，灌实 3 个孔； 内外墙交接处，灌实 4 个孔； 楼梯踏步段上下端对应的墙体处，灌实 2 个孔
六	五	四	同上； 隔开间横墙（轴线）与外纵墙交接处	
七	六	五	同上； 各内墙（轴线）与外纵墙交接处； 内纵墙与横墙（轴线）交接处和洞口两侧	外墙转角，灌实 5 个孔； 内外墙交接处，灌实 4 个孔； 内墙交接处，灌实 4～5 个孔； 洞口两侧各灌实 1 个孔
一	七	＞五	同上； 横墙内芯柱间距不应大于 2m	外墙转角，灌实 7 个孔； 内外墙交接处，灌实 5 个孔； 内墙交接处，灌实 4～5 个孔； 洞口两侧各灌实 1 个孔

注：外墙转角、内外墙交接处、楼电梯间四角等部位，应允许采用钢筋混凝土构造柱替代部分芯柱。

6.2.8 上部小砌块房屋的现浇钢筋混凝土圈梁的设置位置，应按本规程第 6.2.3 条上部砖砌体房屋圈梁的规定执行；圈梁宽度不应小于 190mm，配筋不应少于 4ϕ12，箍筋间距不应大于 200mm。

6.2.13 上部砌体房屋的楼盖、屋盖应符合下列要求：

1 现浇钢筋混凝土楼板或屋面板伸进纵、横墙内的长度，均不应小于 120mm；

2 装配式钢筋混凝土楼板或屋面板，当圈梁未设在板的同一标高时，板端伸进外墙的长度不应小于 120mm，伸进内墙的长度不应小于 100mm 或采用硬架支模连接，在梁上不应小于 80mm 或采用硬架支模连接；

3 当板的跨度大于 4.8m 并与外墙平行时，靠外墙的预制板侧边应与墙或圈梁拉结；

4 房屋端部大房间的楼盖，6 度时房屋的屋盖和 7 度、8 度时房屋的楼盖、屋盖，当圈梁设在板底时，钢筋混凝土预制板应相互拉结，并应与梁、墙或圈梁拉结。

6.2.15 上部砌体房屋的楼梯间应符合下列要求：

1 顶层楼梯间墙体应设 2ϕ6 通长钢筋和 ϕ5 分布短钢筋平面内点焊组成的拉结网片或通长 ϕ5 钢筋点焊拉结网片，拉结网片沿墙高间距砖砌体墙为 500mm、小砌块砌体墙为 400mm；7 度、8 度时其他各层楼梯间墙体应在休息平台或楼层半高处设置 60mm 厚、纵向钢筋不应少于 2ϕ10 的钢筋混凝土带或配筋砖带（对砖砌体），配筋砖带不应少于 3 皮，每皮的配筋不应少于 2ϕ6，砂浆强度等级不应低于 M7.5 且不低于同层墙体的砂浆强度等级；

2 楼梯间及门厅内墙阳角处的大梁支承长度不应小于 500mm，并应与圈梁连接；

3 装配式楼梯段应与平台板的梁可靠连接，8 度时不应采用装配式楼梯段；不应采用墙中悬挑式踏步或踏步竖肋插入墙体的楼梯，不应采用无筋砌体栏板；

4 突出屋面的楼、电梯间，构造柱或芯柱应伸到顶部，并与顶部圈梁连接；所有墙体应设 2φ6 通长钢筋和 φ5 分布短钢筋平面内点焊组成的拉结网片或通长 φ5 钢筋点焊拉结网片，拉结网片沿墙高间距砖砌体墙为 500mm、小砌块砌体墙为 400mm。

六、《建筑消能减震技术规程》JGJ 297—2013

4.1.1 消能减震结构的地震作用，应符合下列规定：

1 应在消能减震结构的各个主轴方向分别计算水平地震作用并进行抗震验算，各方向的水平地震作用应由该方向消能部件和抗侧力构件承担。

2 有斜交抗侧力构件的结构，当相交角度大于 15°时，应分别计算各抗侧力构件方向的水平地震作用。

3 质量和刚度分布明显不对称的消能减震结构，应计入双向水平地震作用下的扭转影响；其他情况，应允许采用调整地震作用效应的方法计入扭转影响。

4 8 度及 8 度以上的大跨度与长悬臂消能减震结构及 9 度时的高层消能减震结构，应计算竖向地震作用。

7.1.6 与位移相关型或速度相关型消能器相连的预埋件、支撑和支墩、剪力墙及节点板的作用力取值应为消能器在设计位移或设计速度下对应阻尼力的 1.2 倍。

七、《建筑工程容许振动标准》GB 50868—2013

3.1.1 建筑工程的振动控制应符合下列表达式的规定：

$$d \leqslant [d] \tag{3.1.1-1}$$

$$v \leqslant [v] \tag{3.1.1-2}$$

$$a \leqslant [a] \tag{3.1.1-3}$$

式中：d——建筑工程计算或测试的振动位移；

v——建筑工程计算或测试的振动速度；

a——建筑工程计算或测试的振动加速度；

$[d]$——建筑工程的容许振动位移；

[v]——建筑工程的容许振动速度；

[a]——建筑工程的容许振动加速度。

3.2.4 振动测试点应设在振动控制点上，振动传感器的测试方向应与测试对象所需测试的振动方向一致，测试过程中不得产生倾斜和附加振动。

八、《构筑物抗震设计规范》GB 50191—2012

1.0.4 抗震设防烈度为 6 度及以上地区的构筑物，必须进行抗震设计。

1.0.5 抗震设防烈度和设计地震动参数必须按国家规定的权限审批颁发的文件（图件）确定，并按批准文件采用。

3.3.2 经综合评价后划分的危险地段，严禁建造甲类、乙类构筑物，不应建造丙类构筑物。

3.6.1 非结构构件，包括构筑物主体结构以外的结构构件、设施和机电等设备，自身及其与结构主体的连接应进行抗震设计。

3.7.1 抗震结构对材料和施工质量的特别要求应在设计文件中注明。

3.7.2 结构材料的性能指标应符合下列规定：

  1 砌体结构材料应符合下列规定：

    1）普通砖和多孔砖的强度等级不应低于 MU10，其砌筑砂浆的强度等级不应低于 M5；

    2）混凝土小型空心砌块的强度等级不应低于 MU7.5，其砌筑砂浆的强度等级不应低于 M7.5。

  2 混凝土结构材料应符合下列规定：

    1）混凝土的强度等级，框支梁、框支柱和抗震等级为一级的框架梁、柱、节点核芯区不应低于 C30；构造柱、芯柱、圈梁及其他各类构件不应低于 C20；

    2）抗震等级为一级、二级、三级的框架结构和斜撑构件（含梯段），其纵向受力钢筋采用普通钢筋时，钢筋的抗拉强度实测值与屈服强度实测值的比值不应小于1.25；钢筋的屈服强度实测值与屈服强度标准值的比值不应大于1.3；且钢筋在最大拉力下的总伸长率实测值不应小于9%。

3 钢结构的钢材应符合下列规定：

    1）钢材的屈服强度实测值与抗拉强度实测值的比值不应大于0.85；

    2）钢材应有明显的屈服台阶，且伸长率不应小于20%；

    3）钢材应有良好的焊接性；

    4）钢材应具有满足设计要求的冲击韧性。

3.7.4 在施工中，当以强度等级较高的钢筋替代原设计中的纵向受力钢筋时，应按钢筋受拉承载力设计值相等的原则换算，并应符合最小配筋率的要求。

4.1.9 场地岩土工程勘察应根据实际需要划分的对构筑物抗震有利、一般、不利和危险的地段，提供构筑物的场地类别和滑坡、崩塌、液化和震陷等岩土地震稳定性评价，对需要采用时程分析法补充计算的构筑物，尚应根据设计要求提供土层剖面、场地覆盖层厚度和有关的动力参数。

4.2.2 天然地基基础抗震验算时，应采用地震作用效应标准组合，且地基抗震承载力应按地基承载力特征值乘以地基抗震承载力调整系数计算。

4.3.2 地面下存在饱和砂土、饱和粉土时，除6度外，应进行液化判别；存在液化土层的地基，应根据构筑物的抗震设防类别、地基的液化等级，结合具体情况采取相应的措施。

    注：本条饱和土液化判别要求不包括黄土、粉质黏土。

4.5.5 液化土和震陷软黏性土中桩的配筋范围应为自桩顶至液化深度以下符合全部消除液化沉陷所要求的深度，配筋范围内纵向钢筋应与桩顶部相同，箍筋应增大直径并加密。

5.1.1 构筑物的地震作用计算应符合下列规定：

    1 应至少在构筑物结构单元的两个主轴方向分别计算水平

地震作用并进行抗震验算，各方向的水平地震作用应由该方向的抗侧力构件承担。

2 有斜交抗侧力构件的结构，当相交角度大于 15°时，应分别计算各抗侧力构件方向的水平地震作用。

3 质量或刚度分布明显不对称的结构，应计入双向水平地震作用下的扭转影响；其他情况应允许采用调整地震作用效应的方法计入扭转影响。

4 8 度和 9 度时的大跨度结构、长悬臂结构及双曲线冷却塔、电视塔、石油化工塔型设备基础、高炉和索道，以及 9 度时的井架、井塔、锅炉钢结构等高耸构筑物应计算竖向地震作用。

5.1.4 计算地震作用时，构筑物的重力荷载代表值应取结构构件、内衬和固定设备自重标准值和可变荷载组合值之和；可变荷载的组合值系数，除本规范另有规定外，应按表 5.1.4 采用。

表 5.1.4 可变荷载的组合值系数

可变荷载种类		组合值系数
雪荷载（不包括高温部位）		0.5
积灰荷载		0.5
楼面和操作台面活荷载	按实际情况计算时	1.0
	按等效均布荷载计算时	0.5～0.7
吊车悬吊物重力	硬钩吊车	0.3
	软钩吊车	不计入

注：硬钩吊车的吊重较大时，组合值系数应按实际情况采用。

5.1.5 构筑物的地震影响系数应根据烈度、场地类别、设计地震分组和结构自振周期以及阻尼比确定。其水平地震影响系数最大值 α_{max} 应按表 5.1.5-1 采用；当计算的地震影响系数值小于 $0.12\alpha_{max}$ 时，应取 $0.12\alpha_{max}$。特征周期应根据场地类别和设计地震分组按表 5.1.5-2 采用；计算罕遇地震作用时，特征周期应增加 0.05s。周期大于 7.0s 的构筑物，其地震影响系数应专门研究。

表 5.1.5-1 水平地震影响系数最大值

地震影响	6 度	7 度	8 度	9 度
多遇地震	0.04	0.08(0.12)	0.16(0.24)	0.32
设防地震	0.12	0.23(0.34)	0.45(0.68)	0.90
罕遇地震	0.28	0.50(0.72)	0.90(1.20)	1.40

注：括号内数值分别用于设计基本地震加速度为 0.15g 和 0.30g 的地区；多遇地震，50 年超越概率为 63%；设防地震(设防烈度)，50 年超越概率为 10%；罕遇地震，50 年超越概率为 2%～3%。

表 5.1.5-2 特征周期值(s)

设计地震分组	场 地 类 别				
	I_0	I_1	II	III	IV
第一组	0.20	0.25	0.35	0.45	0.65
第二组	0.25	0.30	0.40	0.55	0.75
第三组	0.30	0.35	0.45	0.65	0.90

5.2.5 抗震验算时，任意结构层的水平地震剪力应符合下式规定：

$$V_{Eki} > \lambda \sum_{j=i}^{n} G_j \qquad (5.2.5)$$

式中：V_{Eki}——第 i 层对应于水平地震作用标准值的结构层剪力；

λ——剪力系数，不应小于表 5.2.5 的规定，对竖向不规则结构的薄弱层，尚应乘以 1.15 的增大系数；

G_j——第 j 层的重力荷载代表值。

表 5.2.5 结构层最小地震剪力系数值

类 别	6 度	7 度	8 度	9 度
扭转效应明显或基本自振周期小于 3.5s 的结构	0.008	0.016(0.024)	0.032(0.048)	0.064
基本自振周期大于 5.0s 的结构	0.006	0.012(0.018)	0.024(0.036)	0.048

注：1 基本自振周期介于 3.5s 和 5.0s 之间的结构，采用插入法取值；

2 括号内数值分别用于设计基本地震加速度为 0.15g 和 0.30g 的地区。

5.4.1　结构构件的截面抗震验算除本规范另有规定外，地震作用标准值效应和其他荷载效应的基本组合，应按下式计算：

$$S = \gamma_G S_{GE} + \gamma_{Eh} S_{Ehk} + \gamma_{Ev} S_{Evk} + \gamma_w \psi_w S_{wk} + \gamma_t \psi_t S_{tk} + \gamma_m \psi_m S_{mk}$$

$$(5.4.1)$$

式中：　S——结构构件内力组合的设计值，包括组合的弯矩、轴向力和剪力的设计值等；

γ_G——重力荷载分项系数，应采用 1.2；当重力荷载效应对构件承载能力有利时，不应大于 1.0；当验算结构抗倾覆或抗滑时，不应小于 0.9；

S_{GE}——重力荷载代表值效应，重力荷载代表值应按本规范第 5.1.4 条的规定确定；

γ_{Eh}、γ_{Ev}——分别为水平、竖向地震作用分项系数，应按表 5.4.1 采用；

S_{Ehk}——水平地震作用标准值效应，尚应乘以相应的增大系数或调整系数；

S_{Evk}——竖向地震作用标准值效应，尚应乘以相应的增大系数或调整系数；

S_{wk}——风荷载标准值效应；

S_{tk}——温度作用标准值效应；

S_{mk}——高速旋转式机器主动作用标准值效应；

γ_w、γ_t、γ_m——分别为风荷载、温度作用和高速旋转式机器动力作用分项系数，均应采用 1.4，但冷却塔的温度作用分项系数应取 1.0；

ψ_w——风荷载组合值系数，高耸构筑物应采用 0.2，一般构筑物应取 0；

ψ_t——温度作用组合值系数，一般构筑物应取 0，长期处于高温条件下的构筑物应取 0.6；

ψ_m——高速旋转式机器动力作用组合值系数，对大型汽轮机组、电机、鼓风机等动力机器，应采用 0.7，一般动力机器应取 0。

表 5.4.1 地震作用分项系数

地震作用		γ_{Eh}	γ_{Ev}
仅按水平地震作用计算		1.3	0
仅按竖向地震作用计算		0	1.3
同时按水平和竖向地震作用计算	水平地震作用为主时	1.3	0.5
	竖向地震作用为主时	0.5	1.3

5.4.2 结构构件的截面抗震验算应采用下列设计表达式：

$$S \leqslant R/\gamma_{RE} \qquad (5.4.2)$$

式中：R——结构构件承载力设计值；

γ_{RE}——承载力抗震调整系数，除本规范另有规定外，应按表 5.4.2 采用。

表 5.4.2 承载力抗震调整系数

材料	结构构件	受力状态	γ_{RE}
钢	柱，梁，支撑，节点板件，螺栓，焊缝柱，支撑	强度	0.75
		稳定	0.80
砌体	两端均有构造柱、芯柱的抗震墙	受剪	0.9
	其他抗震墙	受剪	1.0
混凝土	梁	受弯	0.75
	轴压比小于 0.15 的柱	偏压	0.75
	轴压比不小于 0.15 的柱	偏压	0.80
	抗震墙	偏压	0.85
	各类构件	受剪、偏拉	0.85

5.4.3 仅当计算竖向地震作用时，结构构件承载力抗震调整系数均应采用 1.0。

6.1.2 钢筋混凝土框排架结构的框架和抗震墙应根据设防类别、烈度、结构类型和房屋高度采用不同的抗震等级，并应符合相应的计算和抗震构造措施要求。丙类框排架结构的框架和抗震墙的抗震等级应按表 6.1.2 确定。

表 6.1.2 丙类框排架结构的框架和抗震墙的抗震等级

结构类型			6度	7度	8度	9度
框架结构	不设筒仓的框架	高度(m)	≤24 ; >24	≤24 ; >24	≤24 ; >24	≤24
		框架	四 ; 三	三 ; 二	二 ; 一	一
	设筒仓的框架	高度(m)	≤19 ; >19	≤19 ; >19	≤19 ; >19	≤19
		框架	四 ; 三	三 ; 二	二 ; 一	一
	大跨度框架		三	二	一	一
框架-抗震墙结构	不设筒仓的框架	高度(m)	≤55 ; >55	<24 ; 24~55 ; >55	<24 ; 24~55 ; >55	<24 ; 24~45
		框架	四 ; 三	四 ; 三 ; 二	三 ; 二 ; 一	二 ; 一
	设筒仓的框架	高度(m)	≤50 ; >50	<19 ; 19~50 ; >50	<19 ; 19~50 ; >50	<19 ; 19~40
		框架	四 ; 三	四 ; 三 ; 二	三 ; 二 ; 一	二 ; 一
	抗震墙		三	三	二	二 ; 一

注：1 工程场地为Ⅰ类时，除6度外应允许按表内降低一度所对应的抗震等级采取抗震构造措施，但相应的计算要求不应降低；

2 设置少量抗震墙的框架—抗震墙结构，在规定的水平力作用下，底层框架部分所承担的地震倾覆力矩应大于框架—抗震墙总地震倾覆力矩的50%，其框架部分的抗震等级应按表中框架结构对应的抗震等级确定，抗震墙的抗震等级应与其框架等级相同；

3 设有筒仓的框架（或框架—抗震墙）指设有纵向的钢筋混凝土筒仓竖壁，且竖壁的跨高比不大于2.5，大于2.5时应按不设筒仓确定；

4 大跨度框架指跨度不小于18m的框架。

6.3.2 梁的钢筋配置应符合下列规定：

1 梁端计入受压钢筋的梁端混凝土受压区高度和有效高度之比，一级不应大于0.25，二、三级不应大于0.35。

2 梁端截面的底面和顶面纵向钢筋配筋量的比值除应按计算确定外，一级不应小于0.5，二、三级不应小于0.3。

3 梁端箍筋加密区的长度、箍筋最大间距和最小直径应按

表 6.3.2 采用；当梁端纵向受拉钢筋配筋率大于 2%时，箍筋最小直径应增大 2mm。

表 6.3.2 梁端箍筋加密区的长度、箍筋最大间距和最小直径

抗震等级	加密区长度 （采用较大值） （mm）	箍筋最大间距 （采用最小值） （mm）	箍筋最小直径 （mm）
一	$2h_b, 500$	$h_b/4, 6d, 100$	10
二	$1.5h_b, 500$	$h_b/4, 8d, 100$	8
三	$1.5h_b, 500$	$h_b/4, 8d, 150$	8
四	$1.5h_b, 500$	$h_b/4, 8d, 150$	6

注：1. d 为纵向钢筋直径，h_b 为梁截面高度；

   2. 箍筋直径大于 12mm、数量不少于 4 肢且肢距不大于 150mm 时，一、二级的最大间距应允许适当放宽，但不得大于 150mm。

6.3.7 柱的钢筋配置应符合下列规定：

1 柱纵向受力钢筋的最小总配筋率应按表 6.3.7-1 采用，同时每一侧配筋率不应小于 0.2%；对建造于Ⅳ类场地且较高的框排架结构，最小总配筋率应增加 0.1。

表 6.3.7-1 柱纵向受力钢筋的最小总配筋率（%）

柱的类型	抗震等级			
	一	二	三	四
中柱和边柱	1.0	0.8	0.7	0.6
角柱、支承筒仓竖壁的框架柱	1.2	1.0	0.9	0.8

注：1 表中数值用于框架结构的柱，对框架—抗震墙的柱按表中数值减少 0.1；

   2 钢筋强度标准值小于 400MPa 时，表中数值应增加 0.1，钢筋强度标准值为 400MPa 时，表中数值应增加 0.05；

   3 混凝土强度等级高于 C60 时，表中最小总配筋率的数值应相应增加 0.1。

2 柱箍筋在规定的范围内应加密，加密区的箍筋间距和直径应符合下列规定：

1）箍筋的最大间距和最小直径应按表 6.3.7-2 采用。

表 6.3.7-2   柱箍筋加密区的箍筋最大间距和最小直径

抗震等级	箍筋最大间距 （采用较小值，mm）	箍筋最小直径 （mm）
一	6d，100	10
二	8d，100	8
三	8d，150（柱根 100）	8
四	8d，150（柱根 100）	6（柱根 8）

注：d 为柱纵向钢筋最小直径，柱根指底层柱下端箍筋加密区。

> 2）一级框架柱的箍筋直径大于 12mm，且箍筋肢距不大于 150mm 及二级框架柱的箍筋直径不小于 10mm 且箍筋肢距不大于 200mm 时，除底层柱下端外，最大间距不应大于 150mm；三级框架柱的截面尺寸不大于 400mm 时，箍筋最小直径不应小于 6mm；四级框架柱剪跨比不大于 2 时，箍筋直径不应小于 8mm。
>
> 3）支承筒仓竖壁的框架柱、剪跨比不大于 2 的框架柱，箍筋间距不应大于 100mm。

7.7.7 框架梁、柱现场拼接时，应采用等强的拼材与连接件；翼缘采用焊接时，应采用全焊透的对接焊接。拼接部位应设置耳板、夹具等定位连接件。

8.2.14 锅炉钢结构构件截面抗震验算应符合本规范第 5.4 节的规定。但重力荷载分项系数应取 1.35，当重力荷载效应对构件承载能力有利时，应取 1.0；风荷载分项系数应取 1.35；风荷载组合值系数应取 0；当风荷载起控制作用且锅炉钢结构高度大于 100m 或高宽比不小于 5 时，应取 0.2。

8.2.15 锅炉钢结构构件承载力抗震调整系数，除梁柱强度验算均应采用 0.8 外，其他构件及其连接均应符合本规范表 5.4.2 的规定。

9.1.9 Ⅲ、Ⅳ类场地和不均匀地基条件下的独立筒仓，应采取抗倾覆和控制不均匀沉降的措施。对液化地基，应采取全部消除液化沉陷的措施。

9.2.3 筒仓进行水平地震作用计算时，应符合下列规定：

1 贮料可变荷载的组合值系数，钢筋混凝土筒承式筒仓、砌体筒仓应取 0.8，其他各类筒仓均应取 1.0。

9.2.15 8 度、9 度时，钢仓斗与仓底之间的连接焊缝或螺栓及其连接件应计入竖向地震作用效应。其竖向地震作用标准值应符合下列规定：

2 贮料荷载的组合值系数应取 1.0。

10.1.3 钢筋混凝土井架的抗震等级应按表 10.1.3 确定。

表 10.1.3 钢筋混凝土井架的抗震等级

烈度	6 度	7 度	8 度	9 度
抗震等级	三	三	二	一

10.2.7 地震作用计算时，井架的重力荷载代表值应按下列规定取值：

1 结构、天轮及其设备、扶梯、固定在井架上的各种刚性罐道等应采用自重标准值的 100%。

2 各平台上的可变荷载的组合值系数，当按等效均布荷载计算时，应取 0.5；当按实际情况计算时，应取 1.0。

10.2.10 井架结构构件进行截面抗震验算时，地震作用标准值效应与其他荷载效应的基本组合应按下式计算：

$$S = \gamma_G S_{GEr} + \gamma_1 S_{1k} + \gamma_{Eh} S_{Ehk} + \gamma_{Ev} S_{Evk} + \gamma_w \psi_w S_{wk}$$

$$(10.2.10)$$

式中：S_{GEr}——重力荷载代表值效应，除包含本规范第 10.2.7 条的规定外，尚应包括钢丝绳罐道荷载、防坠钢丝绳荷载等悬吊物荷载；

S_{1k}——提升工作荷载标准值效应；

γ_1——提升工作荷载分项系数，应采用 1.3；

ψ_w——风荷载组合值系数，当井架总高度小于或等于 60m 时，应采用 0；井架总高度大于 60m 时，应采用 0.2。

10.2.15　井架结构构件截面抗震验算除应按本规范第 5.4.2 条的规定执行外，尚应符合下列规定：

　　1　钢筋混凝土井架的承载力抗震调整系数，横梁应采用 0.75，立柱当轴压比小于 0.15 时应采用 0.75，当轴压比不小于 0.15 时应采用 0.80。

　　2　钢井架立架的承载力抗震调整系数，立柱和横杆均应采用 0.75，斜杆应采用 0.80。

　　3　钢井架的斜撑采用桁架结构时，弦杆的承载力抗震调整系数应采用 0.75，腹杆的承载力抗震调整系数应采用 0.80。

　　4　钢井架的斜撑采用框架结构时，柱和梁的承载力抗震调整系数均应采用 0.75。

11.1.6　钢筋混凝土井塔的抗震等级应按表 11.1.6 规定。

表 11.1.6　钢筋混凝土井塔的抗震等级

结构类型		6 度		7 度		8 度		9 度
框架结构	高度（m）	≤30	>30	≤30	>30	≤30	>30	—
	框架	四	三	三	二	二	一	—
筒体结构	高度（m）	≤60	>60	≤60	>60	≤60	>60	60
	框架	四	三	三	二	二	一	—
	筒壁	三	三	二	二	一	一	—

11.2.8　地震作用计算时，井塔的重力荷载代表值应按下列规定采用：

　　1　结构、放置在楼层上的各种设备、固定在井塔上的套架及各种刚性罐道等应采用自重标准值的 100%。

　　2　楼面可变荷载组合值系数按实际情况计算时，应取 1.0；按等效均布荷载计算时，应取 0.5。

　　3　屋面雪荷载的组合值系数应取 0.5。

　　4　矿仓贮料荷载的组合值系数应采用满仓贮料时的 0.8。

12.2.7　塔筒的地震作用标准值效应和其他荷载效应的基本组

合，应按下式计算：

$$S = \gamma_G S_{GE} + \gamma_{Eh} S_{Ehk} + \gamma_{Ev} S_{Evk} + \gamma_w \psi_w S_{wk} + \gamma_t \psi_t S_{tk}$$

$$(12.2.7)$$

式中：　　S——塔筒结构内力组合的设计值；

γ_G——重力荷载分项系数，对于结构由倾覆、滑移和受拉控制的工况应采用 1.0，对受压控制的工况应采用 1.2；

S_{GE}——重力荷载代表值效应；

γ_{Eh}、γ_{Ev}——分别为水平、竖向地震作用分项系数，应按本规范表 5.4.1 水平地震作用为主的分项系数取值，水平应取 1.3，竖向应取 0.5；

S_{Ehk}——水平地震作用标准值效应；

S_{Evk}——竖向地震作用标准值效应；

S_{wk}——计入风振系数的风荷载标准值效应；

S_{tk}——计入徐变系数的温度作用标准值效应；

γ_w、γ_t——分别为风荷载、温度作用分项系数，风荷载应采用 1.4，温度作用应采用 1.0；

ψ_w、ψ_t——分别为风荷载、温度作用组合值系数，风荷载应采用 0.25，温度作用应采用 0.6。

13.2.8　电视塔的截面抗震验算时，地震作用标准值效应和其他荷载效应的基本组合应符合本规范第 5.4.1 条的规定；结构构件的截面抗震验算应符合本规范第 5.4.2 条的规定，其中承载力抗震调整系数应按表 13.2.8 采用。

表 13.2.8　承载力抗震调整系数

结构构件	γ_{RE}
钢构件	0.8
钢筋混凝土塔身	1.0
其他钢筋混凝土构件	0.8
连接	1.0

15. 2. 2 焦炉基础横向水平地震作用计算应符合下列规定：

   2 焦炉基础的重力荷载代表值应按下列规定采用：

     1）基础顶板以上的焦炉砌体、护炉铁件、炉门和物料、装煤车和集气系统等焦炉炉体，应取其自重标准值的100%；

     2）基础构架应取顶板和梁自重标准值的100%、柱自重标准值的25%。

17. 2. 5 支架的重力荷载代表值应按下列规定采用：

   1 永久荷载应符合下列规定：

     1）管道（包括内衬、保温层和管道附件）和操作平台应采用自重标准值的100%；

     2）管道内介质应采用自重标准值的100%；

     3）支架应采用自重标准值的25%；

     4）管廊式支架上的水平构件、电缆架和电缆应采用自重标准值的100%。

   2 可变荷载应符合下列规定：

     1）对冷管道，应采用冰、雪荷载标准值的50%；对热管道或冷、热管间隔敷设的多管共架管道，不计入冰、雪荷载；

     2）积灰荷载应采用荷载标准值的50%；

     3）走道活荷载应采用荷载标准值的50%。

18. 2. 11 浓缩池进行截面抗震验算时，水平地震作用标准值效应和其他荷载效应的基本组合除应符合本规范第5.4.1条的规定外，尚应符合下列规定：

   1 半地下式浓缩池应计算满池和空池两种工况，地面式和架空式浓缩池应仅计算满池工况。

   2 池壁截面抗震验算时，静液压力的作用效应应参与组合；对于半地下式浓缩池，动土压力作用效应尚应参与组合。

   3 作用效应组合时的分项系数，静液压力和主动土压力均应采用1.2，动液压力和动土压力均应采用1.3。

22.2.4 高炉结构构件的截面抗震验算，必须验算下列部位：

1 上升管的支座、支座顶面处的上升管截面和支承支座的炉顶平台梁。

2 上升管与下降管采用球形节点连接时，上升管和下降管与球形节点连接处以及下降管根部。

3 炉体框架和炉顶框架的柱、主梁、主要支撑及柱脚的连接。

4 炉体框架与炉体顶部的水平连接。

22.2.9 水平地震作用计算时，高炉的重力荷载代表值应符合下规定：

1 钢结构、内衬砌体、冷却设施、填充料、炉内各种物料、设备（包括炉顶吊车）、管道、冷却水等自重，应取其标准值的100％；按大修工况计算时，炉内物料应按实际情况取值。

2 平台可变荷载的组合值系数应取 0.7。

3 平台灰荷载的组合值系数应取 0.5。

4 热风围管与高炉炉体设有水平连接件时，热风围管重力荷载应按全部荷载标准值作用于水平连接处计算。

5 通过铰接单片支架或滚动支座支承于炉顶框架上的通廊的重力荷载，平行通廊方向应取支座承受重力荷载标准值的30％，垂直通廊方向应取 100％。

6 料罐及其炉料、齿轮箱和溜槽的重力荷载，应取其标准值的 100％。

7 设有内衬支托时，内衬自重应按沿炉壳内支托的实际分布计算，应取其标准值的 100％；炉底的实心内衬砌体自重，取值不应小于其标准值的 50％。

22.2.11 进行高炉结构构件的截面抗震验算时，地震作用标准值效应和其他荷载效应的基本组合，除应符合本规范第 5.4.1 条的规定外，尚应符合下列规定：

1 正常生产工况抗震验算时，应计入炉内气压、物料和内衬侧压、粗煤气管的温度变形和设备的动力作用效应等。

2 炉体、粗煤气管、球形节点、热风围管、热风主管、通廊、料罐、炉顶设备和内衬等各项重力荷载等产生的作用效应,均应按正常生产的实际情况计算。

22.4.5 重力除尘器和洗涤塔的重力荷载代表值应按本规范第5.1.4条的规定取值,但除尘器筒体内部正常生产时的最大积灰荷载的组合值系数应取1.0。

23.2.2 尾矿坝的抗震计算应包括地震液化分析和地震稳定分析;一级、二级、三级的尾矿坝,尚应进行地震永久变形分析。

23.2.10 对地震液化区的尾矿坝,尚应验算震后坝体抗滑移稳定性。

23.3.5 一级、二级、三级的尾矿坝,应设置坝体变形和浸润线等监测装置。

24.2.4 计算地震作用时,索道支架重力荷载代表值应按本规范第5.1.4条的规定执行,其竖向可变荷载的组合值系数应按下列规定采用:

1 货车或客车的活荷载应取1.0。

2 操作台面活荷载应取0.5,按实际情况计算时应取1.0。

3 雪荷载应取0.5。

24.2.11 支架的地震作用标准值效应与其他荷载效应的基本组合应按下式计算:

$$S = \gamma_G S_{GE} + \gamma_{Eh} S_{Ek} + \gamma_{Ev} S_{Evk} + \gamma_w \psi_w S_{wk} + \gamma_t \psi_t S_{tk} + \gamma_q \psi_q S_{qk}$$

$$(24.2.11)$$

式中:γ_q——索系作用的分项系数,应取1.4;

ψ_q——索系作用的组合值系数,应取1.0;

S_{qk}——索系作用效应。

24.3.5 格构式钢支架的横隔设置应符合下列规定:

1 支架坡度改变处应设置横隔。

2 8度时,横隔间距不应大于2个节间的高度,且不应大于12m;9度时,横隔间距不应大于1个节间的高度,且不应大于6m。

九、《城市轨道交通结构抗震设计规范》GB 50909—2014

1.0.3 抗震设防地区的城市轨道交通结构必须进行抗震设计。

3.1.4 各抗震设防类别结构的抗震设防标准,应符合下列要求:

1 标准设防类:抗震措施应按本地区抗震设防烈度确定;地震作用应按现行国家标准《中国地震动参数区划图》GB 18306 规定的本地区抗震设防要求确定;

2 重点设防类:抗震措施应按本地区抗震设防烈度提高一度的要求确定;地震作用应按现行国家标准《中国地震动参数区划图》GB 18306 规定的本地区抗震设防要求确定;对进行过工程场地地震安全性评价的,应采用经国务院地震工作主管部门批准的建设工程的抗震设防要求确定,但不应低于本地区抗震设防要求确定的地震作用;

3 特殊设防类:抗震措施应按本地区抗震设防烈度提高一度的要求确定;地震作用应按国务院地震工作主管部门批准的建设工程的抗震设防要求且高于本地区抗震设防要求确定。

3.2.4 城市轨道交通结构的抗震性能要求不应低于表 3.2.4 的规定。

表 3.2.4 城市轨道交通结构抗震设防目标

地震动水准		抗震设防类别	结构抗震性能要求	
等级	重现期(年)		地上结构	地下结构
E1 地震作用	100	特殊设防类	Ⅰ	Ⅰ
		重点设防类	Ⅰ	Ⅰ
		标准设防类	Ⅰ	Ⅰ
E2 地震作用	475	特殊设防类	Ⅰ	Ⅰ
		重点设防类	Ⅱ	Ⅰ
		标准设防类	Ⅱ	Ⅰ
E3 地震作用	2450	特殊设防类	Ⅱ	Ⅰ
		重点设防类	Ⅲ	Ⅱ
		标准设防类	Ⅲ	Ⅱ

5.2.1 Ⅱ类场地设计地震动峰值加速度 $\alpha_{\mathrm{max}\,\text{Ⅱ}}$ 应按现行国家标准《中国地震动参数区划图》GB 18306 中地震动峰值加速度分区值和表 5.2.1-1 采用；场地设计地震动加速度反应谱特征周期 T_{g} 应根据场地类别和现行国家标准《中国地震动参数区划图》GB 18306 中地震动反应谱特征周期分区按表 5.2.1-2 采用；场地设计地震动加速度反应谱动力放大系数最大值 β_{m} 应取 2.5。

表 5.2.1-1 Ⅱ类场地设计地震动峰值加速度 $\alpha_{\mathrm{max}\,\text{Ⅱ}}$

地震动峰值加速度分区（g）	0.05	0.10	0.15	0.20	0.30	0.40
E1 地震作用（g）	0.03	0.05	0.08	0.10	0.15	0.20
E2 地震作用（g）	0.05	0.10	0.15	0.20	0.30	0.40
E3 地震作用（g）	0.12	0.22	0.31	0.40	0.51	0.62

表 5.2.1-2 设计地震动加速度反应谱特征周期 T_{g}（s）

反映谱特征周期分区	场地类别				
	Ⅰ$_0$	Ⅰ$_1$	Ⅱ	Ⅲ	Ⅳ
0.35s 区	0.20	0.25	0.35	0.45	0.65
0.40s 区	0.25	0.30	0.40	0.55	0.75
0.45s 区	0.30	0.35	0.45	0.65	0.90

第四章　鉴定加固与监测

一、《建筑抗震鉴定标准》GB 50023—2009

1.0.3 现有建筑应按现行国家标准《建筑工程抗震设防分类标准》GB 50223 分为四类，其抗震措施核查和抗震验算的综合鉴定应符合下列要求：

1 丙类，应按本地区设防烈度的要求核查其抗震措施并进行抗震验算。

2 乙类，6～8 度应按比本地区设防烈度提高一度的要求核查其抗震措施，9 度时应适当提高要求；抗震验算应按不低于本地区设防烈度的要求采用。

3 甲类，应经专门研究按不低于乙类的要求核查其抗震措施，抗震验算应按高于本地区设防烈度的要求采用。

4 丁类，7～9 度时，应允许按比本地区设防烈度降低一度的要求核查其抗震措施，抗震验算应允许比本地区设防烈度适当降低要求；6 度时应允许不做抗震鉴定。

注：本标准中，甲类、乙类、丙类、丁类，分别为现行国家标准《建筑工程抗震设防分类标准》GB 50223 特殊设防类、重点设防类、标准设防类、适度设防类的简称。

3.0.1 现有建筑的抗震鉴定应包括下列内容及要求：

1 搜集建筑的勘察报告、施工和竣工验收的相关原始资料；当资料不全时，应根据鉴定的需要进行补充实测。

2 调查建筑现状与原始资料相符合的程度、施工质量和维护状况，发现相关的非抗震缺陷。

3 根据各类建筑结构的特点、结构布置、构造和抗震承载力等因素，采用相应的逐级鉴定方法，进行综合抗震能力分析。

4 对现有建筑整体抗震性能做出评价,对符合抗震鉴定要求的建筑应说明其后续使用年限,对不符合抗震鉴定要求的建筑提出相应的抗震减灾对策和处理意见。

3.0.4 现有建筑宏观控制和构造鉴定的基本内容及要求,应符合下列规定:

1 当建筑的平立面、质量、刚度分布和墙体等抗侧力构件的布置在平面内明显不对称时,应进行地震扭转效应不利影响的分析;当结构竖向构件上下不连续或刚度沿高度分布突变时,应找出薄弱部位并按相应的要求鉴定。

2 检查结构体系,应找出其破坏会导致整个体系丧失抗震能力或丧失对重力的承载能力的部件或构件;当房屋有错层或不同类型结构体系相连时,应提高其相应部位的抗震鉴定要求。

3 检查结构材料实际达到的强度等级。当低于规定的最低要求时,应提出采取相应的抗震减灾对策。

4.1.2 对建造于危险地段的现有建筑,应结合规划更新(迁离);暂时不能更新的,应进行专门研究,并采取应急的安全措施。

4.1.3 7~9度时,建筑场地为条状突出山嘴、高耸孤立山丘、非岩石和强风化岩石陡坡、河岸和边坡的边缘等不利地段,应对其地震稳定性、地基滑移及对建筑的可能危害进行评估;非岩石和强风化岩石陡坡的坡度及建筑场地与坡脚的高差均较大时,应估算局部地形导致其地震影响增大的后果。

4.1.4 建筑场地有液化侧向扩展且距常时水线100m范围内,应判明液化后土体流滑与开裂的危险。

4.2.4 存在软弱土、饱和砂土和饱和粉土的地基基础,应根据烈度、场地类别、建筑现状和基础类型,进行液化、震陷及抗震承载力的两级鉴定。符合第一级鉴定的规定时,应评为地基符合抗震要求,不再进行第二级鉴定。

静载下已出现严重缺陷的地基基础,应同时审核其静载下的承载力。

5.1.2 现有多层砌体房屋抗震鉴定时，房屋的高度和层数、抗震墙的厚度和间距、墙体实际达到的砂浆强度等级和砌筑质量、墙体交接处的连接以及女儿墙、楼梯间和出屋面烟囱等易引起倒塌伤人的部位应重点检查；7～9度时，尚应检查墙体布置的规则性，检查楼、屋盖处的圈梁，楼、屋盖与墙体的连接构造等。

5.1.4 现有砌体房屋的抗震鉴定，应按房屋高度和层数、结构体系的合理性、墙体材料的实际强度、房屋整体性连接构造的可靠性、局部易损易倒部位构件自身及其与主体结构连接构造的可靠性以及墙体抗震承载力的综合分析，对整幢房屋的抗震能力进行鉴定。

当砌体房屋层数超过规定时，应评为不满足抗震鉴定要求；当仅有出入口和人流通道处的女儿墙、出屋面烟囱等不符合规定时，应评为局部不满足抗震鉴定要求。

5.1.5 A类砌体房屋应进行综合抗震能力的两级鉴定。在第一级鉴定中，墙体抗震承载力应依据纵、横墙间距进行简化验算，当符合第一级鉴定的各项规定时，应评为满足抗震鉴定要求；不符合第一级鉴定要求时，除有明确规定的情况外，应在第二级鉴定中采用综合抗震能力指数的方法，计入构造影响做出判断。

B类砌体房屋，在整体性连接构造的检查中尚应包括构造柱的设置情况，墙体的抗震承载力应采用现行国家标准《建筑抗震设计规范》GB 50011的底部剪力法等方法进行验算，或按照A类砌体房屋计入构造影响进行综合抗震能力的评定。

5.2.12 A类砌体房屋的楼层平均抗震能力指数、楼层综合抗震能力指数和墙段综合抗震能力指数应按房屋的纵横两个方向分别计算。当最弱楼层平均抗震能力指数、最弱楼层综合抗震能力指数或最弱墙段综合抗震能力指数大于等于1.0时，应评定为满足抗震鉴定要求；当小于1.0时，应要求对房屋采取加固或其他相应措施。

6.1.2 现有钢筋混凝土房屋的抗震鉴定，应依据其设防烈度重点检查下列薄弱部位：

1 6度时，应检查局部易掉落伤人的构件、部件以及楼梯间非结构构件的连接构造。

2 7度时，除应按第1款检查外，尚应检查梁柱节点的连接方式、框架跨数及不同结构体系之间的连接构造。

3 8、9度时，除应按第1、2款检查外，尚应检查梁、柱的配筋，材料强度，各构件间的连接，结构体型的规则性，短柱分布，使用荷载的大小和分布等。

6.1.4 现有钢筋混凝土房屋的抗震鉴定，应按结构体系的合理性、结构构件材料的实际强度、结构构件的纵向钢筋和横向箍筋的配置和构件连接的可靠性、填充墙等与主体结构的拉结构造以及构件抗震承载力的综合分析，对整幢房屋的抗震能力进行鉴定。

当梁柱节点构造和框架跨数不符合规定时，应评为不满足抗震鉴定要求；当仅有出入口、人流通道处的填充墙不符合规定时，应评为局部不满足抗震鉴定要求。

6.1.5 A类钢筋混凝土房屋应进行综合抗震能力两级鉴定。当符合第一级鉴定的各项规定时，除9度外应允许不进行抗震验算而评为满足抗震鉴定要求；不符合第一级鉴定要求和9度时，除有明确规定的情况外，应在第二级鉴定中采用屈服强度系数和综合抗震能力指数的方法做出判断。

B类钢筋混凝土房屋应根据所属的抗震等级进行结构布置和构造检查，并应通过内力调整进行抗震承载力验算；或按照A类钢筋混凝土房屋计入构造影响对综合抗震能力进行评定。

6.2.10 现有钢筋混凝土房屋采用楼层综合抗震能力指数进行第二级鉴定时，应分别选择下列平面结构：

1 应至少在两个主轴方向分别选取有代表性的平面结构。

2 框架结构与承重砌体结构相连时，除应符合本条第1款的规定外，尚应取连接处的平面结构。

3 有明显扭转效应时，除应符合本条第1款的规定外，尚应选取计入扭转影响的边榀结构。

6.3.1 现有B类钢筋混凝土房屋的抗震鉴定，应按表6.3.1确定鉴定时所采用的抗震等级，并按其所属抗震等级的要求核查抗震构造措施。

表 6.3.1 钢筋混凝土结构的抗震等级

结 构 类 型		烈 度							
		6 度		7 度		8 度			9 度
框架结构	房屋高度（m）	≤25	>25	≤35	>35	≤35	>35		≤25
	框架	四	三	三	二	二	一		一
框架-抗震墙结构	房屋高度（m）	≤50	>50	≤60	>60	<50	50～80	>80	≤25	>25
	框架	四	三	三	二	三	二	一	二	一
	抗震墙	三		二		二	一		一	
抗震墙结构	房屋高度（m）	≤60	>60	≤80	>80	<35	35～80	>80	≤25	>25
	一般抗震墙	四	三	三	二	三	二	一	二	一
	有框支层的落地抗震墙底部加强部位	三	二	二	一	二	一	不宜采用	不应采用	
	框支层框架	三	二	二	一	二	一			

注：乙类设防时，抗震等级应提高一度查表。

7.1.2 现有内框架和底层框架砖房抗震鉴定时，对房屋的高度和层数、横墙的厚度和间距、墙体的砂浆强度等级和砌筑质量应重点检查，并应根据结构类型和设防烈度重点检查下列薄弱部位：

1 底层框架和底层内框架砖房的底层楼盖类型及底层与第二层的侧移刚度比、结构平面质量和刚度分布和墙体（包括填充墙）等抗侧力构件布置的均匀对称性。

2 多层内框架砖房的屋盖类型和纵向窗间墙宽度。

3 7～9 度设防时，尚应检查框架的配筋和圈梁及其他连接构造。

7.1.4 现有内框架和底层框架砖房的抗震鉴定，应按房屋高度和层数、混合承重结构体系的合理性、墙体材料的实际强度、结构构件之间整体性连接构造的可靠性、局部易损易倒部位构件自身及其与主体结构连接构造的可靠性以及墙体和框架抗震承载力的综合分析，对整幢房屋的抗震能力进行鉴定。

当房屋层数超过规定或底部框架砖房的上下刚度比不符合规定时，应评为不满足抗震鉴定要求；当仅有出入口和人流通道处的女儿墙等不符合规定时，应评为局部不满足抗震鉴定要求。

7.1.5　对 A 类内框架和底层框架房屋，应进行综合抗震能力的两级评定。符合第一级鉴定的各项规定时，应评为满足抗震鉴定要求；不符合第一级鉴定要求时，除有明确规定的情况外，应在第二级鉴定采用屈服强度系数和综合抗震能力指数的方法，计入构造影响做出判断。

对 B 类内框架和底层框架房屋，应根据所属的抗震等级和构造柱设置等进行结构布置和构造检查，并应通过内力调整进行抗震承载力验算，或按照 A 类房屋计入构造影响对综合抗震能力进行评定。

9.1.2　抗震鉴定时，影响房屋整体性、抗震承载力和易倒塌伤人的下列关键薄弱部位应重点检查：

1　6 度时，应检查女儿墙、门脸和出屋面小烟囱和山墙山尖。

2　7 度时，除按第 1 款检查外，尚应检查舞台口大梁上的砖墙、承重山墙。

3　8 度时，除按第 1、2 款检查外，尚应检查承重柱（墙垛）、舞台口横墙、屋盖支撑及其连接、圈梁、较重装饰物的连接及相连附属房屋的影响。

4　9 度时，除按第 1～3 款检查外，尚应检查屋盖的类型等。

9.1.5　单层空旷房屋，应根据结构布置和构件型式的合理性、构件材料实际强度、房屋整体性连接构造的可靠性和易损部位构件自身构造及其与主体结构连接的可靠性等，进行结构布置和构造的检查。

对 A 类空旷房屋，一般情况，当结构布置和构造符合要求时，应评为满足抗震鉴定要求；对有明确规定的情况，应结合抗震承载力验算进行综合抗震能力评定。

　　对 B 类空旷房屋，应检查结构布置和构造并按规定进行抗震承载力验算，然后评定其抗震能力。

　　当关键薄弱部位不符合规定时，应要求加固或处理；一般部位不符合规定时，应根据不符合的程度和影响的范围，提出相应对策。

二、《民用建筑可靠性鉴定标准》GB 50292—1999

4.1.3　结构构件安全性鉴定采用的检测数据，应符合下列要求：

　　1　检测方法应按国家现行有关标准采用。当需采用不止一种检测方法同时进行测试时，应事先约定综合确定检测值的规则，不得事后随意处理。

　　3　当怀疑检测数据有异常值时，其判断和处理应符合国家现行有关标准的规定，不得随意舍弃数据。

4.1.6　当检查一种构件的材料由于与时间有关的环境效应或其它系统性因素引起的性能退化时，允许采用随机抽样的方法，在该种构件中确定 5～10 个构件作为检测对象，并按现行的检测方法标准测定其材料强度或其他力学性能。

4.2.1　混凝土结构构件的安全性鉴定，应按承载能力、构造以及不适于继续承载的位移（或变形）和裂缝等四个检查项目，分别评定每一受检构件的等级，并取其中最低一级作为该构件安全性等级。

4.2.2　当混凝土结构构件的安全性按承载能力评定时，应按表4.2.2 的规定，分别评定每一验算项目的等级，然后取其中最低一级作为该构件承载能力的安全性等级。

表 4.2.2　混凝土结构构件承载能力等级的评定

构件类别	$R/\gamma_0 S$			
	a_u 级	b_u 级	c_u 级	d_u 级
主要构件	$\geqslant 1.0$	$\geqslant 0.95$，且<1	$\geqslant 0.90$，且<0.95	$<0.90Q$

续表 4.2.2

构件类别	$R/\gamma_0 S$			
	a_u 级	b_u 级	c_u 级	d_u 级
一般构件	≥1.0	≥0.90，且<1	≥0.85，且<0.90	<0.85

注：1 表中 R 和 S 分别为结构构件的抗力和作用效应，应按本标准第4.1.2条的要求确定；γ_0 为结构重要性系数，应按验算所依据的国家现行设计规范选择安全等级，并确定本系数的取值。

2 结构倾覆、滑移、疲劳、脆断的验算，应符合国家现行有关规范的规定。

4.2.3 当混凝土结构构件的安全性按构造评定时，应按表4.2.3的规定，分别评定两个检查项目的等级，然后取其中较低一级作为该构件构造的安全性等级。

表 4.2.3 混凝土结构构件构造等级的评定

检查项目	a_u 级或 b_u 级	c_u 级或 d_u 级
连接（或节点）构造	连接方式正确，构造符合国家现行设计规范要求，无缺陷，或仅有局部的表面缺陷，工作无异常	连接方式不当，构造有严重缺陷，已导致焊缝或螺栓等发生明显变形、滑移、局部拉脱、剪坏或裂缝
受力预埋件	构造合理，受力可靠，无变形、滑移、松动或其它损坏	构造有严重缺陷，已导致预埋件发生明显变形、滑移、松动或其它损坏

注：1 评定结果取 a_u 级或 b_u 级，可根据其实际完好程度确定；评定结果取 c_u 级或 d_u 级，可根据其实际严重程度确定。

2 构件支承长度的检查结果不参加评定，但若有问题，应在鉴定报告中说明，并提出处理建议。

4.2.4 当混凝土结构构件的安全性按不适于继续承载的位移或变形评定时，应遵守下列规定：

1 对桁架（屋架、托架）的挠度，当其实测值大于其计算跨度的1/400时，应按本标准第4.2.2条验算其承载能力。验算时，应考虑由位移产生的附加应力的影响，并按下列原则评级：

1）若验算结果不低于 b_u 级，仍可定为 b_u 级，但宜附加观察使用一段时间的限制。

2）若验算结果低于 b_u 级，应根据其实际严重程度定为 c_u

级或 d_u 级。

2 对其他受弯构件的挠度或施工偏差造成的侧向弯曲，应按表 4.2.4 的规定评级。

表 4.2.4 混凝土受弯构件不适于继续承载的变形的评定

检查项目	构件类别		c_u 级或 d_u 级
挠度	主要受弯构件——主梁、托梁等		$>l_0/250$
	一般受弯构件	$l_0 \leqslant 9m$	$>l_0/150$ 或 $>45mm$
		$l_0 > 9m$	$>l_0/200$
侧向弯曲的矢高	预制屋面梁、桁架或深梁		$>l_0/500$

4.2.5 当混凝土结构构件出现表 4.2.5 所列的受力裂缝时，应视为不适于继续承载的裂缝，并应根据其实际严重程度定为 c_u 级或 d_u 级。

表 4.2.5 混凝土构件不适于继续承载的裂缝宽度的评定

检查项目	环境	构件类别		a_u 级或 d_u 级
受力主筋处的弯曲（含一般弯剪）裂缝和轴拉裂缝宽度（mm）	正常湿度环境	钢筋混凝土	主要构件	>0.50
			一般构件	>0.70
		预应力混凝土	主要构件	$>0.20(0.30)$
			一般构件	$>0.30(0.50)$
	高湿度环境	钢筋混凝土	任何构件	>0.40
		预应力混凝土		$>0.10(0.20)$
剪切裂缝（mm）	任何湿度环境	钢筋混凝土或预应力混凝土		出现裂缝

注：1 表中的剪切裂缝系指斜拉裂缝，以及集中荷载靠近支座处出现的或深梁中出现的斜压裂缝；
  2 高湿度环境系指露天环境，开敞式房屋易遭飘雨部位，经常受蒸汽或冷凝作用的场所（如厨房、浴室、寒冷地区不保暖屋盖等）以及与土壤直接接触部件等；
  3 表中括号内的限值适用于冷拉Ⅱ、Ⅲ、Ⅳ级钢筋的预应力混凝土构件；
  4 对板的裂缝宽度以表面量测值为准。

4.2.6 当混凝土结构构件出现下列情况的非受力裂缝时，也应视为不适于继续承载的裂缝，并应根据其实际严重程度定为 c_u 级或 d_u 级。

1 因主筋锈蚀产生的沿主筋方向的裂缝，其裂缝宽度已大于 1mm。

2 因温度、收缩等作用产生的裂缝，其宽度已比本标准表 4.2.5 规定的弯曲裂缝宽度值超出 50%，且分析表明已显著影响结构的受力。

4.2.7 当混凝土结构构件出现下列情况之一时，不论其裂缝宽度大小，应直接定为 d_u 级：

1 受压区混凝土有压坏迹象；

2 因主筋锈蚀导致构件掉角以及混凝土保护层严重脱落。

4.3.2 当钢结构构件（含连接）的安全性按承载能力评定时，应分别评定每一验算项目的等级，然后取其中最低一级作为该构件承载能力的安全性等级。

4.4.2 当砌体结构的安全性按承载能力评定时，应分别评定每一验算项目的等级，然后取其中最低一级作为该构件承载能力的安全性等级。

4.4.3 当砌体结构构件的安全性按构造评定时，应分别评定两个检查项目的等级，然后取其中较低一级作为该构件构造的安全性等级。

4.4.5 当砌体结构的承重构件出现下列受力裂缝时，应视为不适于继续承载的裂缝，并应根据其严重程度评为 c_u 级或 d_u 级：

1 桁架、主梁支座下的墙、柱的端部或中部、出现沿块材断裂（贯通）的竖向裂缝。

2 空旷房屋承重外墙的变截面处，出现水平裂缝或斜向裂缝。

3 砌体过梁的跨中或支座出现裂缝；或虽未出现肉眼可见的裂缝，但发现其跨度范围内有集中荷载。

注：块材指砖或砌块。

4 筒拱、双曲筒拱、扁壳等的拱面、壳面，出现沿拱顶母线或对角线的裂缝。

5　拱、壳支座附近或支承的墙体上出现沿块材断裂的斜裂缝。

6　其它明显的受压、受弯或受剪裂缝。

4.4.6　当砌体结构、构件出现下列非受力裂缝时，应视为不适于继续承载的裂缝，并应根据其实际严重程度评为 c_u 级或 d_u 级：

1　纵横墙连接处出现通长的竖向裂缝。

2　墙身裂缝严重，且最大裂缝宽度已大于 5mm。

3　柱已出现宽度大于 1.5mm 的裂缝，或有断裂、错位迹象。

4　其他显著影响结构整体性的裂缝。

4.5.2　当木结构构件及其连接的安全性按承载能力评定时，应分别评定每一验算项目的等级，并取其中最低一级作为构件承载能力的安全性等级。

4.5.3　当木结构构件的安全性按构造评定时，应分别评定两个检查项目的等级，并取其中较低一级作为该构件构造的安全性等级。

4.5.5　当木结构构件具有下列斜率（ρ）的斜纹理或斜裂缝时，应根据其严重程度定为 c_u 级或 d_u 级。

对受拉构件及拉弯构件　　$\rho > 10\%$

对受弯构件及偏压构件　　$\rho > 15\%$

对受压构件　$\rho > 20\%$

6.2.10　当在深厚淤泥、淤泥质土、饱和黏性土、饱和粉细砂或其他软弱地层中开挖深基坑时，应对毗邻的已有建筑物（含道路、管线）采取防护措施，并设测点对基坑支护结构和已有建筑物进行监测。若遇到下列可能影响建筑物安全的情况之一时，应立即报警。若情况比较严重，应立即停止施工，并对基坑支护结构和已有建筑物采取应急措施：

1　基坑支护结构（或其后面土体）的最大水平位移已大于基坑开挖深度的 1/200（1/300），或其水平位移速率已连续三日大于 3mm/d（2mm/d）。

2　基坑支护结构的支撑（或锚杆）体系中有个别构件出现

应力骤增、压屈、断裂、松弛或拔出的迹象。

3　建筑物的不均匀沉降（差异沉降）已大于现行建筑地基基础设计规范规定的允许沉降差，或建筑物的倾斜速率已连续三日大于 $0.0001H/d$（H 为建筑物承重结构高度）。

三、《混凝土结构加固设计规范》GB 50367—2013

3.1.8　设计应明确结构加固后的用途。在加固设计使用年限内，未经技术鉴定或设计许可，不得改变加固后结构的用途和使用环境。

4.3.1　纤维复合材的纤维必须为连续纤维，其品种和质量应符合下列规定：

1　承重结构加固用的碳纤维，应选用聚丙烯腈基不大于 15K 的小丝束纤维。

2　承重结构加固用的芳纶纤维，应选用饱和吸水率不大于 4.5% 的对位芳香族聚酰胺长丝纤维。且经人工气候老化 5000h 后，1000MPa 应力作用下的蠕变值不应大于 0.15mm。

3　承重结构加固用的玻璃纤维，应选用高强度玻璃纤维、耐碱玻璃纤维或碱金属氧化物含量低于 0.8% 的无碱玻璃纤维，严禁使用高碱的玻璃纤维和中碱的玻璃纤维。

4　承重结构加固工程，严禁采用预浸法生产的纤维织物。

4.3.3　纤维复合材抗拉强度标准值，应根据置信水平为 0.99、保证率为 95% 的要求确定。不同品种纤维复合材的抗拉强度标准值应按表 4.3.3 的规定采用。

表 4.3.3　纤维复合材抗拉强度标准值

品种	等级或代号	抗拉强度标准值（MPa）	
		单向织物（布）	条形板
碳纤维复合材	高强度Ⅰ级	3400	2400
	高强度Ⅱ级	3000	2000
	高强度Ⅲ级	1800	—

续表 4.3.3

品种	等级或代号	抗拉强度标准值（MPa）	
		单向织物（布）	条形板
芳纶纤维复合材	高强度Ⅰ级	2100	1200
	高强度Ⅱ级	1800	800
玻璃纤维复合材	高强玻璃纤维	2200	—
	无碱玻璃纤维、耐碱玻璃纤维	1500	

4.3.6 对符合安全性要求的纤维织物复合材或纤维复合板材，当与其他结构胶粘剂配套使用时，应对其抗拉强度标准值、纤维复合材与混凝土正拉粘结强度和层间剪切强度重新做适配性检验。

4.4.2 承重结构用的胶粘剂，必须进行粘结抗剪强度检验。检验时，其粘结抗剪强度标准值，应根据置信水平为 0.90、保证率为 95% 的要求确定。

4.4.4 承重结构加固工程中严禁使用不饱和聚酯树脂和醇酸树脂作为胶粘剂。

4.5.3 钢丝绳的抗拉强度标准值（f_{rtk}）应按其极限抗拉强度确定，且应具有不小于 95% 的保证率以及不低于 90% 的置信水平。

4.5.4 不锈钢丝绳和镀锌钢丝绳的强度标准值和设计值应按表4.5.4采用。

表 4.5.4　高强钢丝绳抗拉强度设计值（MPa）

种类	符号	高强不锈钢丝绳			高强镀锌钢丝绳		
		钢丝绳公称直径（mm）	抗拉强度标准值 f_{tk}	抗拉强度设计值 f_{rw}	钢丝绳公称直径（mm）	抗拉强度标准值 f_{tk}	抗拉强度设计值 f_{rw}
6×7+IWS	ϕ^r	2.4~4.0	1600	1200	2.5~4.5	1650	1100
1×19	ϕ^s	2.5	1470	1100	2.5	1580	1050

4.5.6 结构加固用钢丝绳的内部和表面严禁涂有油脂。

15.2.4 植筋用结构胶粘剂的粘结抗剪强度设计值 $f_{|x|}$ 应按表 15.2.4 的规定值采用。当基材混凝土强度等级大于 C30，且采用快固型胶粘剂时，其粘结抗剪强度设计值 $f_{|x|}$ 应乘以调整系数 0.8。

表 15.2.4 粘结抗剪强度设计值 $f_{|x|}$

胶粘剂等级	构造条件		基材混凝土的强度等级				
			C20	C25	C30	C40	C≥60
A 级胶或 B 级胶	$s_1 \geqslant 5d$;	$s_2 \geqslant 2.5d$	2.3	2.7	3.7	4.0	4.5
A 级胶	$s_1 \geqslant 6d$;	$s_2 \geqslant 3.0d$	2.3	2.7	4.0	4.5	5.0
	$s_1 \geqslant 7d$;	$s_2 \geqslant 3.5d$	2.3	2.7	4.5	5.0	5.5

注：1 当使用表中的 $f_{|x|}$ 值时，其构件的混凝土保护层厚度，不应低于现行国家标准《混凝土结构设计规范》GB 50010 的规定值；

　　2 s_1 为植筋间距；s_2 为植筋边距；

　　3 $f_{|x|}$ 值仅适用于带肋钢筋或全螺纹螺杆的粘结锚固。

16.2.3 碳钢、合金钢及不锈钢锚栓的钢材强度设计指标必须符合表 16.2.3-1 和表 16.2.3-2 的规定。

表 16.2.3-1 碳钢及合金钢锚栓的钢材强度设计指标

性 能 等 级		4.8	5.8	6.8	8.8
锚栓强度设计值（MPa）	用于抗拉计算 $f_{ud,t}$	250	310	370	490
	用于抗剪计算 $f_{ud,v}$	150	180	220	290

注：锚栓受拉弹性模量 E_s 取 2.0×10^5 MPa。

表 16.2.3-2 不锈钢锚栓钢材强度设计指标

性 能 等 级		50	70	80
螺纹直径（mm）		≤32	≤24	≤24
锚栓强度设计值（MPa）	用于抗拉计算 $f_{ud,t}$	175	370	500
	用于抗剪计算 $f_{ud,v}$	105	225	300

四、《砌体结构加固设计规范》GB 50702—2011

3.1.9 未经技术鉴定或设计许可，不得改变加固后砌体结构的用途和使用环境。

4.2.3 砌体结构加固工程中，严禁使用过期水泥、受潮水泥、品种混杂的水泥以及无出厂合格证和未经进场检验合格的水泥。

4.3.6 砌体结构采用的锚栓应为砌体专用的碳素钢锚栓。碳素钢砌体锚栓的钢材抗拉性能指标应符合表4.3.6的规定。

表 4.3.6　碳素钢砌体锚栓的钢材抗拉性能指标

性 能 等 级		4.8	5.8
锚栓钢材性能指标	抗拉强度标准值 f_{stk}（MPa）	400	500
	屈服强度标准值 f_{yk} 或 $f_{s,0.2k}$（MPa）	320	400
	伸长率 δ_5（％）	14	10

注：性能等级4.8表示：$f_{stk}=400$MPa；$f_{yk}/f_{stk}=0.8$。

4.4.3 钢丝绳的强度标准值（f_{rtk}）应按其极限抗拉强度确定，并应具有不小于95％的保证率以及不低于90％的置信度。钢丝绳抗拉强度标准值应符合表4.4.3的规定。

表 4.4.3　钢丝绳的强度标准值（MPa）

种类	符号	不锈钢丝绳		镀锌钢丝绳	
		钢丝绳公称直径（mm）	钢丝绳抗拉强度标准值 f_{rtk}	钢丝绳公称直径（mm）	钢丝绳抗拉强度标准值 f_{rtk}
6×7+IWS	ϕ_r	2.5～4.5	1800、1700	2.5～4.5	1650、1560
1×19	ϕ_s	2.5	1560	2.5	1560

4.5.2 结构加固用的碳纤维、玻璃纤维和玄武岩纤维复合材的安全性能指标必须分别符合表4.5.2-1或表4.5.2-2的要求。纤维复合材的抗拉强度标准值应根据置信水平 c 为0.99、保证率为95％的要求确定。

表 4.5.2-1   碳纤维复合材安全性能指标

项目 \ 类别		单向织物（布）		条形板
		高强度Ⅱ级	高强度Ⅲ级	高强度Ⅱ级
抗拉强度（MPa）	平均值	≥3500	≥2700	≥2500
	标准值	≥3000	—	≥2000
受拉弹性模量（MPa）		≥2.0×10⁵	≥1.8×10⁵	≥1.4×10⁵
伸长率（%）		≥1.5	≥1.3	≥1.4
弯曲强度（MPa）		≥600	≥500	—
层间剪切强度（MPa）		≥35	≥30	≥40
纤维复合材与砖或砌块的正拉粘结强度（MPa）		≥1.8，且为 MU20 烧结砖或混凝土砌块内聚破坏		

注：15k 碳纤维织物的性能指标按高强度Ⅱ级的规定值采用。

表 4.5.2-2   玻璃纤维、玄武岩纤维单向织物复合材安全性能指标

类别 \ 项目	抗拉强度标准值（MPa）	受拉弹性模量（MPa）	伸长率（%）	弯曲强度（MPa）	纤维复合材与烧结砖或砌块的正拉粘结强度（MPa）	层间剪切强度（MPa）	单位面积质量（g/m²）
S 玻璃纤维	≥2200	≥1.0×10⁵	≥2.5	≥600	≥1.8，且为 MU20 烧结砖或混凝土砌块内聚破坏	≥40	≤450
E 玻璃纤维	≥1500	≥7.2×10⁴	≥2.0	≥500		≥35	≤600
玄武岩纤维	≥1700	≥9.0×10⁴	≥2.0	≥500		≥35	≤300

注：表中除标有标准值外，其余均为平均值。

4.5.3 对符合本规范第 4.5.2 条安全性能指标要求的纤维复合材，当它的纤维材料与其他改性环氧树脂胶粘剂配套使用时，必

须按下列项目重新作适配性检验，且检验结果必须符合本规范表 4.5.2-1 或表 4.5.2-2 的规定。

    1 抗拉强度标准值。

    2 纤维复合材与烧结砖或混凝土砌块正拉粘结强度。

    3 层间剪切强度。

4.5.5 承重结构的现场粘贴加固，当采用涂刷法施工时，不得使用单位面积质量大于 $300g/m^2$ 的碳纤维织物；当采用真空灌注法施工时，不得使用单位面积质量大于 $450g/m^2$ 的碳纤维织物；在现场粘贴条件下，尚不得采用预浸法生产的碳纤维织物。

4.6.1 砌体加固工程用的结构胶粘剂，应采用 B 级胶。使用前，必须进行安全性能检验。检验时，其粘结抗剪强度标准值应根据置信水平 c 为 0.90、保证率为 95% 的要求确定。

4.6.2 浸渍、粘结纤维复合材的胶粘剂及粘贴钢板、型钢的胶粘剂必须采用专门配制的改性环氧树脂胶粘剂，其安全性能指标必须符合现行国家标准《混凝土结构加固设计规范》GB 50367 规定的对 B 级胶的要求。承重结构加固工程中不得使用不饱和聚酯树脂、醇酸树脂等胶粘剂。

4.6.3 种植后锚固件的胶粘剂，必须采用专门配制的改性环氧树脂胶粘剂，其安全性能指标必须符合现行国家标准《混凝土结构加固设计规范》GB 50367 的规定。在承重结构的后锚固工程中，不得使用水泥卷及其他水泥基锚固剂。种植锚固件的结构胶粘剂，其填料必须在工厂制胶时添加，严禁在施工现场掺入。

4.7.5 砌体结构加固用的聚合物砂浆，其粘结剪切性能必须经湿热老化检验合格。湿热老化检验应在 50℃ 温度和 95% 相对湿度环境条件下，采用钢套筒粘结剪切试件，按现行国家标准《建筑结构加固工程施工质量验收规范》GB 50550 规定的方法进行；老化试验持续的时间不得少于 60d。老化结束后，在常温条件下进行的剪切破坏试验，其平均强度降低的百分率（%）均应符合下列规定：

    1 I_m 级砂浆不得大于 15%。

2　Ⅱ_m 级砂浆不得大于 20%。

4.7.7　配制聚合物改性水泥砂浆用的聚合物原料，必须进行毒性检验。其完全固化物的检验结果应达到实际无毒的卫生等级。

9.1.7　碳纤维和玻璃纤维复合材的设计指标必须分别按表 9.1.7-1 及表 9.1.7-2 的规定值采用。

表 9.1.7-1　碳纤维复合材设计指标

性　能　项　目		单向织物（布）		条形板
		高强度Ⅱ级	高强度Ⅲ级	高强度Ⅱ级
抗拉强度设计值 f_f（MPa）	重要结构	1400	—	1000
	一般结构	2000	1200	1400
弹性模量设计值 E_f（MPa）	所有结构	2.0×10^5	1.8×10^5	1.4×10^5
拉应变设计值 ε_f	重要结构	0.007	—	0.007
	一般结构	0.01	—	0.01

表 9.1.7-2　玻璃纤维复合材设计指标

项目 类别	抗拉强度设计值 f_f（MPa）		弹性模量设计值 E_f（MPa）		拉应变设计值 ε_f	
	重要结构	一般结构	重要结构	一般结构	重要结构	一般结构
S 玻璃纤维	500	700	7.0×10^4		0.007	0.01
E 玻璃纤维	350	500	5.0×10^4		0.007	0.01

10.1.4　钢丝绳的强度设计值应按表 10.1.4 采用。

表 10.1.4　钢丝绳抗拉强度设计值（MPa）

符　类	符号	不锈钢丝绳		镀锌钢丝绳	
		钢丝绳公称直径（mm）	抗拉强度设计值 f_{rw}	钢丝绳公称直径（mm）	抗拉强度设计值 f_{rw}
6×7+IWS	ϕ_r	2.4～4.0	1100	2.5～4.5	1050
			1050		1000
1×19	ϕ_s	2.5	1050	2.5	1100

五、《建筑抗震加固技术规程》JGJ 116—2009

1.0.3　现有建筑抗震加固前，应依据其设防烈度、抗震设防类别、后续使用年限和结构类型，按现行国家标准《建筑抗震鉴定标准》GB 50023 的相应规定进行抗震鉴定。

1.0.4　现有建筑抗震加固时，建筑的抗震设防类别及相应的抗震措施和抗震验算要求，应按现行国家标准《建筑抗震鉴定标准》GB 50023—2009 第 1.0.3 条的规定执行。

3.0.1　现有建筑抗震加固的设计原则应符合下列要求：

1　加固方案应根据抗震鉴定结果经综合分析后确定，分别采用房屋整体加固、区段加固或构件加固，加强整体性、改善构件的受力状况、提高综合抗震能力。

2　加固或新增构件的布置，应消除或减少不利因素，防止局部加强导致结构刚度或强度突变。

3　新增构件与原有构件之间应有可靠连接；新增的抗震墙、柱等竖向构件应有可靠的基础。

4　加固所用材料类型与原结构相同时，其强度等级不应低于原结构材料的实际强度等级。

5　对于不符合鉴定要求的女儿墙、门脸、出屋顶烟囱等易倒塌伤人的非结构构件，应予以拆除或降低高度，需要保持原高度时应加固。

3.0.3　现有建筑抗震加固设计时，地震作用和结构抗震验算应符合下列规定：

1　当抗震设防烈度为 6 度时（建造于 IV 类场地的较高的高层建筑除外），以及木结构和土石墙房屋，可不进行截面抗震验算，但应符合相应的构造要求。

2　加固后结构的分析和构件承载力计算，应符合下列要求：

　　1）结构的计算简图，应根据加固后的荷载、地震作用和实际受力状况确定；当加固后结构刚度和重力荷载代表值的变化分别不超过原来的 10% 和 5% 时，应允许不计入地震作用变化的影响；在条状突出的山嘴、高耸孤立的山丘、非岩石的陡坡、河岸和边坡边缘等不利地段，水平地震作用应按现行国家标准《建筑抗震设计规范》GB 50011 的规定乘以增大系数 1.1～1.6；

　　2）结构构件的计算截面面积，应采用实际有效的截面面积；

　　3）结构构件承载力验算时，应计入实际荷载偏心、结构构件变形等造成的附加内力；并应计入加固后的实际受力程度、新增部分的应变滞后和新旧部分协同工作的程度对承载力的影响。

　　3　当采用楼层综合抗震能力指数进行结构抗震验算时，体系影响系数和局部影响系数应根据房屋加固后的状态取值，加固后楼层综合抗震能力指数应大于 1.0，并应防止出现新的综合抗震能力指数突变的楼层。采用设计规范方法验算时，也应防止加固后出现新的层间受剪承载力突变的楼层。

3.0.6　抗震加固的施工应符合下列要求：

　　1　应采取措施避免或减少损伤原结构构件。

　　2　发现原结构或相关工程隐蔽部位的构造有严重缺陷时，应会同加固设计单位采取有效处理措施后方可继续施工。

　　3　对可能导致的倾斜、开裂或局部倒塌等现象，应预先采取安全措施。

5.3.1　采用水泥砂浆面层和钢筋网砂浆面层加固墙体时，应符合下列要求：

　　1　钢筋网应采用呈梅花状布置的锚筋、穿墙筋固定于墙体上；钢筋网四周应采用锚筋、插入短筋或拉结筋等与楼板、大梁、柱或墙体可靠连接；钢筋网外保护层厚度不应小于 10mm，钢筋网片与墙面的空隙不应小于 5mm。

　　2　面层加固采用综合抗震能力指数验算时，有关构件支承长度的影响系数应作相应改变，有关墙体局部尺寸的影响系数应取 1.0。

5.3.7 采用现浇钢筋混凝土板墙加固墙体时，应符合下列要求：

1 板墙应采用呈梅花状布置的锚筋、穿墙筋与原有砌体墙连接；其左右应采用拉结筋等与两端的原有墙体可靠连接；底部应有基础；板墙上下应与楼、屋盖可靠连接，至少应每隔 1m 设置穿过楼板且与竖向钢筋等面积的短筋，短筋两端应分别锚入上下层的板墙内，其锚固长度不应小于短筋直径的 40 倍。

2 板墙加固采用综合抗震能力指数验算时，有关构件支承长度的影响系数应作相应改变，有关墙体局部尺寸的影响系数应取 1.0。

5.3.13 采用外加圈梁-钢筋混凝土柱加固房屋时，应符合下列要求：

1 外加柱应在房屋四角、楼梯间和不规则平面的对应转角处设置，并应根据房屋的设防烈度和层数在内外墙交接处隔开间或每开间设置；外加柱应由底层设起，并应沿房屋全高贯通，不得错位；外加柱应与圈梁（含相应的现浇板等）或钢拉杆连成闭合系统。

2 外加柱应设置基础，并应设置拉结筋、销键、压浆锚杆或锚筋等与原墙体、原基础可靠连接；当基础埋深与外墙原基础不同时，不得浅于冻结深度。

3 增设的圈梁应与墙体可靠连接；圈梁在楼、屋盖平面内应闭合，在阳台、楼梯间等圈梁标高变换处，圈梁应有局部加强措施；变形缝两侧的圈梁应分别闭合。

4 加固后采用综合抗震能力指数验算时，圈梁布置和构造的体系影响系数应取 1.0；墙体连接的整体构造影响系数和相关墙垛局部尺寸的局部影响系数应取 1.0。

6.1.2 钢筋混凝土房屋的抗震加固应符合下列要求：

1 抗震加固时应根据房屋的实际情况选择加固方案，分别采用主要提高结构构件抗震承载力、主要增强结构变形能力或改变框架结构体系的方案。

2 加固后的框架应避免形成短柱、短梁或强梁弱柱。

3 采用综合抗震能力指数验算时，加固后楼层屈服强度系数、体系影响系数和局部影响系数应根据房屋加固后的状态计算和取值。

6.3.1 增设钢筋混凝土抗震墙或翼墙加固房屋时，应符合下列要求：

1 混凝土强度等级不应低于 C20，且不应低于原框架柱的实际混凝土强度等级。

2 墙厚不应小于 140mm，竖向和横向分布钢筋的最小配筋率，均不应小于 0.20％。对于 B、C 类钢筋混凝土房屋，其墙厚和配筋应符合其抗震等级的相应要求。

3 增设抗震墙后应按框架-抗震墙结构进行抗震分析，增设的混凝土和钢筋的强度均应乘以规定的折减系数。加固后抗震墙之间楼、屋盖长宽比的局部影响系数应作相应改变。

6.3.4 采用钢构套加固框架时，应符合下列要求：

1 钢构套加固梁时，纵向角钢、扁钢两端应与柱有可靠连接。

2 钢构套加固柱时，应采取措施使楼板上下的角钢、扁钢可靠连接；顶层的角钢、扁钢应与屋面板可靠连接；底层的角钢、扁钢应与基础锚固。

3 加固后梁、柱截面抗震验算时，角钢、扁钢应作为纵向钢筋、钢缀板应作为箍筋进行计算，其材料强度应乘以规定的折减系数。

6.3.7 采用钢筋混凝土套加固梁柱时，应符合下列要求：

1 混凝土的强度等级不应低于 C20，且不应低于原构件实际的混凝土强度等级。

2 柱套的纵向钢筋遇到楼板时，应凿洞穿过并上下连接，其根部应伸入基础并满足锚固要求，其顶部应在屋面板处封顶锚固；梁套的纵向钢筋应与柱可靠连接。

3 加固后梁、柱按整体截面进行抗震验算，新增的混凝土和钢筋的材料强度应乘以规定的折减系数。

7.1.2 内框架和底层框架砖房的抗震加固应符合下列要求：

1 底层框架房屋加固后，框架层与相邻上部砌体层的刚度比，应符合现行国家标准《建筑抗震设计规范》GB 50011 的相应规定。

2 加固部位的框架应防止形成短柱或强梁弱柱。

3 采用综合抗震能力指数验算时，楼层屈服强度系数、加固增强系数、加固后的体系影响系数和局部影响系数应根据房屋加固后的状态计算和取值。

7.3.1 增设钢筋混凝土壁柱加固内框架房屋的砖柱（墙垛）时，应符合下列要求：

1 壁柱应从底层设起，沿砖柱（墙垛）全高贯通；在楼、屋盖处应与圈梁或楼、屋盖拉结；壁柱应设基础，埋深与外墙基础不同时，不得浅于冻结深度。

2 壁柱的截面面积不应小于 36000mm²，内壁柱的截面宽度应大于相连内框架梁的宽度。

3 壁柱的纵向钢筋不应少于 4φ12；箍筋间距不应大于 200mm，在楼、屋盖标高上下各 500mm 范围内，箍筋间距不应大于 100mm；内外壁柱间沿柱高度每隔 600mm，应拉通一道箍筋。

7.3.3 增设钢筋混凝土现浇层加固楼盖时，现浇层的厚度不应小于 40mm，钢筋的直径不应小于 6mm，其间距不应大于 300mm；尚应采取措施加强现浇层与原有楼板、墙体的连接。

9.3.1 增设钢筋网砂浆面层与原有砖柱（墙垛）形成面层组合柱时，面层应在柱两侧对称布置；纵向钢筋的保护层厚度不应小于 20mm，钢筋与砌体表面的空隙不应小于 5mm，钢筋的上端应与柱顶的垫块或圈梁连接，下端应锚固在基础内；柱两侧面层沿柱高应每隔 600mm 采用 φ6 的封闭钢箍拉结。

9.3.5 增设钢筋混凝土壁柱或套与原有砖柱（墙垛）形成组合壁柱时，应符合下列要求：

1 壁柱应在砖墙两面相对位置同时设置，并采用钢筋混凝土腹杆拉结。在砖柱（墙垛）周围设置钢筋混凝土套遇到砖墙时，应设钢筋混凝土腹杆拉结。壁柱或套应设基础，基础的横截面面积不得小于壁柱截面面积的一倍，并应与原基础可靠连接。

2 壁柱或套的纵向钢筋，保护层厚度不应小于 25mm，钢筋与砌体表面的净距不应小于 5mm；钢筋的上端应与柱顶的垫块或圈梁连接，下端应锚固在基础内。

3 壁柱或套加固后按组合砖柱进行抗震承载力验算，但增设的混凝土和钢筋的强度应乘以规定的折减系数。

六、《古建筑木结构维护与加固技术规范》GB 50165—92

4.1.4 古建筑的可靠性鉴定，应按下列规定分为四类：

Ⅰ类建筑 承重结构中原有的残损点均已得到正确处理，尚未发现新的残损点或残损征兆。

Ⅱ类建筑 承重结构中原先已修补加固的残损点，有个别需要重新处理；新近发现的若干残损迹象需要进一步观察和处理，但不影响建筑物的安全和使用。

Ⅲ类建筑 承重结构中关键部位的残损点或其组合已影响结构安全和正常使用，有必要采取加固或修理措施，但尚不致立即发生危险。

Ⅳ类建筑 承重结构的局部或整体已处于危险状态，随时可能发生意外事故，必须立即采取抢修措施。

4.1.7 木构架整体性的检查及评定，应按表 4.1.7 进行。

表 4.1.7 木构架整体性的检查及评定

项次	检查项目	检查内容	残损点评定界限	
			抬梁式	穿斗式
1	整体倾斜	（1）沿构架平面的倾斜量 Δ_1	$\Delta_1 > H_0/120$ 或 $\Delta_1 > 120mm$	$\Delta_1 > H_0/100$ 或 $\Delta_1 > 150mm$
		（2）垂直构架平面的倾斜量 Δ_2	$\Delta_2 > H_0/240$ 或 $\Delta_2 > 60mm$	$\Delta_2 > H_0/200$ 或 $\Delta_2 > 75mm$

续表 4.1.7

项次	检查项目	检查内容	残损点评定界限	
			抬梁式	穿斗式
2	局部倾斜	柱头与柱脚的相对位移 △	$\triangle>H/90$	$\triangle>H/75$
3	构架间的连系	纵向连枋及其连系构件现状	已残缺或连接已松动	
4	梁、柱间的连系（包括柱、枋间、柱、檩间的连系）	拉结情况及榫卯现状	无拉结，榫头拔出口卯口的长度超过榫斗长度的	
			2/5	1/2
5	榫卯完好程度	材质	榫卯已腐朽、虫蛀	
		其他损坏	已劈裂或断裂	
		横纹压缩变形	压缩量超过 4mm	

注：表中 H_0 为木构架总高，H 为柱高。

4.1.18　古建筑木构架出现下列情况之一时，其可靠性鉴定，应根据实际情况判为Ⅲ类或Ⅳ类建筑：

　　1　主要承重构件，如大梁、檐柱、金柱等有破坏迹象，并将引起其他构件的连锁破坏。

　　2　大梁与承重柱的连接节点的传力已处于危险状态。

　　3　多处出现严重的残损点，且分布有规律，或集中出现。

　　4　在虫害严重地区，发现木构架多处有新的蛀孔，或未见蛀孔，但发现有蛀虫成群活动。

4.1.19　在承重体系可靠性鉴定中，出现下列情况，应判为Ⅳ类建筑：

　　1　多榀木构架出现严重的残损点，其组合可能导致建筑物，或其中某区段的坍塌。

　　2　建筑物已朝某一方向倾斜，且观测记录表明，其发展速度正在加快。

4.2.1　古建筑木结构的抗震鉴定应遵守下列规定：

1　抗震设防烈度为 6 度及 6 度以上的建筑，均应进行抗震构造鉴定。

2　凡属表 4.2.1 规定范围的建筑，尚应对其主要承重结构进行截面抗震验算。

3　对于下列情况，当有可能计算承重柱的最大侧偏位移时，尚宜进行抗震变形验算：

　　1）8 度Ⅲ、Ⅳ类场地及 9 度时，基本自振周期 $T_1 \geqslant 1s$ 的单层建筑。

　　2）8 度及 9 度时，500 年以上的建筑，或高度大于 15m 的多层建筑。

4　对抗震设防烈度为 10 度地区的古建筑，其抗震鉴定应组织有关专家专门研究，并应按有关专门规定执行。

4.2.2　古建筑木结构及其相关工程的抗震构造鉴定，应遵守下列规定：

1　对抗震设防烈度为 6 度和 7 度的建筑，应按规定进行鉴定。凡有残损点的构件和连接，其可靠性应被判为不符合抗震构造要求。

2　对抗震设防烈度为 8 度和 9 度的建筑，除应按本条第一款鉴定外，尚应按表 4.2.2 的要求进行鉴定。

表 4.2.2　设防烈度为 8 度和 9 度的建筑抗震构造鉴定要求

项次	检查对象	检查内容	鉴定合格标准	
1	木柱	柱脚与柱础抵承状况	柱脚底面与柱础间实际抵承面积与柱脚处柱的原截面面积之比 ρ_c	$\rho_c \geqslant 3/4$
		柱础错位	柱与柱础之间错位置与柱径（或柱截面）沿错位方向的尺寸之比 ρ_d	$\rho_d \leqslant 1/10$

续表 4.2.2

项次	检查对象	检查内容	鉴定合格标准	
2	梁枋	挠度	竖向挠度最大值 w_1 或 w'	当 $h/l > 1/14$ 时 w_1 $\leqslant l^2/2500h$
				当 $h/l \leqslant 1/14$ 时 w_1 $\leqslant l/180$
				对于 300 年以上的梁枋,若无其他残损,可按 $w' \leqslant w_1 + h/50$ 评定
3	柱与梁枋的连接	榫卯连接完好程度	榫头拔出卯口的长度	不应超过榫长的 1/4
		柱与梁枋拉结情况	拉结件种类及拉结方法	应有可靠的铁件固结,且铁件无严重锈蚀
4	斗栱	斗栱构件	完好程度	无腐朽、劈裂、残缺
		斗栱榫卯	完好程度	无腐朽、松动、断裂或残缺
5	木构架整体性	整体倾斜	(1) 构架平面内倾斜量 Δ_1	$\Delta_1 \leqslant H_0/150$,且 $\Delta_1 \leqslant 100mm$
			(2) 构架平面外倾斜量 Δ_2	$\Delta_2 \leqslant H_0/300$,且 $\Delta_2 \leqslant 50mm$
		局部倾斜	柱头与柱脚相对位移量 Δ (不含侧脚值)	$\Delta \leqslant H/100$,且 $\Delta \leqslant 80mm$
		构架间的连系	纵向连系构件的连接情况	连接应牢固
		加强空间的度的措施	(1) 构架间的纵向连系	应有可靠的支撑或有效的替代措施
			(2) 梁下各柱的纵、横向连系	应有可靠的支撑或有效的替代措施

续表 4.2.2

项次	检查对象	检查内容	鉴定合格标准	
6	屋顶	椽条	拉结情况	脊檩处，两坡椽条应有防止下滑的措施
		檩条	锚固情况	檩条应有防止外滚和檩端脱榫的措施
		大梁以上各层梁	与瓜柱、驼峰连系情况	应有可靠的榫接，必要时应加隐蔽式铁件锚固
		角梁	抗倾覆能力	应有充分的抗倾覆连接件连结
		屋顶饰件及檐口瓦	系固情况	应有可靠的系固措施
7	檐墙	墙身倾斜	倾斜量 Δ	$\Delta \leqslant B/10$
		墙体构造	(1) 墙脚酥碱处理情况	应予修补
			(2) 填心砌筑墙体的拉结情况	每 $3m^2$ 墙面应至少有一拉结件

注：表中 B 为墙厚，若墙厚上下不等，按平均值采用。

4.2.3 古建筑木结构抗震能力的验算应遵守下列规定：

1 在截面抗震验算中，结构总水平地震作用的标准值，应按下式计算：$F_{Ek} = 0.72\alpha_1 G_{eq}$

3 木构架承载力的抗震调整系数 γ_{RE} 可取 0.8。

4 计算木构架的水平抗力，应考虑梁柱节点连接的有限刚度。

5 在抗震变形验算中，木构架的位移角限值 $[\theta_p]$ 可取 1/30。对 800 年以上或其他特别重要的古建筑，其位移角限值宜专门研究确定。

5.5.2 古建筑木结构的构造不符合抗震鉴定要求时，除应按所发现的问题逐项进行加固外，尚应遵守下列规定：

1 对体型高大、内部空旷或结构特殊的古建筑木结构，均应采取整体加固措施。

2 对截面抗震验算不合格的结构构件，应采取有效的减载、加固和必要的防震措施。

3 对抗震变形验算不合格的部位，应加设支顶等提高其刚度。若有困难，也应加临时支顶，但应与其他部位刚度相当。

6.3.3 修复或更换承重构件的木材，其材质要求应与原件相同。

6.3.4 用作承重构件或小木作工程的木材，使用前应经干燥处理，含水率应符合下列规定：

1 原木或方木构件，包括梁枋、柱、檩、椽等，不应大于20%。为便于测定原木和方木的含水率，可采用按表层检测的方法，但其表层20mm深处的含水率不应大于16%。

2 板材、斗栱及各种小木作，不应大于当地的木材平衡含水率。

6.3.5 修复古建筑木结构构件使用的胶粘剂，应保证胶缝强度不低于被胶合木材的顺纹抗剪和横纹抗拉强度。胶粘剂的耐水性及耐久性，应与木构件的用途和使用年限相适应。

6.4.1 古建筑木结构在维修、加固中，如有下列情况之一应进行结构验算：

1 有过度变形或产生局部破坏现象的构件和节点。

2 维修、加固后荷载、受力条件有改变的结构和节点。

3 重要承重结构的加固方案。

4 需由构架本身承受水平荷载的无墙木构架建筑。

6.4.2 验算古建筑木结构时，其木材设计强度和弹性模量应符合下列规定：

1 应乘以结构重要性系数0.9；有特殊要求者另定。

2 对外观已显著变形或木质已老化的构件，尚应乘以表

6.4.2 考虑荷载长期作用和木质老化影响的调整系数。

3 对仅以恒载作用验算的构件，尚应乘以调整系数。

表 6.4.2　考虑长期荷载作用和木质老化的调整系数

建筑物修建距今的时间（年）	调　整　系　数		
	顺纹抗压设计强度	抗弯和顺纹抗剪设计强度	弹性模量和横纹承压设计强度
100	0.95	0.90	0.90
300	0.85	0.80	0.85
≥500	0.75	0.70	0.75

6.4.3 梁、柱构件应验算其承载能力，并应遵守下列规定：

1 当梁过度弯曲时，梁的有效跨度应按支座与梁的实际接触情况确定，并应考虑支座传力偏心对支承构件受力的影响。

2 柱应按两端铰接计算，计算长度取侧向支承间的距离，对截面尺寸有变化的柱可按中间截面尺寸验算稳定。

3 若原有构件已部分缺损或腐朽，应按剩余的截面进行验算。

6.5.7 对木构架进行整体加固，应符合下列要求：

1 加固方案不得改变原来的受力体系。

2 对原来结构和构造的固有缺陷，应采取有效措施予以消除，对所增设的连接件应设法加以隐蔽。

3 对本应拆换的梁枋、柱，当其文物价值较高而必须保留时，可另加支柱，但另加的支柱应能易于识别。

4 对任何整体加固措施，木构架中原有的连接件，包括椽、檩和构架间的连接件，应全部保留。若有短缺时，应重新补齐。

5 加固所用材料的耐久性，不应低于原有结构材料的耐久性。

6.6.3 对柱的受力裂缝和继续开展的斜裂缝，必须进行强度验算，然后根据具体情况采取加固措施或更换新柱。

6.7.3 当梁枋构件的挠度超过规定的限值或发现有断裂迹象时，应按下列方法进行处理：

    1 在梁枋下面支顶立柱。

    2 更换构件。

    3 若条件允许，可在梁枋内埋设型钢或其他加固件。

6.7.4 对梁枋脱榫的维修，应根据其发生原因，采用下列修复方法：

    2 梁枋完整，仅因榫头腐朽、断裂而脱榫时，应先将破损部分剔除干净，并在梁枋端部开卯口，经防腐处理后，用新制的硬木榫头嵌入卯口内。嵌接时，榫头与原构件用耐水性胶粘剂粘牢并用螺栓固紧。榫头的截面尺寸及其与原构件嵌接的长度，应按计算确定。并应在嵌接长度内用玻璃钢箍或两道铁箍箍紧。

七、《既有建筑地基基础加固技术规范》JGJ 123—2012

3.0.2 既有建筑地基基础加固前，应对既有建筑地基基础及上部结构进行鉴定。

3.0.4 既有建筑地基基础加固设计，应符合下列规定：

    1 应验算地基承载力。

    2 应计算地基变形。

    3 应验算基础抗弯、抗剪、抗冲切承载力。

    4 受较大水平荷载或位于斜坡上的既有建筑物地基基础加固，以及邻近新建建筑、深基坑开挖、新建地下工程基础埋深大于既有建筑基础埋深并对既有建筑产生影响时，应进行地基稳定性验算。

3.0.8 加固后的既有建筑地基基础使用年限，应满足加固后的既有建筑设计使用年限的要求。

3.0.9 纠倾加固、移位加固、托换加固施工过程应设置现场监测系统，监测纠倾变位、移位变位和结构的变形。

3.0.11 既有建筑地基基础加固工程，应对建筑物在施工期间及使用期间进行沉降观测，直至沉降达到稳定为止。

5.3.1 既有建筑地基基础加固或增加荷载后，建筑物相邻柱基的沉降差、局部倾斜、整体倾斜值的允许值，应符合现行国家标准《建筑地基基础设计规范》GB 50007 的有关规定。

八、《构筑物抗震鉴定标准》GB 50117—2014

3.0.2 现有构筑物的抗震设防类别应按现行国家标准《建筑工程抗震设防分类标准》GB 50223 分类，其抗震措施核查和抗震验算的综合鉴定应符合下列规定：

1 甲类，应经专门研究按不低于乙类的要求核查其抗震措施，抗震验算应按高于本地区设防烈度的要求采用。

2 乙类，6 度～8 度时应按高于本地区设防烈度一度的要求核查其抗震措施，9 度时应提高其抗震措施要求；抗震验算应按不低于本地区设防烈度的要求采用。

3 丙类，应按本地区设防烈度的要求核查其抗震措施和进行抗震验算。

4 丁类，7 度～9 度时，应允许按低于本地区设防烈度一度的要求核查其抗震措施，抗震验算应允许低于本地区设防烈度；6 度时应允许不做抗震鉴定。

3.0.5 属于下列情况之一的现有构筑物，应进行抗震鉴定：

1 达到和超过设计使用年限并需继续使用的构筑物。

2 未按抗震设防标准设计或建成后所在地区抗震设防要求提高的构筑物。

3 改建、扩建或改变原设计条件的构筑物。

九、《建筑物倾斜纠偏技术规程》JGJ 270—2012

3.0.7 纠偏施工应设置现场监测系统，实施信息化施工。

5.3.3 位于边坡地段建筑物的纠偏，不得采用浸水法和辐射井射水法。

十、《建筑与桥梁结构监测技术规范》GB 50982—2014

3.1.8　建筑与桥梁结构监测应设定监测预警值，监测预警值应满足工程设计及被监测对象的控制要求。

第五章 砌 体

一、《砌体结构设计规范》GB 50003—2011

3.2.1 龄期为 28d 的以毛截面计算的砌体抗压强度设计值，当施工质量控制等级为 B 级时，应根据块体和砂浆的强度等级分别按下列规定采用：

1 烧结普通砖、烧结多孔砖砌体的抗压强度设计值，应按表 3.2.1-1 采用。

表 3.2.1-1 烧结普通砖和烧结多孔砖砌体的抗压强度设计值（MPa）

砖强度等级	砂浆强度等级					砂浆强度
	M15	M10	M7.5	M5	M2.5	0
MU30	3.94	3.27	2.93	2.59	2.26	1.15
MU25	3.60	2.98	2.68	2.37	2.06	1.05
MU20	3.22	2.67	2.39	2.12	1.84	0.94
MU15	2.79	2.31	2.07	1.83	1.60	0.82
MU10	—	1.89	1.69	1.50	1.30	0.67

注：当烧结多孔砖的孔洞率大于 30% 时，表中数值应乘以 0.9。

2 混凝土普通砖和混凝土多孔砖砌体的抗压强度设计值，应按表 3.2.1-2 采用。

表 3.2.1-2 混凝土普通砖和混凝土多孔砖砌体的抗压强度设计值（MPa）

砖强度等级	砂浆强度等级					砂浆强度
	Mb20	Mb15	Mb10	Mb7.5	Mb5	0
MU30	4.61	3.94	3.27	2.93	2.59	1.15
MU25	4.21	3.60	2.98	2.68	2.37	1.05
MU20	3.77	3.22	2.67	2.39	2.12	0.94
MU15	—	2.79	2.31	2.07	1.83	0.82

3 蒸压灰砂普通砖和蒸压粉煤灰普通砖砌体的抗压强度设计值，应按表 3.2.1-3 采用。

表 3.2.1-3 蒸压灰砂普通砖和蒸压粉煤灰普通砖
砌体的抗压强度设计值（MPa）

砖强度等级	砂浆强度等级				砂浆强度
	M15	M10	M7.5	M5	0
MU25	3.60	2.98	2.68	2.37	1.05
MU20	3.22	2.67	2.39	2.12	0.94
MU15	2.79	2.31	2.07	1.83	0.82

注：当采用专用砂浆砌筑时，其抗压强度设计值按表中数值采用。

4 单排孔混凝土砌块和轻集料混凝土砌块对孔砌筑砌体的抗压强度设计值，应按表 3.2.1-4 采用。

表 3.2.1-4 单排孔混凝土砌块和轻集料混凝土砌块对孔砌筑
砌体的抗压强度设计值（MPa）

砌块强度等级	砂浆强度等级					砂浆强度
	Mb20	Mb15	Mb10	Mb7.5	Mb5	0
MU20	6.30	5.68	4.95	4.44	3.94	2.33
MU15	—	4.61	4.02	3.61	3.20	1.89
MU10	—	—	2.79	2.50	2.22	1.31
MU7.5	—	—	—	1.93	1.71	1.01
MU5	—	—	—	—	1.19	0.70

注：1 对独立柱或厚度为双排组砌的砌块砌体，应按表中数值乘以 0.7；

2 对 T 形截面墙体、柱，应按表中数值乘以 0.85。

5 单排孔混凝土砌块对孔砌筑时，灌孔砌体的抗压强度设计值 f_g，应按下列方法确定：

1） 混凝土砌块砌体的灌孔混凝土强度等级不应低于
Cb20，且不应低于 1.5 倍的块体强度等级。灌孔混凝
土强度指标取同强度等级的混凝土强度指标。

2） 灌孔混凝土砌块砌体的抗压强度设计值 f_g，应按下列

公式计算：

$$f_g = f + 0.6\alpha f_c \qquad (3.2.1-1)$$

$$\alpha = \delta\rho \qquad (3.2.1-2)$$

式中 f_g——灌孔混凝土砌块砌体的抗压强度设计值，该值不应大于未灌孔砌体抗压强度设计值的 2 倍；

$\quad\quad f$——未灌孔混凝土砌块砌体的抗压强度设计值，应按表 3.2.1-4 采用；

$\quad\quad f_c$——灌孔混凝土的轴心抗压强度设计值；

$\quad\quad \alpha$——混凝土砌块砌体中灌孔混凝土面积与砌体毛面积的比值；

$\quad\quad \delta$——混凝土砌块的孔洞率；

$\quad\quad \rho$——混凝土砌块砌体的灌孔率，系截面灌孔混凝土面积与截面孔洞面积的比值，灌孔率应根据受力或施工条件确定，且不应小于 33%。

6 双排孔或多排孔轻集料混凝土砌块砌体的抗压强度设计值，应按表 3.2.1-5 采用。

表 3.2.1-5 双排孔或多排孔轻集料混凝土砌块
砌体的抗压强度设计值（MPa）

砌块强度等级	砂浆强度等级			砂浆强度
	Mb10	Mb7.5	Mb5	0
MU10	3.08	2.76	2.45	1.44
MU7.5	—	2.13	1.88	1.12
MU5	—	—	1.31	0.78
MU3.5	—	—	0.95	0.56

注：1 表中的砌块为火山渣、浮石和陶粒轻集料混凝土砌块；

    2 对厚度方向为双排组砌的轻集料混凝土砌块砌体的抗压强度设计值，应按表中数值乘以 0.8。

7 块体高度为 180mm～350mm 的毛料石砌体的抗压强度设计值，应按表 3.2.1-6 采用。

表 3.2.1-6 毛料石砌体的抗压强度设计值（MPa）

毛料石强度等级	砂浆强度等级			砂浆强度
	M7.5	M5	M2.5	0
MU100	5.42	4.80	4.18	2.13
MU80	4.85	4.29	3.73	1.91
MU60	4.20	3.71	3.23	1.65
MU50	3.83	3.39	2.95	1.51
MU40	3.43	3.04	2.64	1.35
MU30	2.97	2.63	2.29	1.17
MU20	2.42	2.15	1.87	0.95

注：对细料石砌体、粗料石砌体和干砌勾缝石砌体，表中数值应分别乘以调整系数 1.4、1.2 和 0.8。

8 毛石砌体的抗压强度设计值，应按表 3.2.1-7 采用。

表 3.2.1-7 毛石砌体的抗压强度设计值（MPa）

毛石强度等级	砂浆强度等级			砂浆强度
	M7.5	M5	M2.5	0
MU100	1.27	1.12	0.98	0.34
MU80	1.13	1.00	0.87	0.30
MU60	0.98	0.87	0.76	0.26
MU50	0.90	0.80	0.69	0.23
MU40	0.80	0.71	0.62	0.21
MU30	0.69	0.61	0.53	0.18
MU20	0.56	0.51	0.44	0.15

3.2.2 龄期为 28d 的以毛截面计算的各类砌体的轴心抗拉强度设计值、弯曲抗拉强度设计值和抗剪强度设计值，应符合下列规定：

1 当施工质量控制等级为 B 级时，强度设计值应按表 3.2.2 采用：

表 3.2.2　沿砌体灰缝截面破坏时砌体的轴心抗拉强度设计值、弯曲抗拉强度设计值和抗剪强度设计值(MPa)

强度类型	破坏特征及砌体种类		砂浆强度等级			
			≥M10	M7.5	M5	M2.5
轴心抗拉	沿齿缝	烧结普通砖、烧结多孔砖	0.19	0.16	0.13	0.09
		混凝土普通砖、混凝土多孔砖	0.19	0.16	0.13	—
		蒸压灰砂普通砖、蒸压粉煤灰普通砖	0.12	0.10	0.08	—
		混凝土和轻集料混凝土砌块	0.09	0.08	0.07	—
		毛石	—	0.07	0.06	0.04
弯曲抗拉	沿齿缝	烧结普通砖、烧结多孔砖	0.33	0.29	0.23	0.17
		混凝土普通砖、混凝土多孔砖	0.33	0.29	0.23	—
		蒸压灰砂普通砖、蒸压粉煤灰普通砖	0.24	0.20	0.16	—
		混凝土和轻集料混凝土砌块	0.11	0.09	0.08	—
		毛石	—	0.11	0.09	0.07
	沿通缝	烧结普通砖、烧结多孔砖	0.17	0.14	0.11	0.08
		混凝土普通砖、混凝土多孔砖	0.17	0.14	0.11	—
		蒸压灰砂普通砖,蒸压粉煤灰普通砖	0.12	0.10	0.08	—
		混凝土和轻集料混凝土砌块	0.08	0.06	0.05	—
抗剪	烧结普通砖、烧结多孔砖		0.17	0.14	0.11	0.08
	混凝土普通砖、混凝土多孔砖		0.17	0.14	0.11	—
	蒸压灰砂普通砖、蒸压粉煤灰普通砖		0.12	0.10	0.08	—
	混凝土和轻骨料混凝土砌块		0.09	0.08	0.06	—
	毛石		—	0.19	0.16	0.11

注：1　对于用形状规则的块体砌筑的砌体，当搭接长度与块体高度的比值小于1时，其轴心抗拉强度设计值 f_t 和弯曲抗拉强度设计值 f_{tm} 应按表中数值乘以搭接长度与块体高度比值后采用；

　　2　表中数值是依据普通砂浆砌筑的砌体确定，采用经研究性试验且通过技术鉴定的专用砂浆砌筑的蒸压灰砂普通砖、蒸压粉煤灰普通砖砌体，其抗剪强度设计值按相应普通砂浆强度等级砌筑的烧结普通砖砌体采用；

　　3　对混凝土普通砖、混凝土多孔砖、混凝土和轻集料混凝土砌块砌体，表中的砂浆强度等级分别为：≥Mb10、Mb7.5 及 Mb5。

2 单排孔混凝土砌块对孔砌筑时，灌孔砌体的抗剪强度设计值 f_{vg}，应按下式计算：

$$f_{vg} = 0.2 f_g^{0.55}$$

(3.2.2)

式中 f_g——灌孔砌体的抗压强度设计值（MPa）。

3.2.3 下列情况的各类砌体，其砌体强度设计值应乘以调整系数 γ_a：

1 对无筋砌体构件，其截面面积小于 $0.3m^2$ 时，γ_a 为其截面面积加 0.7；对配筋砌体构件，当其中砌体截面面积小于 $0.2m^2$ 时，γ_a 为其截面面积加 0.8；构件截面面积以"m^2"计；

2 当砌体用强度等级小于 M5.0 的水泥砂浆砌筑时，对第 3.2.1 条各表中的数值，γ_a 为 0.9；对第 3.2.2 条表 3.2.2 中数值，γ_a 为 0.8；

3 当验算施工中房屋的构件时，γ_a 为 1.1。

6.2.1 预制钢筋混凝土板在混凝土圈梁上的支承长度不应小于 80mm，板端伸出的钢筋应与圈梁可靠连接，且同时浇筑；预制钢筋混凝土板在墙上的支承长度不应小于 100mm，并应按下列方法进行连接：

1 板支承于内墙时，板端钢筋伸出长度不应小于 70mm，且与支座处沿墙配置的纵筋绑扎，用强度等级不应低于 C25 的混凝土浇筑成板带；

2 板支承于外墙时，板端钢筋伸出长度不应小于 100mm，且与支座处沿墙配置的纵筋绑扎，并用强度等级不应低于 C25 的混凝土浇筑成板带；

3 预制钢筋混凝土板与现浇板对接时，预制板端钢筋应伸入现浇板中进行连接后，再浇筑现浇板。

6.2.2 墙体转角处和纵横墙交接处宜沿竖向每隔 400mm～500mm 设拉结钢筋，其数量为每 120mm 墙厚不少于 1 根直径 6mm 的钢筋，或采用焊接钢筋网片，埋入长度从墙的转角或交接处算起，对实心砖墙每边不小于 500mm，对多孔砖墙和砌块墙不小于 700mm。

6.4.2 外叶墙的砖及混凝土砌块的强度等级，不应低于 MU10。

7.1.2 厂房、仓库、食堂等空旷单层房屋应按下列规定设置圈梁：

1 砖砌体结构房屋，檐口标高为 5m～8m 时，应在檐口标高处设置圈梁一道，檐口标高大于 8m 时，应增加设置数量；

2 砌块及料石砌体结构房屋，檐口标高为 4m～5m 时，应在檐口标高处设置圈梁一道；檐口标高大于 5m 时，应增加设置数量；

3 对有吊车或较大振动设备的单层工业房屋，当未采取有效的隔振措施时，除在檐口或窗顶标高处设置现浇混凝土圈梁外，尚应增加设置数量。

7.1.3 住宅、办公楼等多层砌体结构民用房屋，且层数为 3 层～4 层时，应在底层和檐口标高处各设置一道圈梁。当层数超过 4 层时，除应在底层和檐口标高处各设置一道圈梁外，至少应在所有纵、横墙上隔层设置。多层砌体工业房屋，应每层设置现浇混凝土圈梁。设置墙梁的多层砌体结构房屋，应在托梁、墙梁顶面和檐口标高处设置现浇钢筋混凝土圈梁。

7.3.2 **1** 墙梁设计应符合表 7.3.2 的规定：

表 7.3.2 墙梁的一般规定

墙梁类别	墙体总高度（m）	跨度（m）	墙体高跨比 h_w/l_{0i}	托梁高跨比 h_b/l_{0i}	洞宽比 b_h/l_{0i}	洞高 h_h
承重墙梁	$\leqslant 18$	$\leqslant 9$	$\geqslant 0.4$	$\geqslant 1/10$	$\leqslant 0.3$	$\leqslant 5h_w/6$ 且 $h_w - h_h \geqslant 0.4m$
自承重墙梁	$\leqslant 18$	$\leqslant 12$	$\geqslant 1/3$	$\geqslant 1/15$	$\leqslant 0.8$	—

注：墙体总高度指托梁顶面到檐口的高度，带阁楼的坡屋面应算到山尖墙 1/2 高度处。

2 墙梁计算高度范围内每跨允许设置一个洞口，洞口高度，对窗洞取洞顶至托梁顶面距离。对自承重墙梁，洞口至边支座中心的距离不应小于 $0.1l_{0i}$，门窗洞上口至墙顶的距离不应小于 0.5m。

9.4.8 配筋砌块砌体剪力墙的构造配筋应符合下列规定：

　　1 应在墙的转角、端部和孔洞的两侧配置竖向连续的钢筋，钢筋直径不应小于 12mm；

　　2 应在洞口的底部和顶部设置不小于 2ϕ10 的水平钢筋，其伸入墙内的长度不应小于 40d 和 600mm；

　　3 应在楼（屋）盖的所有纵横墙处设置现浇钢筋混凝土圈梁，圈梁的宽度和高度应等于墙厚和块高，圈梁主筋不应少于 4ϕ10，圈梁的混凝土强度等级不应低于同层混凝土块体强度等级的 2 倍，或该层灌孔混凝土的强度等级，也不应低于 C20；

　　4 剪力墙其他部位的竖向和水平钢筋的间距不应大于墙长、墙高的 1/3，也不应大于 900mm；

　　5 剪力墙沿竖向和水平方向的构造钢筋配筋率均不应小于 0.07%。

10.1.2 本章适用的多层砌体结构房屋的总层数和总高度，应符合下列规定：

　　1 房屋的层数和总高度不应超过表 10.1.2 的规定：

表 10.1.2　多层砌体房屋的层数和总高度限值 (m)

房屋类别		最小墙厚度(mm)	设防烈度和设计基本地震加速度									
			6		7				8				9	
			0.05g		0.10g		0.15g		0.20g		0.30g		0.40g	
			高度	层数	高度	层数	高度	层数	高度	层数	高度	层数	高度	层数
多层砌体房屋	普通砖	240	21	7	21	7	21	7	18	6	15	5	12	4
	多孔砖	240	21	7	21	7	18	6	18	6	15	5	9	3
	多孔砖	190	21	7	18	6	15	5	15	5	12	4	—	—
	混凝土砌块	190	21	7	21	7	18	6	18	6	15	5	9	3

续表 10.1.2

房屋类别		最小墙厚度（mm）	设防烈度和设计基本地震加速度										
			6		7				8				9	
			0.05g		0.10g		0.15g		0.20g		0.30g		0.40g	
			高度	层数	高度	层数	高度	层数	高度	层数	高度	层数	高度	层数
底部框架-抗震墙砌体房屋	普通砖多孔砖	240	22	7	22	7	19	6	16	5	—	—	—	—
	多孔砖	190	22	7	19	6	16	5	13	4	—	—	—	—
	混凝土砌块	190	22	7	22	7	19	6	16	5	—	—	—	—

注：1　房屋的总高度指室外地面到主要屋面板板顶或檐口的高度，半地下室从地下室室内地面算起，全地下室和嵌固条件好的半地下室应允许从室外地面算起；对带阁楼的坡屋面应算到山尖墙的 1/2 高度处；

　　2　室内外高差大于 0.6m 时，房屋总高度应允许比表中的数据适当增加，但增加量应少于 1.0m；

　　3　乙类的多层砌体房屋仍按本地区设防烈度查表，其层数应减少一层且总高度应降低 3m；不应采用底部框架-抗震墙砌体房屋。

2　各层横墙较少的多层砌体房屋，总高度应比表 10.1.2 中的规定降低 3m，层数相应减少一层；各层横墙很少的多层砌体房屋，还应再减少一层；

　　注：横墙较少是指同一楼层内开间大于 4.2m 的房间占该层总面积的 40％以上；其中，开间不大于 4.2m 的房间占该层总面积不到 20％且开间大于 4.8m 的房间占该层总面积的 50％以上为横墙很少。

3　抗震设防烈度为 6、7 度时，横墙较少的丙类多层砌体房屋，当按现行国家标准《建筑抗震设计规范》GB 50011 规定采取加强措施并满足抗震承载力要求时，其高度和层数应允许仍按表 10.1.2 中的规定采用；

4　采用蒸压灰砂普通砖和蒸压粉煤灰普通砖的砌体房屋，当砌体的抗剪强度仅达到普通黏土砖砌体的 70％时，房屋的层数应比普通砖房屋减少一层，总高度应减少 3m；当砌体的抗剪强度达到普通黏土砖砌体的取值时，房屋层数和总高度的要求同普通砖房屋。

10.1.5 考虑地震作用组合的砌体结构构件，其截面承载力应除以承载力抗震调整系数 γ_{RE}，承载力抗震调整系数应按表10.1.5采用。当仅计算竖向地震作用时，各类结构构件承载力抗震调整系数均应采用1.0。

表 10.1.5 承载力抗震调整系数

结构构件类别	受力状态	γ_{RE}
两端均设有构造柱、芯柱的砌体抗震墙	受剪	0.9
组合砖墙	偏压、大偏拉和受剪	0.9
配筋砌块砌体抗震墙	偏压、大偏拉和受剪	0.85
自承重墙	受剪	1.0
其他砌体	受剪和受压	1.0

10.1.6 配筋砌块砌体抗震墙结构房屋抗震设计时，结构抗震等级应根据设防烈度和房屋高度按表10.1.6采用。

表 10.1.6 配筋砌块砌体抗震墙结构房屋的抗震等级

结 构 类 型		设 防 烈 度						
		6		7		8		9
		≤24	>24	≤24	>24	≤24	>24	≤24
配筋砌块砌体抗震墙	高度（m）	≤24	>24	≤24	>24	≤24	>24	≤24
	抗震墙	四	三	三	二	二	一	一
部分框支抗震墙	非底部加强部位抗震墙	四	三	三	二	二	不应采用	
	底部加强部位抗震墙	三	二	二	一	一		
	框支框架	二	二	一	一	一		

注：1 对于四级抗震等级，除本章有规定外，均按非抗震设计采用；

2 接近或等于高度分界时，可结合房屋不规则程度及场地、地基条件确定抗震等级。

二、《多孔砖砌体结构技术规范》JGJ 137—2001，2002 年版

3.0.2 龄期为 28d，以毛截面积计算的多孔砖砌体抗压强度设计值，当施工质量控制等级为 B 级时，应根据多孔砖和砂浆的强度等级按表 3.0.2 采用。当多孔砖的孔洞率大于 30％时，应按表中数值乘以 0.9 后采用。

表 3.0.2　多孔砖砌体抗压强度设计值（MPa）

多孔砖强度等级	砂浆强度等级					砂浆强度
	M15	M10	M7.5	M5	M2.5	0
MU30	3.94	3.27	2.93	2.59	2.26	1.15
MU25	3.60	2.98	2.68	2.37	2.06	1.05
MU20	3.22	2.67	2.39	2.12	1.84	0.94
MU15	2.79	2.31	2.07	1.83	1.60	0.82
MU10	—	1.89	1.69	1.50	1.30	0.67

注：表中砂浆强度为零时的砌体抗压强度设计值，仅适用于施工阶段新砌多孔砖砌体的强度验算。

3.0.3 龄期为 28d，以毛截面积计算的多孔砖砌体弯曲抗拉强度设计值和抗剪强度设计值，当施工质量控制等级为 B 级时，应按表 3.0.3 采用。

表 3.0.3　多孔砖砌体弯曲抗拉强度设计值、抗剪强度设计值（MPa）

强度类别	破坏特征	砂浆强度等级			
		≥M10	M7.5	M5	M2.5
弯曲抗拉	沿齿缝截面	0.33	0.29	0.23	0.17
	沿通缝截面	0.17	0.14	0.11	0.08
抗　剪	沿齿缝或阶梯形截面	0.17	0.14	0.11	0.08

注：用多孔砖砌筑的砌体，当搭接长度与多孔砖的高度比值小于 1 时，其弯曲抗拉强度设计值 f_{tm} 应按表中数值乘以搭接长度与多孔砖高度比值后采用。

3.0.4 多孔砖砌体的强度设计值,应按下列规定分别乘以调整系数 γ_a:

    1 跨度不小于 7.2m 时梁下砌体,γ_a 为 0.9;

    2 砌体毛截面面积小于 0.3m² 时,γ_a 为其毛截面面积值加 0.7。构件截面面积以 m² 计;

    3 当砌体用水泥砂浆砌筑时,对表 3.0.2 中的数值,γ_a 为 0.9;对表 3.0.3 中的数值,γ_a 为 0.8;

    4 当施工质量控制等级为 C 级时,γ_a 为 0.89;

    5 当验算施工中房屋的构件时,γ_a 为 1.1。

4.2.1 受压构件的承载力应按下式计算:

$$N \leqslant \varphi f A \qquad (4.2.1)$$

式中 N——轴向力设计值;

        φ——高厚比 β 和轴向力的偏心距 e 对受压构件承载力的影响系数;应按附录 A 的规定采用;

        f——砌体的抗压强度设计值,应按第 3.0.2 条采用;

        A——砌体的毛截面面积;对带壁柱墙,当考虑翼缘宽度时,应按第 4.1.6 条采用。

4.4.1 跨度大于 6m 的屋架和跨度大于 4.8m 的梁,其支承面处应设置混凝土或钢筋混凝土垫块;当墙中设有圈梁时,垫块与圈梁应浇成整体。

4.5.1 多孔砖砌筑的住宅、宿舍、办公楼等民用房屋:当层数在四层及以下时,墙厚为 190mm 时,应在底层和檐口标高处各设置圈梁一道,墙厚不小于 240mm 时,应在檐口标高处设置圈梁一道;当层数超过四层时,除顶层必须设置圈梁外,至少应隔层设置。

5.1.4 多孔砖房屋总高度及层数不应超过表 5.1.4 的规定。医院、学校等横墙较少的多孔砖房屋,总高度应比表 5.1.4 的规定降低 3m,层数相应减少一层;各层横墙很少的房屋,应根据具体情况,再适当降低总高度和减少层数。

表 5.1.4 房屋总高度（m）及层数限值

最小墙厚	6 度		7 度		8 度		9 度	
（mm）	高度	层数	高度	层数	高度	层数	高度	层数
240	21	7	21	7	18	6	12	4
190	21	7	18	6	15	5	—	—

注：房屋的总高度指室外地面到主要屋面板板顶或檐口的高度，半地下室从地下室室内地面算起；全地下室和嵌固条件好的半地下室应允许从室外地面算起；对带阁楼的坡屋面应算到山尖墙的 1/2 高度处。

5.1.5 多层房屋抗震横墙的最大间距，不应超过表 5.1.5 的规定。

表 5.1.5 房屋抗震横墙最大间距（m）

楼（层）盖类别	6 度	7 度	8 度	9 度
现浇及装配整体式钢筋混凝土	18	18	15	11
装配式钢筋混凝土	15	15	11	7
木	11	11	7	4

注：1 厚度为 190mm 的抗震横墙，最大间距应为表中数值减 3m；

2 9 度区表中数值，不适用于厚度为 190mm 的抗震横墙。

5.2.10 砌体沿阶梯形截面破坏的抗震抗剪强度设计值，应按下式确定：

$$f_{vE} = \zeta_N f_v \qquad (5.2.10)$$

式中 f_{vE}——砌体沿阶梯形截面破坏的抗震抗剪强度设计值（MPa）；

f_v——非抗震设计的砌体抗剪强度设计值（MPa），应按第 3.0.3 条采用；

ζ_N——砌体抗震抗剪强度的正应力影响系数，应按表 5.2.10 采用。

表 5.2.10 砌体强度的正应力影响系数

σ_0/f_v	0.0	1.0	3.0	5.0	7.0	10.0	15.0
ζ_N	0.80	1.00	1.28	1.50	1.70	1.95	2.32

注：σ_0 为对应于重力荷载代表值的砌体截面平均压应力。

5.3.1 多孔砖房屋设置现浇钢筋混凝土构造柱应符合表 5.3.1 的规定。

表 5.3.1-1 墙厚不小于 240mm 时多孔砖房屋构造柱设置

房屋层数				设 置 部 位	
6 度	7 度	8 度	9 度		
4、5	3、4	2、3		外墙四角，错层部位横墙与外纵墙交接处，大房间内外墙交接处，较大洞口两侧	7、8 度时，楼、电梯间的四角；隔 15m 或单元横墙与外纵墙交接处
6、7	5	4	2		隔开间横墙（轴线）与外墙交接处，山墙与内纵墙交接处；7~9 度时，楼、电梯间的四角
	6、7	5、6	3、4		内墙（轴线）与外墙交接处，内墙的局部较小墙垛处；7~9 度时，楼、电梯间的四角；9 度时内纵墙与横墙（轴线）交接处

表 5.3.1-2 墙厚 190mm 时多孔砖房屋构造柱设置

房屋层数			设 置 部 位	
6 度	7 度	8 度		
4	3、4	2、3	外墙四角，错层部位横墙与外纵墙交接处，大房间内外墙交接处，较大洞口两侧	7、8 度时，楼、电梯间的四角；隔 15m 或单元横墙与外墙交接处
5、6	5	4		隔开间横墙（轴线）与外墙交接处，山墙与内纵墙交接处；7、8 度时，楼、电梯间的四角
7	6	5		内墙（轴线）与外墙交接处，内墙的局部较小墙垛处；7、8 度时，楼、电梯间的四角

注：较大洞口是指宽度大于 2.1m 的洞口。

5.3.4 后砌的非承重砌体隔墙，应沿墙高每隔 500mm 配置 2 根 φ6 钢筋与承重墙或柱拉结，每边伸入墙内不应小于 500mm。设防烈度为 8 度和 9 度区，长度大于 5m 的后砌隔墙，墙顶尚应与楼板或梁拉结。

5.3.5 多孔砖房屋的现浇钢筋混凝土圈梁设置，应符合下列规定：

1 装配式钢筋混凝土楼、屋盖或木楼、屋盖的多孔砖房屋，横墙承重时，应按表5.3.5的要求设置圈梁；纵墙承重时每层均应设置圈梁，且抗震横墙上的圈梁间距应比表内要求适当加密；

表5.3.5 现浇钢筋混凝土圈梁设置

墙类	6度和7度	8度	9度
外墙及内纵墙	屋盖处及每层楼盖处	屋盖处及每层楼盖处	屋盖处及每层楼盖处
内横墙	同上；屋盖处间距不应大于7m；楼盖处间距不应大于15m；构造柱对应部位	同上；屋盖处沿所有横墙，且间距不应大于7m；楼盖处间距不应大于7m；构造柱对应部位	同上；各层所有横墙

2 现浇或装配整体式钢筋混凝土楼、屋盖与墙体有可靠连接的房屋，应允许不另设圈梁，但楼板沿墙体周边应加强配筋，并应与相应的构造柱可靠连接。

5.3.6 现浇钢筋混凝土圈梁构造应符合下列规定：

1 圈梁应闭合，遇有洞口应上下搭接，圈梁应与预制板设在同一标高处或紧靠板底；

2 当圈梁在规定的间距内无横墙时，应利用梁或板缝中设置钢筋混凝土现浇带替代圈梁。

5.3.7 多孔砖房屋的楼、屋盖应符合下列规定：

1 现浇钢筋混凝土楼板或屋面板，板伸进外横的长度不应小于120mm，伸进不小于240mm厚内墙的长度不应小于120mm，伸进190mm厚内墙的长度不应小于90mm；

2 装配式钢筋混凝土楼板或屋面板，当圈梁未设在板的同一标高时，板伸进外墙的长度不应小于120mm，伸进不小于240mm厚内墙的长度不应小于100mm，伸进190mm厚内墙的长度不应小于80mm，板在梁上的支承长度不应小于80mm；

　　3　当板的跨度大于4.8m并与外墙平行时，靠外墙的预制板侧边应与墙或圈梁拉结；

　　4　房屋端部大房间的楼盖，8度时房屋的屋盖和9度时房屋的楼、屋盖，当圈梁设在板底时，钢筋混凝土预制板应相互拉结，并应与梁、墙或圈梁拉结。

5.3.10　楼梯间应符合下列规定：

　　1　装配式楼梯段应与平台板的梁可靠连接，不应采用墙中悬挑式踏步或踏步竖肋插入墙体的楼梯，不应采用无筋砖砌栏板；

　　2　在8度和9度区，顶层楼梯间横墙和外墙应沿墙高每隔500mm设2根ϕ6通长钢筋。

三、《纤维石膏空心大板复合墙体结构技术规程》JGJ 217—2010

3.2.1　纤维石膏空心大板复合墙体的全部空腔内细石混凝土的浇筑应采取切实有效的密实成型措施，不得存在对混凝土强度有影响的缺陷，混凝土强度等级不应小于C20。

4.2.1　纤维石膏空心大板复合墙体结构层高不应超过3.3m，建筑最多层数和建筑总高度应符合表4.2.1的规定。

表4.2.1　最多层数和建筑总高度

抗震设防烈度	最多层数	建筑总高度（m）
6	7	24
7	6	21
8	5	18

　　注：建筑总高度是指建筑物室外地面到其檐口或屋面面层的高度，半地下室从地下室室内地面算起。全地下室和嵌固条件好的半地下室应从室外地面算起，对带阁楼的屋面应算到山墙的1/2高度处。

6.1.7　楼梯间四角、楼梯段上下端对应的墙体处应设置芯柱。

四、《约束砌体与配筋砌体结构技术规程》JGJ 13—2014

5.1.1 考虑地震作用组合的砌体结构构件，其截面承载力应除以承载力抗震调整系数 γ_{RE}，承载力抗震调整系数应按表 5.1.1 采用。当仅计算竖向地震作用时，各类结构构件承载力抗震调整系数均应采用 1.0。

表 5.1.1　承载力抗震调整系数

结构构件类别	受力状态	γ_{RE}
两端均设有构造柱、芯柱的砌体抗震墙	受剪	0.90
组合砖墙	偏压、大偏拉和受剪	0.90
配筋砌块砌体抗震墙	偏压、大偏拉和受剪	0.85
自承重墙	受剪	0.75
其他砌体	受剪和受压	1.00

5.1.5 多层砌体结构房屋的层数和总高度，应符合下列要求：

1　房屋的层数和总高度不应超过表 5.1.5 的规定；

2　各层横墙较少的多层砌体房屋，总高度应比表 5.1.5 的规定降低 3m，层数相应减少一层；各层横墙很少的多层砌体房屋，还应再减少一层；

3　抗震设防烈度为 6 度、7 度时，横墙较少的丙类多层砌体房屋，当按现行国家标准《建筑抗震设计规范》GB 50011 规定采取加强措施并满足抗震承载力要求时，其高度和层数应允许仍按表 5.1.5 的规定采用；

4　采用蒸压灰砂普通砖和蒸压粉煤灰砖的砌体房屋，当砌体的抗剪强度仅达到普通黏土砖砌体的 70% 时，房屋的层数应比普通砖房屋减少一层，总高度应减少 3m；当砌体的抗剪强度达到普通黏土砖砌体的取值时，房屋层数和总高度的要求同普通砖房屋。

表 5.1.5　多层砌体房屋的层数和总高度限值（m）

房屋类别		最小墙体厚度（mm）	烈度和设计基本地震加速度										
			6 度		7 度				8 度				9 度	
			0.05g		0.10g		0.15g		0.20g		0.30g		0.40g	
			高度	层数	高度	层数	高度	层数	高度	层数	高度	层数	高度	层数
多层砌体房屋	普通砖	240	21	7	21	7	21	7	18	6	15	5	12	4
	多孔砖	240	21	7	21	7	18	6	18	6	15	5	9	3
	多孔砖	190	21	7	18	6	15	5	15	5	12	4	—	—
	混凝土砌块	190	21	7	21	7	18	6	18	6	15	5	9	3
底部框架-抗震墙砌体房屋	普通砖、多孔砖	240	22	7	22	7	19	6	16	5	—	—	—	—
	多孔砖	190	22	7	19	6	16	5	13	4	—	—	—	—
	混凝土砌块	190	22	7	22	7	19	6	16	5	—	—	—	—

注：乙类的多层砌体房屋仍按本地区设防烈度查表，其层数应减少一层且总高度应降低 3m；不应采用底部框架-抗震墙砌体房屋。

5.1.8　房屋抗震横墙的间距，不应超过表 5.1.8 的规定。

表 5.1.8　房屋抗震横墙的间距（m）

楼、屋盖类别	烈　　度			
	6	7	8	9
现浇或装配整体式钢筋混凝土楼、屋盖	15	15	11	7
装配式钢筋混凝土楼、屋盖	11	11	9	4
木屋盖	9	9	4	—

注：1　多层砌体房屋的顶层，除木屋盖外的最大横墙间距应允许适当放宽，但应采取相应加强措施；

　　2　多孔砖抗震横墙厚度为 190mm 时，最大横墙间距应比表中数值减少 3m。

5.1.12　配筋砌块砌体抗震墙结构抗震设计时，结构抗震等级应根据设防烈度和房屋高度按表 5.1.12 采用，并应符合下列规定：

　1　抗震等级为四级的抗震墙，除本章有规定外，均应按非抗震设计采用；

　2　房屋高度接近或等于表 5.1.12 分界值时，应结合房屋不规则程度及场地、地基条件确定抗震等级。

表 5.1.12   抗震等级的划分

结构类型		设 防 烈 度						
		6		7		8		9
								≤24
配筋砌块砌 体抗震墙	高度（m）	≤24	>24	≤24	>24	≤24	>24	
	抗震墙	四	三	三	二	二	一	一

5.3.1 各类砌体沿阶梯形截面破坏的抗震抗剪强度设计值，应按下式确定：

$$f_{vE} = \xi_N f_v \qquad (5.3.1)$$

式中 f_{vE}——砌体沿阶梯形截面破坏的抗震抗剪强度设计值（MPa）；

f_v——非抗震设计的砌体抗剪强度设计值（MPa）；

ξ_N——砌体抗震抗剪强度的正应力影响系数，应按表 5.3.1采用。

表 5.3.1   砌体强度的正应力影响系数

砌体类别	σ_0/f_v							
	0.0	1.0	3.0	5.0	7.0	10.0	12.0	≥16.0
普通砖、多孔砖	0.80	0.99	1.25	1.47	1.65	1.90	2.05	—
混凝土砌块	—	1.23	1.69	2.15	2.57	3.02	3.32	3.92

注：σ_0 为对应于重力荷载代表值的砌体截面平均压应力。

6.3.2 配筋砌块砌体剪力墙的构造配筋应符合下列规定：

1 应在墙的转角、端部和孔洞的两侧配置竖向连续的钢筋，钢筋直径不应小于 12mm；

2 应在洞口的底部和顶部设置 2 根直径不小于 10mm 的水平钢筋，其伸入墙内的长度不应小于 $40d$ 和 600mm；

3 应在楼（屋）盖的所有纵横墙处设置现浇钢筋混凝土圈梁，圈梁的宽度和高度应等于墙厚和块高，圈梁应配置不少于 4 根直径 10mm 的主筋，圈梁的混凝土强度等级不应低于同层混凝土块体强度等级的 2 倍，或该层灌孔混凝土的强度等级，且不应低于 C20；

　　4　剪力墙其他部位的竖向和水平钢筋的间距不应大于墙长、墙高的 1/3，且不应大于 900mm；

　　5　剪力墙沿竖向和水平方向的构造钢筋配筋率均不应小于 0.07%。

第六章　混　凝　土

一、《混凝土结构设计规范》GB 50010—2010

3.1.7　设计应明确结构的用途，在设计使用年限内未经技术鉴定或设计许可，不得改变结构的用途和使用环境。

3.3.2　对持久设计状况、短暂设计状况和地震设计状况，当用内力的形式表达时，结构构件应采用下列承载能力极限状态设计表达式：

$$\gamma_0 S \leqslant R \tag{3.3.2-1}$$

$$R = R(f_c, f_s, a_k, \cdots)/\gamma_{Rd} \tag{3.3.2-2}$$

式中　γ_0——结构重要性系数：在持久设计状况和短暂设计状况下，对安全等级为一级的结构构件不应小于 1.1，对安全等级为二级的结构构件不应小于 1.0，对安全等级为三级的结构构件不应小于 0.9；对地震设计状况下应取 1.0；

　　　　S——承载能力极限状态下作用组合的效应设计值：对持久设计状况和短暂设计状况应按作用的基本组合计算；对地震设计状况应按作用的地震组合计算；

　　　　R——结构构件的抗力设计值；

　　$R(\cdot)$——结构构件的抗力函数；

　　　γ_{Rd}——结构构件的抗力模型不定性系数：静力设计取1.0，对不确定性较大的结构构件根据具体情况取大于 1.0 的数值；抗震设计应用承载力抗震调整系数 γ_{RE} 代替 γ_{Rd}；

　f_c、f_s——混凝土、钢筋的强度设计值，应根据本规范第4.1.4 条及第 4.2.3 条的规定取值；

a_k——几何参数的标准值，当几何参数的变异性对结构性
能有明显的不利影响时，应增减一个附加值。

注：公式（3.3.2-1）中的 $\gamma_0 S$ 为内力设计值，在本规范各章中用 N、
M、V、T 等表达。

4.1.3 混凝土轴心抗压强度的标准值 f_{ck} 应按表 4.1.3-1 采用；
轴心抗拉强度的标准值 f_{tk} 应按表 4.1.3-2 采用。

表 4.1.3-1　混凝土轴心抗压强度标准值（N/mm²）

强 度	混凝土强度等级													
	C15	C20	C25	C30	C35	C40	C45	C50	C55	C60	C65	C70	C75	C80
f_{ck}	10.0	13.4	16.7	20.1	23.4	26.8	29.6	32.4	35.5	38.5	41.5	44.5	47.4	50.2

表 4.1.3-2　混凝土轴心抗拉强度标准值（N/mm²）

强 度	混凝土强度等级													
	C15	C20	C25	C30	C35	C40	C45	C50	C55	C60	C65	C70	C75	C80
f_{tk}	1.27	1.54	1.78	2.01	2.20	2.39	2.51	2.64	2.74	2.85	2.93	2.99	3.05	3.11

4.1.4 混凝土轴心抗压强度的设计值 f_c 应按表 4.1.4-1 采用；
轴心抗拉强度的设计值 f_t 应按表 4.1.4-2 采用。

表 4.1.4-1　混凝土轴心抗压强度设计值（N/mm²）

强 度	混凝土强度等级													
	C15	C20	C25	C30	C35	C40	C45	C50	C55	C60	C65	C70	C75	C80
f_c	7.2	9.6	11.9	14.3	16.7	19.1	21.1	23.1	25.3	27.5	29.7	31.8	33.8	35.9

表 4.1.4-2　混凝土轴心抗拉强度设计值（N/mm²）

强 度	混凝土强度等级													
	C15	C20	C25	C30	C35	C40	C45	C50	C55	C60	C65	C70	C75	C80
f_t	0.91	1.10	1.27	1.43	1.57	1.71	1.80	1.89	1.96	2.04	2.09	2.14	2.18	2.22

4.2.2 钢筋的强度标准值应具有不小于 95% 的保证率。

普通钢筋的屈服强度标准值 f_{yk}、极限强度标准值 f_{stk} 应按
表 4.2.2-1 采用；预应力钢丝、钢绞线和预应力螺纹钢筋的屈服

强度标准值 f_{pyk}、极限强度标准值 f_{ptk} 应按表 4.2.2-2 采用。

表 4.2.2-1 普通钢筋强度标准值（N/mm²）

牌　号	符　号	公称直径 d（mm）	屈服强度标准值 f_{yk}	极限强度标准值 f_{stk}
HPB300	Φ	6～22	300	420
HRB335 HRBF335	Φ Φ^F	6～50	335	455
HRB400 HRBF400 RRB400	Φ Φ^F Φ^R	6～50	400	540
HRB500 HRBF500	Φ Φ^F	6～50	500	630

表 4.2.2-2 预应力筋强度标准值（N/mm²）

种　　类		符　号	公称直径 d（mm）	屈服强度标准值 f_{pyk}	极限强度标准值 f_{ptk}
中强度预应力钢丝	光面 螺旋肋	Φ^{PM} Φ^{HM}	5、7、9	620 780 980	800 970 1270
预应力螺纹钢筋	螺纹	Φ^T	18、25、32、40、50	785 930 1080	980 1080 1230
消除应力钢丝	光面 螺旋肋	Φ^P Φ^H	5 7 9	— — — — —	1570 1860 1570 1470 1570

续表 4.2.2-2

种　类		符号	公称直径 d（mm）	屈服强度 标准值 f_{pyk}	极限强度 标准值 f_{ptk}
钢绞线	1×3 （三股）	Φ^S	8.6、10.8、12.9	—	1570
				—	1860
				—	1960
	1×7 （七股）		9.5、12.7、 15.2、17.8	—	1720
				—	1860
				—	1960
			21.6	—	1860

注：极限强度标准值为1960N/mm²的钢绞线作后张预应力配筋时，应有可靠的工程经验。

4.2.3 普通钢筋的抗拉强度设计值 f_y、抗压强度设计值 f'_y 应按表 4.2.3-1 采用；预应力筋的抗拉强度设计值 f_{py}、抗压强度设计值 f'_{py} 应按表 4.2.3-2 采用。

当构件中配有不同种类的钢筋时，每种钢筋应采用各自的强度设计值。横向钢筋的抗拉强度设计值 f_{yv} 应按表中 f_y 的数值采用；当用作受剪、受扭、受冲切承载力计算时，其数值大于 360N/mm² 时应取 360N/mm²。

表 4.2.3-1　普通钢筋强度设计值（N/mm²）

牌　号	抗拉强度设计值 f_y	抗压强度设计值 f'_y
HPB300	270	270
HRB335、HRBF335	300	300
HRB400、HRBF400、RRB400	360	360
HRB500、HRBF500	435	410

表 4. 2. 3-2 预应力筋强度设计值（N/mm²）

种　　类	极限强度标准值 f_{ptk}	抗拉强度设计值 f_{py}	抗压强度设计值 f'_{py}
中强度预应力钢丝	800	510	
	970	650	410
	1270	810	
消除应力钢丝	1470	1040	
	1570	1110	410
	1860	1320	
钢绞线	1570	1110	
	1720	1220	390
	1860	1320	
	1960	1390	
预应力螺纹钢筋	980	650	
	1080	770	410
	1230	900	

注：当预应力筋的强度标准值不符合表 4.2.3-2 的规定时，其强度设计值应进行相
　　应的比例换算。

8.5.1 钢筋混凝土结构构件中纵向受力钢筋的配筋百分率 ρ_{min}
不应小于表 8.5.1 规定的数值。

10.1.1 预应力混凝土结构构件，除应根据设计状况进行承载
力计算及正常使用极限状态验算外，尚应对施工阶段进行验
算。

11.1.3 房屋建筑混凝土结构构件的抗震设计，应根据设防类
别、烈度、结构类型和房屋高度采用不同的抗震等级，并应符合
相应的计算和构造措施要求。丙类建筑的抗震等级应按表
11.1.3 确定。

表 11.1.3　混凝土结构的抗震等级

结构类型		设防烈度									
		6		7			8			9	
框架结构	高度（m）	≤24	>24	≤24		>24	≤24		>24	≤24	
	普通框架	四	三	三		二	二		一	一	
	大跨度框架	三		二			一			一	
框架-剪力墙结构	高度（m）	≤60	>60	<24	>24且≤60	>60	<24	>24且≤60	>60	≤24	>24且≤50
	框架	四	三	四	三	二	三	二	一	二	一
	剪力墙	三		三		二	二		一	一	
剪力墙结构	高度（m）	≤80	>80	≤24	>24且≤80	>80	≤24	>24且≤80	>80	≤24	24～60
	剪力墙	四	三	四	三	二	三	二	一	二	一
部分框支剪力墙结构	高度（m）	≤80	>80	≤24	>24且≤80	>80	≤24	>24且≤80			
	剪力墙　一般部位	四	三	四	三	二	三	二			
	剪力墙　加强部位	三	二	三	二	一	二	一			
	框支层框架	二		二		一	一				
筒体结构	框架-核心筒　框架	三		二			一				
	框架-核心筒　核心筒	二		二			一				
	筒中筒　内筒	三		二			一				
	筒中筒　外筒	三		二			一				
板柱-剪力墙结构	高度（m）	≤35	>35	≤35		>35	≤35		>35		
	板柱及周边框架	三	二	二		二					
	剪力墙	二	二	二		二	一				

续表 11.1.3

结构类型		设 防 烈 度			
		6	7	8	9
单层厂房结构	铰接排架	四	三	二	一

注：1 建筑场地为Ⅰ类时，除6度设防烈度外应允许按表内降低一度所对应的抗震等级采取抗震构造措施，但相应的计算要求不应降低；

2 接近或等于高度分界时，应允许结合房屋不规则程度及场地、地基条件确定抗震等级；

3 大跨度框架指跨度不小于18m的框架；

4 表中框架结构不包括异形柱框架；

5 房屋高度不大于60m的框架-核心筒结构按框架-剪力墙结构的要求设计时，应按表中框架-剪力墙结构确定抗震等级。

11.2.3 按一、二、三级抗震等级设计的框架和斜撑构件，其纵向受力普通钢筋应符合下列要求：

1 钢筋的抗拉强度实测值与屈服强度实测值的比值不应小于1.25；

2 钢筋的屈服强度实测值与屈服强度标准值的比值不应大于1.30；

3 钢筋最大拉力下的总伸长率实测值不应小于9%。

11.3.1 梁正截面受弯承载力计算中，计入纵向受压钢筋的梁端混凝土受压区高度应符合下列要求：

一级抗震等级

$$x \leqslant 0.25h_0 \tag{11.3.1-1}$$

二、三级抗震等级

$$x \leqslant 0.35h_0 \tag{11.3.1-2}$$

式中 x——混凝土受压区高度；

h_0——截面有效高度。

11.3.6 框架梁的钢筋配置应符合下列规定：

1 纵向受拉钢筋的配筋率不应小于表 11.3.6-1 规定的

数值；

2 框架梁梁端截面的底部和顶部纵向受力钢筋截面面积的比值，除按计算确定外，一级抗震等级不应小于 0.5；二、三级抗震等级不应小于 0.3；

表 8.5.1　纵向受力钢筋的最小配筋百分率 ρ_{min}（%）

受力类型			最小配筋百分率
受压构件	全部纵向钢筋	强度等级 500MPa	0.50
		强度等级 400MPa	0.55
		强度等级 300MPa、335MPa	0.60
	一侧纵向钢筋		0.20
受弯构件、偏心受拉、轴心受拉构件一侧的受拉钢筋			0.20 和 $45f_t/f_y$ 中的较大值

注：1 受压构件全部纵向钢筋最小配筋百分率，当采用 C60 以上强度等级的混凝土时，应按表中规定增加 0.10；

2 板类受弯构件（不包括悬臂板）的受拉钢筋，当采用强度等级 400MPa、500MPa 的钢筋时，其最小配筋百分率应允许采用 0.15 和 $45f_t/f_y$ 中的较大值；

3 偏心受拉构件中的受压钢筋，应按受压构件一侧纵向钢筋考虑；

4 受压构件的全部纵向钢筋和一侧纵向钢筋的配筋率以及轴心受拉构件和小偏心受拉构件一侧受拉钢筋的配筋率均应按构件的全截面面积计算；

5 受弯构件、大偏心受拉构件一侧受拉钢筋的配筋率应按全截面面积扣除受压翼缘面积 $(b'_f-b)h'_f$ 后的截面面积计算；

6 当钢筋沿构件截面周边布置时，"一侧纵向钢筋"系指沿受力方向两个对边中一边布置的纵向钢筋。

表 11.3.6-1　框架梁纵向受拉钢筋的最小配筋百分率（%）

抗震等级	梁中位置	
	支座	跨中
一级	0.40 和 $80f_t/f_y$ 中的较大值	0.30 和 $65f_t/f_y$ 中的较大值
二级	0.30 和 $65f_t/f_y$ 中的较大值	0.25 和 $55f_t/f_y$ 中的较大值
三、四级	0.25 和 $55f_t/f_y$ 中的较大值	0.20 和 $45f_t/f_y$ 中的较大值

3 梁端箍筋的加密区长度、箍筋最大间距和箍筋最小直径，应按表 11.3.6-2 采用；当梁端纵向受拉钢筋配筋率大于 2% 时，表中箍筋最小直径应增大 2mm。

表 11.3.6-2 框架梁梁端箍筋加密区的构造要求

抗震等级	加密区长度（mm）	箍筋最大间距（mm）	最小直径（mm）
一级	2 倍梁高和 500 中的较大值	纵向钢筋直径的 6 倍，梁高的 1/4 和 100 中的最小值	10
二级		纵向钢筋直径的 8 倍，梁高的 1/4 和 100 中的最小值	8
三级	1.5 倍梁高和 500 中的较大值	纵向钢筋直径的 8 倍，梁高的 1/4 和 150 中的最小值	8
四级		纵向钢筋直径的 8 倍，梁高的 1/4 和 150 中的最小值	6

注：箍筋直径大于 12mm、数量不少于 4 肢且肢距不大于 150mm 时，一、二级的最大间距应允许适当放宽，但不得大于 150mm。

11.4.12 框架柱和框支柱的钢筋配置，应符合下列要求：

1 框架柱和框支柱中全部纵向受力钢筋的配筋百分率不应小于表 11.4.12-1 规定的数值，同时，每一侧的配筋百分率不应小于 0.2；对 Ⅳ 类场地上较高的高层建筑，最小配筋百分率应增加 0.1；

表 11.4.12-1 柱全部纵向受力钢筋最小配筋百分率（%）

柱 类 型	抗 震 等 级			
	一级	二级	三级	四级
中柱、边柱	0.9 (1.0)	0.7 (0.8)	0.6 (0.7)	0.5 (0.6)
角柱、框支柱	1.1	0.9	0.8	0.7

注：1 表中括号内数值用于框架结构的柱；

2 采用 335MPa 级、400MPa 级纵向受力钢筋时，应分别按表中数值增加 0.1 和 0.05 采用；

3 当混凝土强度等级为 C60 以上时，应按表中数值增加 0.1 采用。

2　框架柱和框支柱上、下两端箍筋应加密，加密区的箍筋最大间距和箍筋最小直径应符合表 11.4.12-2 的规定；

表 11.4.12-2　柱端箍筋加密区的构造要求

抗震等级	箍筋最大间距（mm）	箍筋最小直径（mm）
一级	纵向钢筋直径的 6 倍和 100 中的较小值	10
二级	纵向钢筋直径的 8 倍和 100 中的较小值	8
三级	纵向钢筋直径的 8 倍和 150（柱根 100）中的较小值	8
四级	纵向钢筋直径的 8 倍和 150（柱根 100）中的较小值	6（柱根 8）

注：柱根系指底层柱下端的箍筋加密区范围。

3　框支柱和剪跨比不大于 2 的框架柱应在柱全高范围内加密箍筋，且箍筋间距应符合本条第 2 款一级抗震等级的要求；

4　一级抗震等级框架柱的箍筋直径大于 12mm 且箍筋肢距不大于 150mm 及二级抗震等级框架柱的直径不小于 10mm 且箍筋肢距不大于 200mm 时，除底层柱下端外，箍筋间距应允许采用 150mm；四级抗震等级框架柱剪跨比不大于 2 时，箍筋直径不应小于 8mm。

11.7.14　剪力墙的水平和竖向分布钢筋的配筋应符合下列规定：

1　一、二、三级抗震等级的剪力墙的水平和竖向分布钢筋配筋率均不应小于 0.25％；四级抗震等级剪力墙不应小于 0.2％；

2　部分框支剪力墙结构的剪力墙底部加强部位，水平和竖向分布钢筋配筋率不应小于 0.3％。

注：对高度小于 24m 且剪压比很小的四级抗震等级剪力墙，其竖向分布筋最小配筋率应允许按 0.15％采用。

二、《轻骨料混凝土结构技术规程》JGJ 12—2006

3.1.4　轻骨料混凝土轴心抗压、轴心抗拉强度标准值 f_{ck}、f_{tk} 应按表 3.1.4 采用。

表 3.1.4   轻骨料混凝土的强度标准值（N/mm²）

强度种类	轻骨料混凝土强度等级									
	LC15	LC20	LC25	LC30	LC35	LC40	LC45	LC50	LC55	L60
f_{ck}	10.0	13.4	16.7	20.1	23.4	26.8	29.6	32.4	35.5	38.5
f_{tk}	1.27	1.54	1.78	2.01	2.20	2.39	2.51	2.64	2.74	2.85

注：轴心抗拉强度标准值，对自燃煤矸石混凝土应按表中数值乘以系数 0.85，对
　　火山渣混凝土应按表中数值乘以系数 0.80。

3.1.5 轻骨料混凝土轴心抗压、轴心抗拉强度设计值 f_c、f_t 应
按表 3.1.5 采用。

表 3.1.5   轻骨料混凝土的强度设计值（N/mm²）

强度种类	轻骨料混凝土强度等级									
	LC15	LC20	LC25	LC30	LC35	LC40	LC45	LC50	LC55	LC60
f_c	7.2	9.6	11.9	14.3	16.7	19.1	21.1	23.1	25.3	27.5
f_t	0.91	1.10	1.27	1.43	1.57	1.71	1.80	1.89	1.96	2.04

注：1　计算现浇钢筋轻骨料混凝土轴心受压及偏心受压构件时，如截面的长边或
　　　直径小于 300mm，则表中轻骨料混凝土的强度设计值应乘以系数 0.8；当
　　　构件质量（如混凝土成型、截面和轴线尺寸等）确有保证时，可不受
　　　此限。

　　2　轴心抗拉强度设计值：用于承载能力极限状态计算时，对自燃煤矸石混凝
　　　土应按表中数值乘以系数 0.85，对火山渣混凝土应按表中数值乘以系数
　　　0.80；用于构造计算时，应按表取值。

4.1.3 未经技术鉴定或设计许可，不得改变结构的用途和使用
环境。

7.1.3 纵向受力的普通钢筋及预应力钢筋，其轻骨料混凝土保
护层厚度（钢筋外边缘至混凝土表面的距离）应符合下列规定：

　　1 陶粒混凝土保护层厚度应与普通混凝土相同。

　　2 自燃煤矸石混凝土和火山渣混凝土的保护层厚度应符合
下列要求：

　　　1）一类环境下应与普通混凝土相同；

　　　2）二类、三类环境下，保护层最小厚度应按普通混凝土
　　　　的要求增加 5mm。

7.1.7 钢筋轻骨料混凝土结构构件中纵向受力钢筋的最小配筋率

应按国家标准《混凝土结构设计规范》GB 50010—2002 第 9.5.1
条的规定确定。当轻骨料混凝土强度等级为 LC50 及以上时，受压
构件全部纵向钢筋最小配筋率应按上述规定增大 0.1%。

8.1.3 现浇轻骨料混凝土房屋应根据设防烈度、结构类型和房屋
高度采用不同的抗震等级，并应符合相应的计算和构造措施要求。

丙类建筑抗震等级应按表 8.1.3 确定。其他设防类别的建
筑，应按国家标准《建筑抗震设计规范》GB 50011—2001 第
3.1.3 条调整设防烈度，再按表 8.1.3 确定抗震等级。

表 8.1.3　现浇轻骨料混凝土房屋抗震等级

结构类型			烈　度					
			6		7		8	
框架结构	高度（m）		≤25	>25	≤25	>25	≤25	>25
	框架		四	三	三	二	二	一
	大跨度公共建筑		三		二		一	
框架-剪力墙结构	高度（m）		≤50	>50	≤50	>50	≤50	>50
	框架		四	三	三	二	二	一
	剪力墙		三		二		一	
剪力墙结构	高度（m）		≤70	>70	≤70	>70	≤70	>70
	剪力墙		四	三	三	二	二	一
筒体结构	框架-核心筒结构	框　架	三		二		一	
		核心筒	二		二		一	
	筒中筒结构	内　筒	三		二		一	
		外　筒	三		二		一	

注：1　建筑场地为Ⅰ类时，除 6 度设防外，应允许按本地区设防烈度降低一度所
　　　对应的抗震等级采取抗震构造措施，但相应的计算要求不应降低；

　　2　框架-剪力墙结构，当按基本振型计算地震作用时，若框架部分承受的地震
　　　倾覆力矩大与结构总地震倾覆力矩的 50%，架部分应按表中框架结构相应
　　　的抗震等级设计；

　　3　接近或等于高度分界时，应允许结合房屋不规则程度及场地、地基条件确
　　　定抗震等级。

9.1.3 轻骨料进场时，应按品种、种类、密度等级和质量等级分批检验。陶粒每 200m³ 为一批，不足 200m³ 时也作为一批；自燃煤矸石和火山渣每 100m³ 为一批，不足 100m³ 时也作为一批。检验项目应包括颗粒级配、堆积密度、筒压强度和吸水率。对自燃煤矸石，尚应检验其烧失量和三氧化硫含量。

9.2.4 轻骨料混凝土拌合物必须采用强制式搅拌机搅拌。

9.3.1 轻骨料混凝土的强度等级必须符合设计要求。用于检查结构构件轻骨料混凝土强度的试件，应在混凝土的浇筑地点随机抽取。取样与试件留置应符合下列规定：

1 每拌制 100 盘且不超过 100m³ 的同配合比的轻骨料混凝土，取样不得少于一次；

2 每工作班拌制的同一配合比的混凝土不足 100 盘时，取样不得少于一次；

3 当一次连续浇筑超过 1000m³ 时，同一配合比的轻骨料混凝土每 200m³ 取样不得少于一次；

4 每一楼层、同一配合比的轻骨料混凝土，取样不得少于一次；

5 每次取样应至少留置一组标准养护试件，同条件养护试件的留置组数应根据实际需要确定。

三、《冷轧带肋钢筋混凝土结构技术规程》JGJ 95—2011

3.1.2 冷轧带肋钢筋的强度标准值应具有不小于 95％的保证率。

钢筋混凝土用冷轧带肋钢筋的强度标准值 f_{yk} 应由抗拉屈服强度表示，并应按表 3.1.2-1 采用。预应力混凝土用冷轧带肋钢筋的强度标准值 f_{ptk} 应由抗拉强度表示，并应按表 3.1.2-2 采用。

表 3.1.2-1   钢筋混凝土用冷轧带肋钢筋强度标准值（N/mm²）

牌号	符号	钢筋直径（mm）	f_{yk}
CRB550	ϕ^R	4～12	500
CRB600H	ϕ^{RH}	5～12	520

表 3.1.2-2 预应力混凝土用冷轧带肋钢筋强度标准值（N/mm²）

牌号	符号	钢筋直径（mm）	f_{ptk}
CRB650	ϕ^R	4、5、6	650
CRB650H	ϕ^{RH}	5～6	
CRB800	ϕ^R	5	800
CRB800H	ϕ^{RH}	5～6	
CRB970	ϕ^R	5	970

注：两表中直径 4mm 的冷轧带肋钢筋仅用于混凝土制品。

3.1.3 冷轧带肋钢筋的抗拉强度设计值 f_y 及抗压强度设计值 f_y' 应按表 3.1.3-1、表 3.1.3-2 采用。

表 3.1.3-1 钢筋混凝土用冷轧带肋钢筋强度设计值（N/mm²）

牌号	符号	f_y	f_y'
CRB550	ϕ^R	400	380
CRB600H	ϕ^{RH}	415	380

注：冷轧带肋钢筋用作横向钢筋的强度设计值 f_{yv} 应按表中 f_y 的数值采用；当用作受剪、受扭、受冲切承载力计算时，其数值应取 360N/mm²。

表 3.1.3-2 预应力混凝土用冷轧带肋钢筋强度设计值（N/mm²）

牌号	符号	f_{py}	f_{py}'
CRB650	ϕ^R	430	
CRB650H	ϕ^{RH}		380
CRB800	ϕ^R	530	
CRB800H	ϕ^{RH}		
CRB970	ϕ^R	650	

四、《钢筋焊接网混凝土结构技术规程》JGJ 114—2014

3.1.3 钢筋焊接网的钢筋强度标准值应具有不小于 95％的保证率。焊接网的钢筋强度标准值 f_{yk} 应按表 3.1.3 采用。

表 3.1.3   焊接网钢筋强度标准值（N/mm²）

钢筋牌号	符号	钢筋公称直径（mm）	f_{yk}
CRB550	ϕ^R	5～12	500
CRB600H	ϕ^{RH}	5～12	520
HRB400	$\underline{\Phi}$		400
HRBF400	$\underline{\Phi}^F$	6～18	400
HRB500	$\overline{\Phi}$		500
HRBF500	$\overline{\Phi}^F$		500
CPB550	ϕ^{CP}	5～12	500

3.1.5 焊接网钢筋的抗拉强度设计值 f_y 和抗压强度设计值 f_y' 应按表 3.1.5 采用。作受剪、受扭、受冲切承载力计算时，箍筋的抗拉强度设计值大于 360N/mm² 时应取 360N/mm²。

表 3.1.5   焊接网钢筋强度设计值（N/mm²）

钢筋牌号	符号	f_y	f_y'
CRB550	ϕ^R	400	380
CRB600H	ϕ^{RH}	415	380
HRB400	$\underline{\Phi}$	360	360
HRBF400	$\underline{\Phi}^F$	360	360
HRB500	$\overline{\Phi}$	435	410
HRBF500	$\overline{\Phi}^F$	435	410
CPB550	ϕ^{CP}	360	360

五、《冷轧扭钢筋混凝土构件技术规程》JGJ 115—2006

3.2.4 冷轧扭钢筋强度标准值应按表 3.2.4 采用。

表 3.2.4   冷轧扭钢筋强度标准值（N/mm²）

强度级别	型 号	符 号	标志直径 d（mm）	f_{yk} 或 f_{ptk}
CTB 550	Ⅰ		6.5、8、10、12	550
	Ⅱ	ϕ^T	6.5、8、10、12	550
	Ⅲ		6.5、8、10	550
GTB 650	Ⅲ		6.5、8、10	650

3.2.5 冷轧扭钢筋抗拉（压）强度设计值和弹性模量应按表3.2.5采用。

表 3.2.5 冷轧扭钢筋抗拉（压）强度设计值和弹性模量（N/mm²）

强度级别	型号	符号	f_y (f'_y) 或 f_{py} (f'_{py})	弹性模量 E_s
CTB 550	Ⅰ	ϕ^T	360	1.9×10^5
	Ⅱ		360	1.9×10^5
	Ⅲ		360	1.9×10^5
CTB 650	Ⅲ		430	1.9×10^5

7.1.1 纵向受力的冷轧扭钢筋及预应力冷轧扭钢筋，其混凝土保护层厚度（钢筋外边缘至最近混凝土表面的距离）不应小于钢筋的公称直径，且应符合表7.1.1的规定。

表 7.1.1 纵向受力的冷轧扭钢筋及预应力冷轧扭钢筋的混凝土保护层最小厚度（mm）

环境类别		构件类别	混凝土强度等级		
			C20	C25～C45	≥C50
一		板、墙	20	15	15
		梁	30	25	25
二	a	板、墙	—	20	20
		梁	—	30	30
	b	板、墙	—	25	20
		梁	—	35	30
三		板、墙	—	30	25
		梁	—	40	35

注：1　基础中纵向受力的冷轧扭钢筋的混凝土保护层厚度不应小于40mm；当无垫层时不应小于70mm；

　　2　处于一类环境且由工厂生产的预制构件，当混凝土强度等级不低于C20时，其保护层厚度可按表中规定减少5mm，但预制构件中预应力钢筋的保护层厚度不应小于15mm，处于二类环境且由工厂生产的预制构件，当表面采取有效保护措施时，保护层厚度可按表中一类环境值取用；

　　3　有防火要求的建筑物，其保护层厚度尚应符合国家现行有关防火规范的规定。

7.3.1 纵向受力冷轧扭钢筋不得采用焊接接头。

7.3.4 预制构件的吊环严禁采用冷轧扭钢筋制作。

7.4.1 受弯构件中纵向受力的冷轧扭钢筋的最小配筋百分率不应小于表 7.4.1 规定的数值。

表 7.4.1 纵向受拉冷轧扭钢筋最小配筋百分率（%）

混凝土强度等级	C20～C35	＞C35
配筋百分率	0.20	0.20 和 $45f_\mathrm{t}/f_\mathrm{y}$ 较大者

注：矩形截面受弯构件受拉钢筋最小配筋率应按全截面面积计算，T 形构件尚应扣除有受压翼缘的截面面积 $(b'_\mathrm{f}-b)h'_\mathrm{f}$ 后的截面面积计算。

8.1.4 冷轧扭钢筋的力学性能应符合表 8.1.4 的规定。

表 8.1.4 力学性能指标

级别	型号	抗拉强度 f_yk（N/mm²）	伸长率 A（%）	180°弯曲（弯心直径＝3d）
CTB550	I	≥550	$A_{11.3}$≥4.5	受弯曲部位钢筋表面不得产生裂纹
	II	≥550	A≥10	
	III	≥550	A≥12	
CTB650	III	≥650	A_{100}≥4	

注：1 d 为冷轧扭钢筋标志直径；

2 A、$A_{11.3}$ 分别表示以标距 5.65 $\sqrt{S_0}$ 或 11.3 $\sqrt{S_0}$（S_0 为试样原始截面面积）的试样拉断伸长率，A_{100} 表示标距为 100mm 的试样拉断伸长率。

8.2.2 严禁采用对冷轧扭钢筋有腐蚀作用的外加剂。

六、《混凝土结构后锚固技术规程》JGJ 145—2013

4.3.15 未经技术鉴定或设计许可，不得改变后锚固连接的用途和使用环境。

七、《混凝土异形柱结构技术规程》JGJ 149—2006

3.3.1 抗震设计时，异形柱结构应根据结构体系、抗震设防烈度和房屋高度，按表 3.3.1 的规定采用不同的抗震等级，并应符合相应的计算和构造措施要求。

表 3.3.1 异形柱结构的抗震等级

结 构 体 系		抗震设防烈度					
		6 度		7 度			8 度
		0.05g		0.10g		0.15g	0.20g
框架结构	高度(m)	≤21	>21	≤21	>21	≤18	>18	≤12
	框 架	四	三	三	二	三(二)	二(二)	二
框架-剪力墙结构	高度(m)	≤30	>30	≤30	>30	≤30	>30	≤28
	框 架	四	三	三	二	三(二)	二(二)	二
	剪力墙	三	三	二	二	二(二)	二(一)	一

注：1 房屋高度指室外地面到主要屋面板板顶的高度（不包括局部突出屋顶部分）；

　　2 建筑场地为Ⅰ类时，除 6 度外，应允许按本地区抗震设防烈度降低一度所对应的抗震等级采取抗震构造措施，但相应的计算要求不应降低；

　　3 对 7 度（0.15g）时建于Ⅲ、Ⅳ类场地的异形柱框架结构和异形柱框架-剪力墙结构，应按表中括号内所示的抗震等级采取抗震构造措施；

　　4 接近或等于高度分界线时，应结合房屋不规则程度及场地、地基条件确定抗震等级。

4.1.1 居住建筑异形柱结构的安全等级应采用二级。

4.2.3 抗震设防烈度为 6 度、7 度（0.10g、0.15g）及 8 度（0.20g）的异形柱结构应进行地震作用计算及结构抗震验算。

4.2.4 异形柱结构的地震作用计算，应符合下列规定：

　　1 一般情况下，应允许在结构两个主轴方向分别计算水平地震作用并进行抗震验算，各方向的水平地震作用应由该方向抗侧力构件承担，7 度（0.15g）及 8 度（0.20g）时尚应对与主轴成 45°方向进行补充验算；

　　2 在计算单向水平地震作用时应计入扭转影响；对扭转不规则的结构，水平地震作用计算应计入双向水平地震作用下的扭转影响。

4.3.6 计算各振型地震影响系数所采用的结构自振周期，应考虑非承重填充墙体对结构整体刚度的影响予以折减。

5.3.1 异形柱框架应进行梁柱节点核心区受剪承载力验算。

6.1.6 异形柱、梁纵向受力钢筋的混凝土保护层厚度应符合国家标准《混凝土结构设计规范》GB 50010—2002第9.2.1条的规定。

注：处于一类环境且混凝土强度等级不低于C40时，异形柱纵向受力钢筋的混凝土保护层最小厚度应允许减小5mm。

6.2.5　异形柱中全部纵向受力钢筋的配筋百分率不应小于表6.2.5规定的数值，且按柱全截面面积计算的柱肢各肢端纵向受力钢筋的配筋百分率不应小于0.2；建于Ⅳ类场地且高于28m的框架，全部纵向受力钢筋的最小配筋百分率应按表6.2.5中的数值增加0.1采用。

表6.2.5　异形柱全部纵向受力钢筋的最小配筋百分率（％）

柱类型	抗震等级			非抗震
	二级	三级	四级	
中柱、边柱	0.8	0.8	0.8	0.8
角柱	1.0	0.9	0.8	0.8

注：采用HRB400级钢筋时，全部纵向受力钢筋的最小配筋百分率应允许按表中数值减小0.1，但调整后的数值不应小于0.8。

6.2.10　抗震设计时，异形柱箍筋加密区的箍筋最大间距和箍筋最小直径应符合表6.2.10的规定。

表6.2.10　异形柱箍筋加密区箍筋的最大间距和最小直径

抗震等级	箍筋最大间距（mm）	箍筋最小直径（mm）
二级	纵向钢筋直径的6倍和100的较小值	8
三级	纵向钢筋直径的7倍和120（柱根100）的较小值	8
四级	纵向钢筋直径的7倍和150（柱根100）的较小值	6（柱根8）

注：1　底层柱的柱根系指地下室的顶面或无地下室情况下的基础顶面；

2　三、四级抗震等级的异形柱，当剪跨比λ不大于2时，箍筋间距不应大于100mm，箍筋直径不应小于8mm。

7.0.2　异形柱结构的模板及其支架应根据工程结构的形式、荷载大小、地基土类别、施工设备和材料供应等条件进行专门设计。模板及其支架应具有足够的承载力、刚度和稳定性，应能可靠地承受浇筑混凝土的重量、侧压力和施工荷载。

7.0.3　异形柱结构的纵向受力钢筋，应符合国家标准《混凝土结构设计规范》GB 50010—2002 第 4.2.2 条的要求，对二级抗震等级设计的框架结构，检验所得的强度实测值，尚应符合下列要求：

1 钢筋的抗拉强度实测值与屈服强度实测值的比值不应小于 1.25；

2 钢筋的屈服强度实测值与标准值的比值不应大于 1.3。

7.0.4 当钢筋的品种、级别或规格需作变更时，应办理设计变更文件。

八、《清水混凝土应用技术规程》JGJ 169—2009

3.0.4 处于潮湿环境和干湿交替环境的混凝土，应选用非碱活性骨料。

4.2.3 对于处于露天环境的清水混凝土结构，其纵向受力钢筋的混凝土保护层最小厚度应符合表 4.2.3 的规定。

表 4.2.3 纵向受力钢筋的混凝土保护层最小厚度（mm）

部　　位	保护层最小厚度
板、墙、壳	25
梁	35
柱	35

注：钢筋的混凝土保护层厚度为钢筋外边缘至混凝土表面的距离。

九、《无粘结预应力混凝土结构技术规程》JGJ 92—2004

4.1.1 无粘结预应力混凝土结构构件，除应根据使用条件进行承载力计算及变形、抗裂、裂缝宽度和应力验算外，尚应按具体情况对施工阶段进行验算。

对无粘结预应力混凝土结构设计，应按照承载能力极限状态和正常使用极限状态进行荷载效应组合，并计入预应力荷载效应确定。对承载能力极限状态，当预应力效应对结构有利时，预应力分项系数应取 1.0；不利时应取 1.2。对正常使用极限状态，预应力分项系数应取 1.0。

4.2.1 根据不同耐火极限的要求，无粘结预应力筋的混凝土保护层最小厚度应符合表 4.2.1-1 及表 4.2.1-2 的规定。

表 4.2.1-1　板的混凝土保护层最小厚度（mm）

约束条件	耐火极限（h）			
	1	1.5	2	3
简支	25	30	40	55
连续	20	20	25	30

表 4.2.1-2　梁的混凝土保护层最小厚度（mm）

约束条件	梁　宽	耐火极限（h）			
		1	1.5	2	3
简支	200≤b＜300	45	50	65	采取特殊措施
简支	≥300	40	45	50	65
连续	200≤b＜300	40	40	45	50
连续	≥300	40	40	40	45
注：如耐火等级较高，当混凝土保护层厚度不能满足表列要求时，应使用防火涂料。					

4.2.3　在无粘结预应力混凝土结构的混凝土中不得掺用氯盐。在混凝土施工中，包括外加剂在内的混凝土或砂浆各组成材料中，氯离子总含量以水泥用量的百分率计，不得超过 0.06％。

6.3.7　无粘结预应力筋张拉过程中应避免预应力筋断裂或滑脱，当发生断裂或滑脱时，其数量不应超过结构同一截面无粘结预应力筋总根数的 3％，且每束无粘结预应力筋中不得超过 1 根钢丝断裂；对于多跨双向连续板，其同一截面应按每跨计算。

十、《预应力筋用锚具、夹具和连接器应用技术规程》JGJ 85—2010

3.0.2　锚具的静载锚固性能，应由预应力筋-锚具组装件静载试验测定的锚具效率系数（η_a）和达到实测极限拉力时组装件中预应力筋的总应变（ε_{apu}）确定。锚具效率系数（η_a）不应小于 0.95，预应力筋总应变（ε_{apu}）不应小于 2.0％。锚具效率系数应根据试验结果并按下式计算确定：

$$\eta_a = F_{apu} / \eta_p \cdot F_{pm} \qquad (3.0.2)$$

式中　η_a——由预应力筋-锚具组装件静载试验测定的锚具效率系数；

F_{apu}——预应力筋-锚具组装件的实测极限拉力（N）；

F_{pm}——预应力筋的实际平均极限抗拉力（N），由预应力
筋试件实测破断力平均值计算确定；

η_p——预应力筋的效率系数，其值应按下列规定取用：
预应力筋-锚具组装件中预应力筋为 $1\sim5$ 根时，
$\eta_p=1$；$6\sim12$ 根时，$\eta_p=0.99$；$13\sim19$ 根时，
$\eta_p=0.98$；20 根及以上时，$\eta_p=0.97$。

预应力筋-锚具组装件的破坏形式应是预应力筋的破断，锚
具零件不应碎裂。夹片式锚具的夹片在预应力筋拉应力未超过
$0.8f_{ptk}$ 时不应出现裂纹。

十一、《预制预应力混凝土装配整体式框架结构技术规程》JGJ 224—2010

3.1.2 预制预应力混凝土装配整体式房屋应根据设防类别、烈度、结构类型和房屋高度采用不同的抗震等级，并应符合相应的计算和构造措施要求。丙类建筑的抗震等级应符合表3.1.2的规定。

表 3.1.2　预制预应力混凝土装配整体式房屋的抗震等级

结 构 类 型		烈　度			
		6		7	
装配式框架结构	高度（m）	≤24	>24	≤24	>24
	框架	四	三	三	二
	大跨度框架	三		二	
装配式框架-剪力墙结构	高度（m）	≤60	>60	<24	24~60	>60
	框架	四	三	四	三	二
	剪力墙	三	三		二	

注：1　建筑场地为Ⅰ类时，除6度外允许按表内降低一度所对应的抗震等级采取抗震构造措施，但相应的计算要求不应降低；

　　2　接近或等于高度分界时，允许结合房屋不规则程度及场地、地基条件确定抗震等级；

　　3　乙类建筑应按本地区抗震设防烈度提高一度的要求加强其抗震措施，当建筑场地为Ⅰ类时，除6度外允许仍按本地区抗震设防烈度的要求采取抗震构造措施；

　　4　大跨度框架指跨度不小于18m的框架。

十二、《冷拔低碳钢丝应用技术规程》JGJ 19—2010

3.2.1 冷拔低碳钢丝的强度标准值 f_{stk} 应由未经机械调直的冷拔低碳钢丝抗拉强度表示。强度标准值 f_{stk} 应为 550N/mm²，并应具有不小于 95% 的保证率。钢丝焊接网和焊接骨架中冷拔低碳钢丝抗拉强度设计值 f_y 应按表 3.2.1 的规定采用。

表 3.2.1 钢丝焊接网和焊接骨架中冷拔低碳
钢丝的抗拉强度设计值（N/mm²）

牌 号	符 号	f_y
CDW550	ϕ^b	320

十三、《钢筋锚固板应用技术规程》JGJ 256—2011

3.2.3 钢筋锚固板试件的极限拉力不应小于钢筋达到极限强度标准值时的拉力 $f_{stk}A_s$。

6.0.7 对螺纹连接钢筋锚固板的每一验收批，应在加工现场随机抽取 3 个试件作抗拉强度试验，并应按本规程第 3.2.3 条的抗拉强度要求进行评定。3 个试件的抗拉强度均应符合强度要求，该验收批评为合格。如有 1 个试件的抗拉强度不符合要求，应再取 6 个试件进行复检。复检中如仍有 1 个试件的抗拉强度不符合要求，则该验收批应评为不合格。

6.0.8 对焊接连接钢筋锚固板的每一验收批，应随机抽取 3 个试件，并按本规程第 3.2.3 条的抗拉强度要求进行评定。3 个试件的抗拉强度均应符合强度要求，该验收批评为合格。如有 1 个试件的抗拉强度不符合要求，应再取 6 个试件进行复检。复检中如仍有 1 个试件的抗拉强度不符合要求，则该验收批应评为不合格。

十四、《装配式混凝土结构技术规程》JGJ 1—2014

6.1.3 装配整体式结构构件的抗震设计，应根据设防类别、烈度、结构类型和房屋高度采用不同的抗震等级，并应符合相应的计算和构造措施要求。丙类装配整体式结构的抗震等级应按表6.1.3确定。

表 6.1.3　丙类装配整体式结构的抗震等级

结构类型		抗震设防烈度							
		6度		7度			8度		
装配整体式框架结构	高度（m）	≤24	>24	≤24		>24	≤24		>24
	框架	四	三	三		二	二		一
	大跨度框架	三		二			一		
装配整体式框架-现浇剪力墙结构	高度（m）	≤60	>60	≤24	>24且≤60	>60	≤24	>24且≤60	>60
	框架	四	三	四	三	二	三	二	一
	剪力墙	三	三	三	二	二	一		
装配整体式剪力墙结构	高度（m）	≤70	>70	≤24	>24且≤70	>70	≤24	>24且≤70	>70
	剪力墙	四	三	四	三	二	三	二	一
装配整体式部分框支剪力墙结构	高度	≤70	>70	≤24	>24且≤70	>70	≤24	>24且≤70	
	现浇框支框架	二	二	二	二	一	一	一	
	底部加强部位剪力墙	三	三	三	二	二	一	一	
	其他区域剪力墙	四	三	四	三	二	三	二	

注：大跨度框架指跨度不小于18m的框架。

11.1.4 预制结构构件采用钢筋套筒灌浆连接时，应在构件生产前进行钢筋套筒灌浆连接接头的抗拉强度试验，每种规格的连接接头试件数量不应少于3个。

十五、《钢管混凝土拱桥技术规范》GB 50923—2013

7.4.1 钢管混凝土拱桥的吊索与系杆索必须具有可检查、可更换的构造与措施。

7.5.1 中承式和下承式拱桥的悬吊桥面系应采用整体性结构，以横梁受力为主的悬吊桥面系必须设置加劲纵梁，并应具有一根横梁两端相对应的吊索失效后不落梁的能力。

第七章 高层与空间结构

一、《高层建筑混凝土结构技术规程》JGJ 3—2010

3.8.1 高层建筑结构构件的承载力应按下列公式验算：

持久设计状况、短暂设计状况

$$\gamma_0 S_d \leqslant R_d \qquad (3.8.1\text{-}1)$$

地震设计状况 $\qquad S_d \leqslant R_d / \gamma_{RE} \qquad (3.8.1\text{-}2)$

式中 γ_0——结构重要性系数，对安全等级为一级的结构构件不应小于1.1，对安全等级为二级的结构构件不应小于1.0；

S_d——作用组合的效应设计值，应符合本规程第5.6.1～5.6.4条的规定；

R_d——构件承载力设计值；

γ_{RE}——构件承载力抗震调整系数。

3.9.1 各抗震设防类别的高层建筑结构，其抗震措施应符合下列要求：

1 甲类、乙类建筑：应按本地区抗震设防烈度提高一度的要求加强其抗震措施，但抗震设防烈度为9度时应按比9度更高的要求采取抗震措施；当建筑场地为Ⅰ类时，应允许仍按本地区抗震设防烈度的要求采取抗震构造措施。

2 丙类建筑：应按本地区抗震设防烈度确定其抗震措施；当建筑场地为Ⅰ类时，除6度外，应允许按本地区抗震设防烈度降低一度的要求采取抗震构造措施。

3.9.3 抗震设计时，高层建筑钢筋混凝土结构构件应根据抗震设防分类、烈度、结构类型和房屋高度采用不同的抗震等级，并应符合相应的计算和构造措施要求。A级高度丙类建筑钢筋混

凝土结构的抗震等级应按表 3.9.3 确定。当本地区的设防烈度为
9 度时，A 级高度乙类建筑的抗震等级应按特一级采用，甲类建
筑应采取更有效的抗震措施。

注：本规程"特一级和一、二、三、四级"即"抗震等级为特一级和
一、二、三、四级"的简称。

表 3.9.3 A 级高度的高层建筑结构抗震等级

结构类型		烈 度						
		6 度		7 度		8 度		9 度
框架结构		三		二		一		一
框架-剪力墙结构	高度（m）	≤60	>60	≤60	>60	≤60	>60	≤50
	框架	四	三	三	二	二	一	一
	剪力墙	三		二		一		一
剪力墙结构	高度（m）	≤80	>80	≤80	>80	≤80	>80	≤60
	剪力墙	四	三	三	二	二	一	一
部分框支剪力墙结构	非底部加强部位的剪力墙	四	三	三	二	二		
	底部加强部位的剪力墙	三	二	二	一	一		
	框支框架	二		二	一	一		
筒体结构	框架-核心筒 框架	三		二		一		
	框架-核心筒 核心筒	二		二		一		
	筒中筒 内筒	三		二		一		
	筒中筒 外筒							
板柱-剪力墙结构	高度	≤35	>35	≤35	>35	≤35	>35	
	框架、板柱及柱上板带	三	二	二	二	一		
	剪力墙	二	二	二	二	一	二	

注：1 接近或等于高度分界时，应结合房屋不规则程度及场地、地基条件适当确
    定抗震等级；
    2 底部带转换层的筒体结构，其转换框架的抗震等级应按表中部分框支剪力
    墙结构的规定采用；
    3 当框架-核心筒结构的高度不超过 60m 时，其抗震等级应允许按框架-剪力
    墙结构采用。

3.9.4 抗震设计时，B级高度丙类建筑钢筋混凝土结构的抗震等级应按表3.9.4确定。

表 3.9.4 B 级高度的高层建筑结构抗震等级

结构类型		烈 度		
		6 度	7 度	8 度
框架-剪力墙	框架	二	一	一
	剪力墙	二	一	特一
剪力墙	剪力墙	二	一	一
部分框支剪力墙	非底部加强部位剪力墙	二	一	一
	底部加强部位剪力墙	一	一	特一
	框支框架	一	特一	特一
框架-核心筒	框架	二	一	一
	筒体	二	一	特一
筒中筒	外筒	二	一	特一
	内筒	二	一	特一

注：底部带转换层的筒体结构，其转换框架和底部加强部位筒体的抗震等级应按表中部分框支剪力墙结构的规定采用。

4.2.2 基本风压应按照现行国家标准《建筑结构荷载规范》GB 50009的规定采用。对风荷载比较敏感的高层建筑，承载力设计时应按基本风压的1.1倍采用。

4.3.1 各抗震设防类别高层建筑的地震作用，应符合下列规定：

　　1 甲类建筑：应按批准的地震安全性评价结果且高于本地区抗震设防烈度的要求确定；

　　2 乙、丙类建筑：应按本地区抗震设防烈度计算。

4.3.2 高层建筑结构的地震作用计算应符合下列规定：

　　1 一般情况下，应至少在结构两个主轴方向分别计算水平地震作用；有斜交抗侧力构件的结构，当相交角度大于15°时，应分别计算各抗侧力构件方向的水平地震作用。

　　2 质量与刚度分布明显不对称的结构，应计算双向水平地震作用下的扭转影响；其他情况，应计算单向水平地震作用下的扭转影响。

　　3　高层建筑中的大跨度、长悬臂结构，7度（0.15g）、8度抗震设计时应计入竖向地震作用。

　　4　9度抗震设计时应计算竖向地震作用。

4.3.12　多遇地震水平地震作用计算时，结构各楼层对应于地震作用标准值的剪力应符合下式要求：

$$V_{Eki} \geqslant \lambda \sum_{j=i}^{n} G_j \qquad (4.3.12)$$

式中　V_{Eki}——第 i 层对应于水平地震作用标准值的剪力；

　　　　λ——水平地震剪力系数，不应小于表 4.3.12 规定的值；对于竖向不规则结构的薄弱层，尚应乘以 1.15 的增大系数；

　　　　G_j——第 j 层的重力荷载代表值；

　　　　n——结构计算总层数。

表 4.3.12　楼层最小地震剪力系数值

类　别	6 度	7 度	8 度	9 度
扭转效应明显或基本周期小于 3.5s 的结构	0.008	0.016（0.024）	0.032（0.048）	0.064
基本周期大于 5.0s 的结构	0.006	0.012（0.018）	0.024（0.036）	0.048

注：1　基本周期介于 3.5s 和 5.0s 之间的结构，应允许线性插入取值；

　　2　7、8 度时括号内数值分别用于设计基本地震加速度为 0.15g 和 0.30g 的地区。

4.3.16　计算各振型地震影响系数所采用的结构自振周期应考虑非承重墙体的刚度影响予以折减。

5.4.4　高层建筑结构的整体稳定性应符合下列规定：

　　1　剪力墙结构、框架-剪力墙结构、筒体结构应符合下式要求：

$$EJ_d \geqslant 1.4H^2 \sum_{i=1}^{n} G_i \qquad (5.4.4\text{-}1)$$

2 框架结构应符合下式要求:

$$D_i \geqslant 10 \sum_{j=i}^{n} G_j / h_i \quad (i = 1, 2, \cdots, n) \qquad (5.4.4\text{-}2)$$

5.6.1 持久设计状况和短暂设计状况下,当荷载与荷载效应按线性关系考虑时,荷载基本组合的效应设计值应按下式确定:

$$S_d = \gamma_G S_{Gk} + \gamma_L \psi_Q \gamma_Q S_{Qk} + \psi_w \gamma_w S_{wk} \qquad (5.6.1)$$

式中 S_d——荷载组合的效应设计值;

γ_G——永久荷载分项系数;

γ_Q——楼面活荷载分项系数;

γ_w——风荷载的分项系数;

γ_L——考虑结构设计使用年限的荷载调整系数,设计使用年限为 50 年时取 1.0,设计使用年限为 100 年时取 1.1;

S_{Gk}——永久荷载效应标准值;

S_{Qk}——楼面活荷载效应标准值;

S_{wk}——风荷载效应标准值;

ψ_Q、ψ_w——分别为楼面活荷载组合值系数和风荷载组合值系数,当永久荷载效应起控制作用时应分别取 0.7 和 0.0;当可变荷载效应起控制作用时应分别取 1.0 和 0.6 或 0.7 和 1.0。

注:对书库、档案库、储藏室、通风机房和电梯机房,本条楼面活荷载组合值系数取 0.7 的场合应取为 0.9。

5.6.2 持久设计状况和短暂设计状况下,荷载基本组合的分项系数应按下列规定采用:

1 永久荷载的分项系数 γ_G:当其效应对结构承载力不利时,对由可变荷载效应控制的组合应取 1.2,对由永久荷载效应控制的组合应取 1.35;当其效应对结构承载力有利时,应取 1.0。

2 楼面活荷载的分项系数 γ_Q:一般情况下应取 1.4。

3 风荷载的分项系数 γ_w 应取 1.4。

5.6.3 地震设计状况下，当作用与作用效应按线性关系考虑时，荷载和地震作用基本组合的效应设计值应按下式确定：

$$S_d = \gamma_G S_{GE} + \gamma_{Eh} S_{Ehk} + \gamma_{Ev} S_{Evk} + \psi_w \gamma_w S_{wk} \qquad (5.6.3)$$

式中 S_d——荷载和地震作用组合的效应设计值；

S_{GE}——重力荷载代表值的效应；

S_{Ehk}——水平地震作用标准值的效应，尚应乘以相应的增大系数、调整系数；

S_{Evk}——竖向地震作用标准值的效应，尚应乘以相应的增大系数、调整系数；

γ_G——重力荷载分项系数；

γ_w——风荷载分项系数；

γ_{Eh}——水平地震作用分项系数；

γ_{Ev}——竖向地震作用分项系数；

ψ_w——风荷载的组合值系数，应取 0.2。

5.6.4 地震设计状况下，荷载和地震作用基本组合的分项系数应按表 5.6.4 采用。当重力荷载效应对结构的承载力有利时，表 5.6.4 中 γ_G 不应大于 1.0。

表 5.6.4   地震设计状况时荷载和作用的分项系数

参与组合的荷载和作用	γ_G	γ_{Eh}	γ_{Ev}	γ_w	说　　明
重力荷载及水平地震作用	1.2	1.3	—	—	抗震设计的高层建筑结构均应考虑
重力荷载及竖向地震作用	1.2	—	1.3	—	9 度抗震设计时考虑；水平长悬臂和大跨度结构 7 度（0.15g）、8 度、9 度抗震设计时考虑
重力荷载、水平地震及竖向地震作用	1.2	1.3	0.5	—	9 度抗震设计时考虑；水平长悬臂和大跨度结构 7 度（0.15g）、8 度、9 度抗震设计时考虑

续表 5.6.4

参与组合的荷载和作用	γ_G	γ_{Eh}	γ_{Ev}	γ_w	说 明
重力荷载、水平地震作用及风荷载	1.2	1.3	—	1.4	60m 以上的高层建筑考虑
重力荷载、水平地震作用、竖向地震作用及风荷载	1.2	1.3	0.5	1.4	60m 以上的高层建筑，9度抗震设计时考虑；水平长悬臂和大跨度结构 7 度 (0.15g)、8 度、9 度抗震设计时考虑
	1.2	0.5	1.3	1.4	水平长悬臂结构和大跨度结构，7 度 (0.15g)、8 度、9 度抗震设计时考虑

注：1 g 为重力加速度；

2 "—"表示组合中不考虑该项荷载或作用效应。

6.1.6 框架结构按抗震设计时，不应采用部分由砌体墙承重之混合形式。框架结构中的楼、电梯间及局部出屋顶的电梯机房、楼梯间、水箱间等，应采用框架承重，不应采用砌体墙承重。

6.3.2 框架梁设计应符合下列要求：

1 抗震设计时，计入受压钢筋作用的梁端截面混凝土受压区高度与有效高度之比值，一级不应大于 0.25，二、三级不应大于 0.35。

2 纵向受拉钢筋的最小配筋百分率 ρ_{min}（％），非抗震设计时，不应小于 0.2 和 $45f_t/f_y$ 二者的较大值；抗震设计时，不应小于表 6.3.2-1 规定的数值。

表 6.3.2-1 **梁纵向受拉钢筋最小配筋百分率 ρ_{min}**（％）

抗震等级	位 置	
	支座（取较大值）	跨中（取较大值）
一级	0.40 和 $80f_t/f_y$	0.30 和 $65f_t/f_y$
二级	0.30 和 $65f_t/f_y$	0.25 和 $55f_t/f_y$
三、四级	0.25 和 $55f_t/f_y$	0.20 和 $45f_t/f_y$

3 抗震设计时，梁端截面的底面和顶面纵向钢筋截面面积的比值，除按计算确定外，一级不应小于 0.5，二、三级不应小于 0.3。

4 抗震设计时，梁端箍筋的加密区长度、箍筋最大间距和最小直径应符合表 6.3.2-2 的要求；当梁端纵向钢筋配筋率大于 2％时，表中箍筋最小直径应增大 2mm。

表 6.3.2-2　梁端箍筋加密区的长度、箍筋最大间距和最小直径

抗震等级	加密区长度（取较大值） （mm）	箍筋最大间距（取最小值） （mm）	箍筋最小直径 （mm）
一	$2.0h_b$，500	$h_b/4$，$6d$，100	10
二	$1.5h_b$，500	$h_b/4$，$8d$，100	8
三	$1.5h_b$，500	$h_b/4$，$8d$，150	8
四	$1.5h_b$，500	$h_b/4$，$8d$，150	6

注：1　d 为纵向钢筋直径，h_b 为梁截面高度；

　　2　一、二级抗震等级框架梁，当箍筋直径大于 12mm、肢数不少于 4 肢且肢距不大于 150mm 时，箍筋加密区最大间距应允许适当放松，但不应大于 150mm。

6.4.3 柱纵向钢筋和箍筋配置应符合下列要求：

1 柱全部纵向钢筋的配筋率，不应小于表 6.4.3-1 的规定值，且柱截面每一侧纵向钢筋配筋率不应小于 0.2％；抗震设计时，对Ⅳ类场地上较高的高层建筑，表中数值应增加 0.1。

表 6.4.3-1　柱纵向受力钢筋最小配筋百分率（％）

柱类型	抗　震　等　级				非抗震
	一级	二级	三级	四级	
中柱、边柱	0.9（1.0）	0.7（0.8）	0.6（0.7）	0.5（0.6）	0.5
角柱	1.1	0.9	0.8	0.7	0.5
框支柱	1.1	0.9			0.7

注：1　表中括号内数值适用于框架结构；

　　2　采用 335MPa 级、400MPa 级纵向受力钢筋时，应分别按表中数值增加 0.1 和 0.05 采用；

　　3　当混凝土强度等级高于 C60 时，上述数值应增加 0.1 采用。

2 抗震设计时，柱箍筋在规定的范围内应加密，加密区的箍筋间距和直径，应符合下列要求：

1）箍筋的最大间距和最小直径，应按表 6.4.3 2 采用；

表 6.4.3-2　**柱端箍筋加密区的构造要求**

抗震等级	箍筋最大间距（mm）	箍筋最小直径（mm）
一级	6d 和 100 的较小值	10
二级	8d 和 100 的较小值	8
三级	8d 和 150（柱根 100）的较小值	8
四级	8d 和 150（柱根 100）的较小值	6（柱根 8）

注：1　d 为柱纵向钢筋直径（mm）；

　　2　柱根指框架柱底部嵌固部位。

2）一级框架柱的箍筋直径大于 12mm 且箍筋肢距不大于 150mm 及二级框架柱箍筋直径不小于 10mm 且肢距不大于 200mm 时，除柱根外最大间距应允许采用 150mm；三级框架柱的截面尺寸不大于 400mm 时，箍筋最小直径应允许采用 6mm；四级框架柱的剪跨比不大于 2 或柱中全部纵向钢筋的配筋率大于 3％时，箍筋直径不应小于 8mm；

3）剪跨比不大于 2 的柱，箍筋间距不应大于 100mm。

7.2.17 剪力墙竖向和水平分布钢筋的配筋率，一、二、三级时均不应小于 0.25％，四级和非抗震设计时均不应小于 0.20％。

8.1.5 框架-剪力墙结构应设计成双向抗侧力体系；抗震设计时，结构两主轴方向均应布置剪力墙。

8.2.1 框架-剪力墙结构、板柱-剪力墙结构中，剪力墙的竖向、水平分布钢筋的配筋率，抗震设计时均不应小于 0.25％，非抗震设计时均不应小于 0.20％，并应至少双排布置。各排分布筋之间应设置拉筋，拉筋的直径不应小于 6mm、间距不应大于 600mm。

9.2.3 框架-核心筒结构的周边柱间必须设置框架梁。

9.3.7 外框筒梁和内筒连梁的构造配筋应符合下列要求：

1 非抗震设计时，箍筋直径不应小于 8mm；抗震设计时，箍筋直径不应小于 10mm。

2 非抗震设计时，箍筋间距不应大于 150mm；抗震设计时，箍筋间距沿梁长不变，且不应大于 100mm，当梁内设置交叉暗撑时，箍筋间距不应大于 200mm。

3 框筒梁上、下纵向钢筋的直径均不应小于 16mm，腰筋的直径不应小于 10mm，腰筋间距不应大于 200mm。

10.1.2 9 度抗震设计时不应采用带转换层的结构、带加强层的结构、错层结构和连体结构。

10.2.7 转换梁设计应符合下列要求：

1 转换梁上、下部纵向钢筋的最小配筋率，非抗震设计时均不应小于 0.30%；抗震设计时，特一、一和二级分别不应小于 0.60%、0.50% 和 0.40%。

2 离柱边 1.5 倍梁截面高度范围内的梁箍筋应加密，加密区箍筋直径不应小于 10mm、间距不应大于 100mm。加密区箍筋的最小面积配筋率，非抗震设计时不应小于 $0.9f_t/f_{yv}$；抗震设计时，特一、一和二级分别不应小于 $1.3f_t/f_{yv}$、$1.2f_t/f_{yv}$ 和 $1.1f_t/f_{yv}$。

3 偏心受拉的转换梁的支座上部纵向钢筋至少应有 50% 沿梁全长贯通，下部纵向钢筋应全部直通到柱内；沿梁腹板高度应配置间距不大于 200mm、直径不小于 16mm 的腰筋。

10.2.10 转换柱设计应符合下列要求：

1 柱内全部纵向钢筋配筋率应符合本规程第 6.4.3 条中框支柱的规定；

2 抗震设计时，转换柱箍筋应采用复合螺旋箍或井字复合箍，并应沿柱全高加密，箍筋直径不应小于 10mm，箍筋间距不应大于 100mm 和 6 倍纵向钢筋直径的较小值；

3 抗震设计时，转换柱的箍筋配箍特征值应比普通框架柱要求的数值增加 0.02 采用，且箍筋体积配箍率不应小于 1.5%。

10.2.19　部分框支剪力墙结构中，剪力墙底部加强部位墙体的水平和竖向分布钢筋的最小配筋率，抗震设计时不应小于 0.3%，非抗震设计时不应小于 0.25%；抗震设计时钢筋间距不应大于 200mm，钢筋直径不应小于 8mm。

10.3.3　抗震设计时，带加强层高层建筑结构应符合下列要求：

1　加强层及其相邻层的框架柱、核心筒剪力墙的抗震等级应提高一级采用，一级应提高至特一级，但抗震等级已经为特一级时应允许不再提高；

2　加强层及其相邻层的框架柱，箍筋应全柱段加密配置，轴压比限值应按其他楼层框架柱的数值减小 0.05 采用；

3　加强层及其相邻层核心筒剪力墙应设置约束边缘构件。

10.4.4　抗震设计时，错层处框架柱应符合下列要求：

1　截面高度不应小于 600mm，混凝土强度等级不应低于 C30，箍筋应全柱段加密配置；

2　抗震等级应提高一级采用，一级应提高至特一级，但抗震等级已经为特一级时应允许不再提高。

10.5.2　7 度（0.15g）和 8 度抗震设计时，连体结构的连接体应考虑竖向地震的影响。

10.5.6　抗震设计时，连接体及与连接体相连的结构构件应符合下列要求：

1　连接体及与连接体相连的结构构件在连接体高度范围及其上、下层，抗震等级应提高一级采用，一级提高至特一级，但抗震等级已经为特一级时应允许不再提高；

2　与连接体相连的框架柱在连接体高度范围及其上、下层，箍筋应全柱段加密配置，轴压比限值应按其他楼层框架柱的数值减小 0.05 采用；

3　与连接体相连的剪力墙在连接体高度范围及其上、下层应设置约束边缘构件。

11.1.4 抗震设计时，混合结构房屋应根据设防类别、烈度、结构类型和房屋高度采用不同的抗震等级，并应符合相应的计算和构造措施要求。丙类建筑混合结构的抗震等级应按表 11.1.4 确定。

表 11.1.4 钢-混凝土混合结构抗震等级

结构类型		抗震设防烈度						
		6 度		7 度		8 度		9 度
房屋高度（m）		≤150	>150	≤130	>130	≤100	>100	≤70
钢框架-钢筋混凝土核心筒	钢筋混凝土核心筒	二	一	一	特一	一	特一	特一
型钢（钢管）混凝土框架-钢筋混凝土核心筒	钢筋混凝土核心筒	二	二	二	一	一	特一	特一
	型钢（钢管）混凝土框架	三	二	二	一	一	特一	特一
房屋高度（m）		≤180	>180	≤150	>150	≤120	>120	≤90
钢外筒-钢筋混凝土核心筒	钢筋混凝土核心筒	二	一	一	特一	一	特一	特一
型钢（钢管）混凝土外筒-钢筋混凝土核心筒	钢筋混凝土核心筒	二	二	二	一	一	特一	特一
	型钢（钢管）混凝土外筒	三	二	二	一	一	一	一

注：钢结构构件抗震等级，抗震设防烈度为 6、7、8、9 度时应分别取四、三、二、一级。

二、《高耸结构设计规范》GB 50135—2006

3.0.4 高耸结构设计时，应根据结构破坏可能产生的后果（危及人的生命、造成经济损失、产生社会影响等）的严重性，采用不同的安全等级。高耸结构安全等级的划分应符合表 3.0.4 的要求。

表 3.0.4 高耸结构的安全等级

安全等级	破坏后果	高耸结构类型示例
一级	很严重	重要的高耸结构
二级	严重	一般的高耸结构

结构重要性系数 γ_0 应按下列规定采用：

1 对安全等级为一级或设计使用年限为 100 年及以上的结构构件，不应小于 1.1。

2 对安全等级为二级或设计使用年限为 50 年的结构构件，不应小于 1.0。

注：对特殊高耸结构，其安全等级和结构重要性系数应由建设方根据具体情况另行确定，且不应低于本条的要求。

4.2.1 垂直作用于高耸结构表面单位面积上的风荷载标准值应按下式计算：

$$w_k = \beta_z \mu_s \mu_z w_0 \qquad (4.2.1)$$

式中 w_k——作用在高耸结构 z 高度处单位投影面积上的风荷载标准值（kN/m^2，按风向投影）；

w_0——基本风压（kN/m^2），其取值不得小于 $0.35kN/m^2$；

μ_z——z 高度处的风压高度变化系数；

μ_s——风荷载体型系数；

β_z——z 高度处的风振系数。

4.4.1 基于结构使用功能和重要性，应按国家标准《建筑抗震设计规范》GB 50011—2001 第 3.1.1 条的规定将结构划分为甲、乙、丙、丁四类，并应按第 3.1.3 条的规定进行设计。

5.1.1 钢塔架和桅杆结构（以下简称钢塔桅结构）设计应进行承载力、稳定和变形验算。

5.1.2 钢塔桅结构选用的钢材材质应符合现行国家标准《钢结构设计规范》GB 50017 的要求。

6.5.5 混凝土塔筒应配置双排纵向钢筋和双层环向钢筋，且纵向普通钢筋宜采用变形带肋钢筋，其最小配筋率应符合表6.5.5的规定。在后张法预应力塔筒中，应配置适当的非预应力构造钢筋，如有较多的非预应力受力钢筋，则可代替构造钢筋。

表6.5.5　混凝土塔筒的最小配筋率

塔筒配筋类别		最小配筋率
纵向钢筋	外排	0.25
	内排	0.20
环向钢筋	外排	0.20
	内排	0.20

注：受拉侧环向钢筋最小配筋率尚不应小于$45f_t/f_y$，其中f_y、f_t分别为钢筋和混凝土抗拉强度设计值。

6.5.6 纵向钢筋和环向钢筋的最小直径和最大间距应符合表6.5.6的规定。

表6.5.6　钢筋最小直径和钢筋最大间距（mm）

配筋类别	钢筋最小直径	钢筋最大间距
纵向钢筋	10	外侧250，内侧300
环向钢筋	8	250，且不大于筒壁厚度

7.1.1 高耸结构的基础选型应根据建设场地条件和结构的要求确定。高耸结构的地基基础均须进行强度计算（包括抗压和抗拔）；除表7.1.1中的高耸结构外，其他高耸结构均应进行地基变形验算；有特殊要求的高耸结构尚应进行地基抗滑稳定或抗倾覆稳定验算。

表 7.1.1 可不做地基变形计算的高耸结构

地基主要受力状况	地基承载力特征值 f_{ak}(kPa)		$60{\leqslant}f_{ak}$ <80	$80{\leqslant}f_{ak}$ <100	$100{\leqslant}f_{ak}$ <130	$130{\leqslant}f_{ak}$ <160	$160{\leqslant}f_{ak}$ <200	$200{\leqslant}f_{ak}$ <300
	各土层坡度(%)		$\leqslant5$	$\leqslant5$	$\leqslant10$	$\leqslant10$	$\leqslant10$	$\leqslant10$
结构类型	烟囱	高度(m)	$\leqslant30$	$\leqslant40$	$\leqslant50$	$\leqslant75$	$\leqslant75$	$\leqslant100$
	水塔	高度(m)	$\leqslant15$	$\leqslant20$	$\leqslant30$	$\leqslant30$	$\leqslant30$	$\leqslant30$
		容积(m³)	$\leqslant50$	50~100	100~200	200~300	300~500	500~1000
	通信塔和单功能电视发射塔	高度(m)	$\leqslant40$	$\leqslant60$	$\leqslant80$	$\leqslant100$	$\leqslant120$	$\leqslant150$
	钢桅杆	高度(m)	$\leqslant50$	$\leqslant60$	$\leqslant70$	$\leqslant80$	$\leqslant90$	$\leqslant120$

注：1 表中地基主要受力层指条形基础底面下深度为 $3b$；独立基础下为 $1.5b$（b 为基础底面宽度），且厚度不小于5m范围内的地基土层。

　　2 表中所列高耸结构如有以下情况时，仍应做地基变形验算：

　　　1）在基础面及附近地面有堆载或相邻基础荷载差异较大可能引起地基产生过大的不均匀沉降时；

　　　2）软弱地基上相邻建筑距离过近，可能发生倾斜时；

　　　3）地基内有厚度较大或厚薄不均的填土；

　　　4）石化塔在 $f_{ak}<200kN/m^2$ 地基上均要计算地基变形。

7.1.3 高耸结构地基基础设计前应进行岩土工程勘察。

7.1.4 高耸结构地基基础设计时，所采用的荷载效应最不利组合与相应的抗力代表值应符合下列规定：

　　1 按地基承载力确定基础底面积及埋深或按单桩承载力确定桩数时，传至基础或承台底面上的荷载效应应按正常使用极限状态下荷载效应的标准组合。相应的抗力应采用地基承载力特征值或单桩承载力特征值。

2 计算地基变形时，传至基础底面上的荷载效应应按正常使用极限状态下的荷载效应的准永久值组合，当风玫瑰图严重偏心时，取风的频遇值组合，不应计入地震作用。

3 计算挡土墙土压力、地基和斜坡的稳定及滑坡推力、地基基础抗拔等时，荷载效应应按承载力极限状态下荷载效应的基本组合，但其荷载分项系数均为1.0。

4 在确定基础或桩台高度、挡墙截面厚度、计算基础或挡墙内力、确定配筋和桩身截面、配筋及进行材料强度验算时，上部结构传来的荷载效应组合和相应的基底反力，应按承载力极限状态下荷载效应的基本组合，采用相应的分项系数。

当需要验算基础裂缝宽度时，应按正常使用极限状态，采用荷载的标准组合并考虑长期作用的影响进行计算。

7.2.5 高耸结构的地基变形允许值应按表7.2.5的规定采用，当工艺有特殊要求时，应按有关专业标准规范另行确定。

表 7.2.5 高耸结构的地基变形允许值

结构类型		沉降量允许值 (mm)	倾斜允许值 $\tan\theta$
电视塔、通信塔等	$H_T \leqslant 20$	400	0.008
	$20 < H_T \leqslant 50$		0.006
	$50 < H_T \leqslant 100$		0.005
	$100 < H_T \leqslant 150$	300	0.004
	$150 < H_T \leqslant 200$		0.003
	$200 < H_T \leqslant 250$	200	0.002
	$250 < H_T \leqslant 300$		0.0015
	$300 < H_T \leqslant 400$	150	0.0010

续表 7.2.5

结构类型			沉降量允许值（mm）	倾斜允许值 $\tan\theta$
石油化工塔	一般石油化工塔		200	0.004
	分馏类石油化工塔	$d_0 \leqslant 3.2$		0.004
		$d_0 > 3.2$		0.0025

注：H_T 为高耸结构的总高度(m)；d_0 为石油化工塔的内径(m)。

7.4.1 承受上拔力和横向力的独立基础、锚板基础等，均应验算抗拔和抗滑稳定性。

扩展基础承受上拔力时，在验算其抗拔稳定性的同时，尚应按上拔力进行强度和配筋计算，并按计算结果在基础的上表面配置钢筋，配筋应满足最小配筋率要求。

三、《空间网格结构技术规程》JGJ 7—2010

3.1.8 单层网壳应采用刚接节点。

3.4.5 对立体桁架、立体拱架和张弦立体拱架应设置平面外的稳定支撑体系。

4.3.1 单层网壳以及厚度小于跨度 1/50 的双层网壳均应进行稳定性计算。

4.4.1 对用作屋盖的网架结构，其抗震验算应符合下列规定：

1 在抗震设防烈度为 8 度的地区，对于周边支承的中小跨度网架结构应进行竖向抗震验算，对于其他网架结构均应进行竖向和水平抗震验算；

2 在抗震设防烈度为 9 度的地区，对各种网架结构应进行竖向和水平抗震验算。

4.4.2 对于网壳结构，其抗震验算应符合下列规定：

1 在抗震设防烈度为 7 度的地区，当网壳结构矢跨比大于或等于 1/5 时，应进行水平抗震验算；当矢跨比小于 1/5 时，应进行竖向和水平抗震验算；

2 在抗震设防烈度为 8 度或 9 度的地区，对各种网壳结构应进行竖向和水平抗震验算。

四、《索结构技术规程》JGJ 257—2012

5.1.2 索结构应分别进行初始预拉力及荷载作用下的计算分析，计算中均应考虑几何非线性影响。

5.1.5 在永久荷载控制的荷载组合作用下，索结构中的索不得松弛；在可变荷载控制的荷载组合作用下，索结构不得因个别索的松弛而导致结构失效。

五、《烟囱设计规范》GB 50051—2013

3.1.5 对安全等级为一级的烟囱，烟囱的重要性系数 γ_0 不应小于 1.1。

3.2.6 烟囱爬梯应设置安全防护围栏。

3.2.12 烟囱筒身应设置防雷设施。

9.5.3 树脂的使用应用应符合下列要求：

4 促进剂与固化剂严禁同时加入树脂中。

14.1.1 对于下列影响航空器飞行安全的烟囱应设置航空障碍灯和标志：

1 在民用机场净空保护区域内修建的烟囱。

2 在民用机场净空保护区域外、但在民用机场进行管制区域内修建高出地表 150m 的烟囱。

3 在建有高架直升机停机坪的城市中，修建影响飞行安全的烟囱。

六、《钢筋混凝土薄壳结构设计规程》JGJ 22—2012

3.2.1 薄壳结构构件的承载能力极限状态设计应采用下列设计表达式：

$$\gamma_0 S \leqslant R \qquad (3.2.1)$$

式中：γ_0——结构重要性系数，应符合现行国家标准《工程结构可靠性设计统一标准》GB 50153 等的规定；

S——承载能力极限状态下作用组合的效应设计值，对持久设计状况和短暂设计状况应按作用的基本组合计算，对偶然设计状况应按作用的偶然组合计算，对地震设计状况应按作用的地震组合计算；

R——结构构件的抗力设计值，应按现行国家标准《混凝土结构设计规范》GB 50010 的规定计算；在抗震设计时，应除以承载力抗震调整系数 γ_{RE}；对壳板及其边缘构件，γ_{RE} 应取 1.0。

第八章 幕 墙 与 装 饰

一、《玻璃幕墙工程技术规范》JGJ 102—2003

3.1.4 隐框和半隐框玻璃幕墙，其玻璃与铝型材的粘结必须采用中性硅酮结构密封胶；全玻幕墙和点支承幕墙采用镀膜玻璃时，不应采用酸性硅酮结构密封胶粘结。

3.1.5 硅酮结构密封胶和硅酮建筑密封胶必须在有效期内使用。

3.6.2 硅酮结构密封胶使用前，应经国家认可的检测机构进行与其相接触材料的相容性和剥离粘结性试验，并应对邵氏硬度、标准状态拉伸粘结性能进行复验。检验不合格的产品不得使用。进口硅酮结构密封胶应具有商检报告。

4.4.4 人员流动密度大、青少年或幼儿活动的公共场所以及使用中容易受到撞击的部位，其玻璃幕墙应采用安全玻璃；对使用中容易受到撞击的部位，尚应设置明显的警示标志。

5.1.6 幕墙结构构件应按下列规定验算承载力和挠度：

1 无地震作用效应组合时，承载力应符合下式要求：

$$\gamma_0 S \leqslant R \qquad\qquad (5.1.6\text{-}1)$$

2 有地震作用效应组合时，承载力应符合下式要求：

$$S_E \leqslant R/\gamma_{RE} \qquad\qquad (5.1.6\text{-}2)$$

式中　S——荷载效应按基本组合的设计值；

$\quad\quad S_E$——地震作用效应和其他荷载效应按基本组合的设计值；

$\quad\quad R$——构件抗力设计值；

$\quad\quad \gamma_0$——结构构件重要性系数，应取不小于 1.0；

$\quad\quad \gamma_{RE}$——结构构件承载力抗震调整系数，应取 1.0。

3 挠度应符合下式要求：

$$d_{\mathrm{f}} \leqslant d_{\mathrm{f,lim}} \qquad (5.1.6\text{-}3)$$

式中　d_{f}——构件在风荷载标准值或永久荷载标准值作用下产生的挠度值；

　　　$d_{\mathrm{f,lim}}$——构件挠度限值。

4 双向受弯的杆件，两个方向的挠度应分别符合本条第 3 款的规定。

5.5.1 主体结构或结构构件，应能够承受幕墙传递的荷载和作用。连接件与主体结构的锚固承载力设计值应大于连接件本身的承载力设计值。

5.6.2 硅酮结构密封胶应根据不同的受力情况进行承载力极限状态验算。在风荷载、水平地震作用下，硅酮结构密封胶的拉应力或剪应力设计值不应大于其强度设计值 f_1，f_1 应取 0.2 N/mm^2；在永久荷载作用下，硅酮结构密封胶的拉应力或剪应力设计值不应大于其强度设计值 f_2，f_2 应取 $0.01N/mm^2$。

6.2.1 横梁截面主要受力部位的厚度，应符合下列要求：

1 截面自由挑出部位（图 6.2.1a）和双侧加劲部位（图 6.2.1b）的宽厚比 b_0/t 应符合表 6.2.1 的要求；

表 6.2.1　横梁截面宽厚比 b_0/t 限值

截面部位	铝型材				钢型材	
	6063-T5 6061-T4	6063A-T5	6063-T6 6063A-T6	6061-T6	Q235	Q345
自由挑出	17	15	13	12	15	12
双侧加劲	50	45	40	35	40	33

2 当横梁跨度不大于 1.2m 时，铝合金型材截面主要受力部位的厚度不应小于 2.0mm；当横梁跨度大于 1.2m 时，其截面主要受力部位的厚度不应小于 2.5mm。型材孔壁与螺钉之间直接采用螺纹受力连接时，其局部截面厚度不应小于螺钉的公称直径；

3 钢型材截面主要受力部位的厚度不应小于 2.5mm。

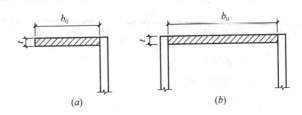

图 6.2.1 横梁的截面部位示意

6.3.1 立柱截面主要受力部位的厚度，应符合下列要求：

1 铝型材截面开口部位的厚度不应小于 3.0mm，闭口部位的厚度不应小于 2.5mm；型材孔壁与螺钉之间直接采用螺纹受力连接时，其局部厚度尚不应小于螺钉的公称直径；

2 钢型材截面主要受力部位的厚度不应小于 3.0mm；

3 对偏心受压立柱，其截面宽厚比应符合本规范 6.2.1 条的相应规定。

7.1.6 全玻幕墙的板面不得与其他刚性材料直接接触。板面与装修面或结构面之间的空隙不应小于 8mm，且应采用密封胶密封。

7.3.1 全玻幕墙玻璃肋的截面厚度不应小于 12mm，截面高度不应小于 100mm。

7.4.1 采用胶缝传力的全玻幕墙，其胶缝必须采用硅酮结构密封胶。

8.1.2 采用浮头式连接件的幕墙玻璃厚度不应小于 6mm；采用沉头式连接件的幕墙玻璃厚度不应小于 8mm。

安装连接件的夹层玻璃和中空玻璃，其单片厚度也应符合上述要求。

8.1.3 玻璃之间的空隙宽度不应小于 10mm，且应采用硅酮建筑密封胶嵌缝。

9.1.4 除全玻幕墙外，不应在现场打注硅酮结构密封胶。

10.7.4 当高层建筑的玻璃幕墙安装与主体结构施工交叉作业时，在主体结构的施工层下方应设置防护网；在距离地面约 3m

高度处，应设置挑出宽度不小于 6m 的水平防护网。

二、《金属与石材幕墙工程技术规范》JGJ 133—2001

3.2.2 花岗石板材的弯曲强度应经法定检测机构检测确定，其弯曲强度不应小于 8.0MPa。

3.5.2 同一幕墙工程应采用同一品牌的单组分或双组分的硅酮结构密封胶，并应有保质年限的质量证书。用于石材幕墙的硅酮结构密封胶还应有证明无污染的试验报告。

3.5.3 同一幕墙工程应采用同一品牌的硅酮结构密封胶和硅酮耐候密封胶配套使用。

4.2.3 幕墙构架的立柱与横梁在风荷载标准值作用下，钢型材的相对挠度不应大于 $l/300$（l 为立柱或横梁两支点间的跨度），绝对挠度不应大于 15mm；铝合金型材的相对挠度不应大于 $l/180$，绝对挠度不应大于 20mm。

4.2.4 幕墙在风荷载标准值除以阵风系数后的风荷载值作用下，不应发生雨水渗漏。其雨水渗漏性能应符合设计要求。

5.2.3 作用于幕墙上的风荷载标准值应按下式计算，且不应小于 1.0kN/m² ：

$$w_k = \beta_{gz}\mu_z\mu_s w_0 \qquad (5.2.3)$$

式中　w_k——作用于幕墙上的风荷载标准值（kN/m²）；

　　　β_{gz}——阵风系数，可取 2.25；

　　　μ_s——风荷载体型系数。竖直幕墙外表面可按±1.5 采用，斜幕墙风荷载体型系数可根据实际情况，按现行国家标准《建筑结构荷载规范》（GB 50009）的规定采用。当建筑物进行了风洞试验时，幕墙的风荷载体型系数可根据风洞试验结果确定；

　　　μ_z——风压高度变化系数，应按现行国家标准《建筑结构荷载规范》（GB 50009）的规定采用。

　　　w_0——基本风压（kN/m²），应根据现行国家标准《建筑结构荷载规范》（GB 50009）的规定采用。

5.5.2 钢销式石材幕墙可在非抗震设计或 6 度、7 度抗震设计幕墙中应用，幕墙高度不宜大于 20m，石板面积不宜大于 1.0m²。钢销和连接板应采用不锈钢。连接板截面尺寸不宜小于 40mm×4mm。钢销与孔的要求应符合本规范 6.3.2 条的规定。

5.6.6 横梁应通过角码、螺钉或螺栓与立柱连接，角码应能承受横梁的剪力。螺钉直径不得小于 4mm，每处连接螺钉数量不应少于 3 个，螺栓不应少于 2 个。横梁与立柱之间应有一定的相对位移能力。

5.7.2 上下立柱之间应有不小于 15mm 的缝隙，并应采用芯柱连结。芯柱总长度不应小于 400mm。芯柱与立柱应紧密接触。芯柱与下柱之间应采用不锈钢螺栓固定。

5.7.11 立柱应采用螺栓与角码连接，并再通过角码与预埋件或钢构件连接。螺栓直径不应小于 10mm，连接螺栓应按现行国家标准《钢结构设计规范》（GB 50017）进行承载力计算。立柱与角码采用不同金属材料时应采用绝缘垫片分隔。

6.1.3 用硅酮结构密封胶粘结固定构件时，注胶应在温度 15℃以上 30℃以下、相对湿度 50％以上且洁净、通风的室内进行，胶的宽度、厚度应符合设计要求。

6.3.2 钢销式安装的石板加工应符合下列规定：

1 钢销的孔位应根据石板的大小而定。孔位距离边端不得小于石板厚度的 3 倍，也不得大于 180mm；钢销间距不宜大于 600mm；边长不大于 1.0m 时每边应设两个钢销，边长大于 1.0m 时应采用复合连接；

2 石板的钢销孔的深度宜为 22～33mm，孔的直径宜为 7mm 或 8mm，钢销直径宜为 5mm 或 6mm，钢销长度宜为 20～30mm；

3 石板的钢销孔处不得有损坏或崩裂现象，孔径内应光滑、洁净。

6.5.1 金属与石材幕墙构件应按同一种类构件的 5％进行抽样检查，且每种构件不得少于 5 件。当有一个构件抽检不符合上述规定时，应加倍抽样复验，全部合格后方可出厂。

6.5.2 构件出厂时，应附有构件合格证书。

7.2.4 金属、石材幕墙与主体结构连接的预埋件，应在主体结构施工时按设计要求埋设。预埋件应牢固，位置准确，预埋件的位置误差应按设计要求进行复查。当设计无明确要求时，预埋件的标高偏差不应大于 10mm，预埋件位置差不应大于 20mm。

7.3.4 金属板与石板安装应符合下列规定：

 1 应对横竖连接件进行检查、测量、调整；

 2 金属板、石板安装时，左右、上下的偏差不应大于 1.5mm；

 3 金属板、石板空缝安装时，必须有防水措施，并应有符合设计要求的排水出口；

 4 填充硅酮耐候密封胶时，金属板、石板缝的宽度、厚度应根据硅酮耐候密封胶的技术参数，经计算后确定。

7.3.10 幕墙安装施工应对下列项目进行验收：

 1 主体结构与立柱、立柱与横梁连接节点安装及防腐处理；

 2 幕墙的防火、保温安装；

 3 幕墙的伸缩缝、沉降缝、防震缝及阴阳角的安装；

 4 幕墙的防雷节点的安装；

 5 幕墙的封口安装。

三、《点挂外墙板装饰工程技术规程》JGJ 321—2014

4.1.6 点挂外墙板应与主体结构可靠连接，锚固件与主体结构的锚固承载力应通过现场拉拔试验进行验证。

第九章 木 结 构

一、《木结构设计规范》GB 50005—2003，2005 年版

3.1.2 普通木结构构件设计时，应根据构件的主要用途按表 3.1.2 的要求选用相应的材质等级。

表 3.1.2 普通木结构构件的材质等级

项 次	主要用途	材质等级
1	受拉或拉弯构件	I_a
2	受弯或压弯构件	II_a
3	受压构件及次要受弯构件（如吊顶小龙骨等）	III_a

3.1.8 胶合木结构构件设计时，应根据构件的主要用途和部位，按表 3.1.8 的要求选用相应的材质等级。

表 3.1.8 胶合木结构构件的木材材质等级

项次	主 要 用 途	材质等级	木材等级配置图
1	受拉或拉弯构件	I_b	
2	受压构件（不包括桁架上弦和拱）	III_b	
3	桁架上弦或拱，高度不大于 500mm 的胶合梁 （1）构件上、下边缘各 0.1h 区域，且不少于两层板 （2）其余部分	II_b III_b	

续表 3.1.8

项次	主 要 用 途	材质等级	木材等级配置图
4	高度大于 500mm 的胶合梁 （1）梁的受拉边缘 0.1h 区域，且不少于两层板 （2）距受拉边缘 0.1h～0.2h 区域 （3）受压边缘 0.1h 区域，且不少于两层板 （4）其余部分	I_b II_b II_b III_b	
5	侧立腹板工字梁 （1）受拉翼缘板 （2）受压翼缘板 （3）腹 板	I_b II_b III_b	

3.1.11 当采用目测分级规格材设计轻型木结构构件时，应根据构件的用途按表 3.1.11 要求选用相应的材质等级。

表 3.1.11 目测分级规格材的材质等级

项次	主 要 用 途	材质等级
1	用于对强度、刚度和外观有较高要求的构件	I_c
2		II_c
3	用于对强度、刚度有较高要求而对外观只有一般要求的构件	III_c
4	用于对强度、刚度有较高要求而对外观无要求的普通构件	IV_c
5	用于墙骨柱	V_c
6	除上述用途外的构件	VI_c
7		VII_c

3.1.13 制作构件时，木材含水率应符合下列要求：

1 现场制作的原木或方木结构不应大于 25%；

2 板材和规格材不应大于 20%；

3 受拉构件的连接板不应大于 18%；

4 作为连接件不应大于 15%；

5 层板胶合木结构不应大于 15%，且同一构件各层木板间的含水率差别不应大于 5%。

3.3.1 承重结构用胶，应保证其胶合强度不低于木材顺纹抗剪和横纹抗拉的强度。胶连接的耐水性和耐久性，应与结构的用途和使用年限相适应，并应符合环境保护的要求。

4.2.1 普通木结构用木材的设计指标应按下列规定采用：

1 普通木结构用木材，其树种的强度等级应按表 4.2.1-1 和表 4.2.1-2 采用；

2 在正常情况下，木材的强度设计值及弹性模量，应按表 4.2.1-3 采用；在不同的使用条件下，木材的强度设计值和弹性模量尚应乘以表 4.2.1-4 规定的调整系数；对于不同的设计使用年限，木材的强度设计值和弹性模量尚应乘以表 4.2.1-5 规定的调整系数。

表 4.2.1-1　针叶树种木材适用的强度等级

强度等级	组别	适 用 树 种
TC17	A	柏木　长叶松　湿地松　粗皮落叶松
	B	东北落叶松　欧洲赤松　欧洲落叶松
TC15	A	铁杉　油杉　太平洋海岸黄柏　花旗松—落叶松　西部铁杉　南方松
	B	鱼鳞云杉　西南云杉　南亚松
TC13	A	油松　新疆落叶松　云南松　马尾松　扭叶松　北美落叶松　海岸松
	B	红皮云杉　丽江云杉　樟子松　红松　西加云杉　俄罗斯红松　欧洲云杉　北美山地云杉　北美短叶松
TC11	A	西北云杉　新疆云杉　北美黄松　云杉—松—冷杉　铁—冷杉　东部铁杉　杉木
	B	冷杉　速生杉木　速生马尾松　新西兰辐射松

表 4.2.1-2 阔叶树种木材适用的强度等级

强度等级	适 用 树 种
TB20	青冈 椆木 门格里斯木 卡普木 沉水稍克隆 绿心木 紫心木 李叶豆 塔特布木
TB17	栎木 达荷玛木 萨佩莱木 苦油树 毛罗藤黄
TB15	锥栗(栲木) 桦木 黄梅兰蒂 梅萨瓦木 水曲柳 红劳罗木
TB13	深红梅兰蒂 浅红梅兰蒂 白梅兰蒂 巴西红厚壳木
TB11	大叶椴 小叶椴

表 4.2.1-3 木材的强度设计值和弹性模量（N/mm²）

强度等级	组别	抗弯 f_m	顺纹抗压及承压 f_c	顺纹抗拉 f_t	顺纹抗剪 f_v	横纹承压 $f_{c,90}$			弹性模量 E
						全表面	局部表面和齿面	拉力螺栓垫板下	
TC17	A	17	16	10	1.7	2.3	3.5	4.6	10000
	B		15	9.5	1.6				
TC15	A	15	13	9.0	1.6	2.1	3.1	4.2	10000
	B		12	9.0	1.5				
TC13	A	13	12	8.5	1.5	1.9	2.9	3.8	10000
	B		10	8.0	1.4				9000
TC11	A	11	10	7.5	1.4	1.8	2.7	3.6	9000
	B		10	7.0	1.2				
TB20	—	20	18	12	2.8	4.2	6.3	8.4	12000
TB17	—	17	16	11	2.4	3.8	5.7	7.6	11000
TB15	—	15	14	10	2.0	3.1	4.7	6.2	10000
TB13	—	13	12	9.0	1.4	2.4	3.6	4.8	8000
TB11	—	11	10	8.0	1.3	2.1	3.2	4.1	7000

注：计算木构件端部（如接头处）的拉力螺栓垫板时，木材横纹承压强度设计值应按"局部表面和齿面"一栏的数值采用。

表 4.2.1-4　不同使用条件下木材强度设计值和弹性模量的调整系数

使用条件	调整系数	
	强度设计值	弹性模量
露天环境	0.9	0.85
长期生产性高温环境，木材表面温度达 40～50℃	0.8	0.8
按恒荷载验算时	0.8	0.8
用于木构筑物时	0.9	1.0
施工和维修时的短暂情况	1.2	1.0

注：1　当仅有恒荷载或恒荷载产生的内力超过全部荷载所产生的内力的 80％时，应单独以恒荷载进行验算；

2　当若干条件同时出现时，表列各系数应连乘。

表 4.2.1-5　不同设计使用年限时木材强度设计值和弹性模量的调整系数

设计使用年限	调整系数	
	强度设计值	弹性模量
5 年	1.1	1.1
25 年	1.05	1.05
50 年	1.0	1.0
100 年及以上	0.9	0.9

4.2.9　受压构件的长细比，不应超过表 4.2.9 规定的长细比限值。

表 4.2.9　受压构件长细比限值

项次	构件类别	长细比限值 [λ]
1	结构的主要构件（包括桁架的弦杆、支座处的竖杆或斜杆以及承重柱等）	120
2	一般构件	150
3	支撑	200

7.1.5 杆系结构中的木构件，当有对称削弱时，其净截面面积不应小于构件毛截面面积的 50％；当有不对称削弱时，其净截面面积不应小于构件毛截面面积的 60％。

在受弯构件的受拉边，不得打孔或开设缺口。

7.2.4 抗震设防烈度为 8 度和 9 度地区屋面木基层抗震设计，应符合下列规定：

1 采用斜放檩条并设置密铺屋面板，檐口瓦应与挂瓦条扎牢；

2 檩条必须与屋架连牢，双脊檩应相互拉结，上弦节点处的檩条应与屋架上弦用螺栓连接；

3 支承在山墙上的檩条，其搁置长度不应小于 120mm，节点处檩条应与山墙卧梁用螺栓锚固。

7.5.1 应采取有效措施保证结构在施工和使用期间的空间稳定，防止桁架侧倾，保证受压弦杆的侧向稳定，承担和传递纵向水平力。

7.5.10 地震区的木结构房屋的屋架与柱连接处应设置斜撑，当斜撑采用木夹板时，与木柱及屋架上、下弦应采用螺栓连接；木柱柱顶应设暗榫插入屋架下弦并用 U 形扁钢连接（图 7.5.10）。

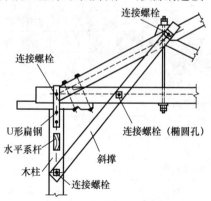

图 7.5.10 木构架端部斜撑连接

7.6.3 当桁架跨度不小于 9m 时，桁架支座应采用螺栓与墙、柱锚固。当采用木柱时，木柱柱脚与基础应采用螺栓锚固。

8.1.2 层板胶合木构件应采用经应力分级标定的木板制作。各层木板的木纹应与构件长度方向一致。

8.2.2 设计受弯、拉弯或压弯胶合木构件时，本规范表 4.2.1-3 的抗弯强度设计值应乘以表 8.2.2 的修正系数，工字形和 T 形截面的胶合木构件，其抗弯强度设计值除按表 8.2.2 乘以修正系数外，尚应乘以截面形状修正系数 0.9。

表 8.2.2　胶合木构件抗弯强度设计值修正系数

宽度	截面高度 h（mm）						
（mm）	<150	150~500	600	700	800	1000	≥1200
b<150	1.0	1.0	0.95	0.90	0.85	0.80	0.75
b≥150	1.0	1.15	1.05	1.0	0.90	0.85	0.80

10.2.1 木结构建筑构件的燃烧性能和耐火极限不应低于表 10.2.1 的规定。

表 10.2.1　木结构建筑中构件的燃烧性能和耐火极限

构　件　名　称	耐火极限(h)
防火墙	不燃烧体 3.00
承重墙、分户墙、楼梯和电梯井墙体	难燃烧体 1.00
非承重外墙、疏散走道两侧的隔墙	难燃烧体 1.00
分室隔墙	难燃烧体 0.5
多层承重柱	难燃烧体 1.00
单层承重柱	难燃烧体 1.00
梁	难燃烧体 1.00
楼盖	难燃烧体 1.00
屋顶承重构件	难燃烧体 1.00
疏散楼梯	难燃烧体 0.50
室内吊顶	难燃烧体 0.25

注：1　屋顶表层应采用不可燃材料；

　　2　当同一座木结构建筑由不同高度组成，较低部分的屋顶承重构件必须是难燃烧体，耐火极限不应小于 1.00h。

10.3.1 木结构建筑不应超过三层。不同层数建筑最大允许长度和防火分区面积不应超过表 10.3.1 的规定。

表 10.3.1 木结构建筑的层数、长度和面积

层　数	最大允许长度(m)	每层最大允许面积(m²)
单层	100	1200
两层	80	900
三层	60	600

注：安装有自动喷水灭火系统的木结构建筑，每层楼最大允许长度、面积应允许在表 10.3.1 的基础上扩大一倍，局部设置时，应按局部面积计算。

10.4.1 木结构建筑之间、木结构建筑与其他耐火等级的建筑之间的防火间距不应小于表 10.4.1 的规定。

表 10.4.1 木结构建筑的防火间距 （m）

建筑种类	一、二级建筑	三级建筑	木结构建筑	四级建筑
木结构建筑	8.00	9.00	10.00	11.00

注：防火间距应按相邻建筑外墙的最近距离计算，当外墙有突出的可燃构件时，应从突出部分的外缘算起。

10.4.2 两座木结构建筑之间、木结构建筑与其他结构建筑之间的外墙均无任何门窗洞口时，其防火间距不应小于 4.00m。

10.4.3 两座木结构之间、木结构建筑与其他耐火等级的建筑之间，外墙的门窗洞口面积之和不超过该外墙面积的 10% 时，其防火间距不应小于表 10.4.3 的规定。

表 10.4.3 外墙开口率小于 10% 时的防火间距 （m）

建筑种类	一、二、三级建筑	木结构建筑	四级建筑
木结构建筑	5.00	6.00	7.00

11.0.1 木结构中的下列部位应采取防潮和通风措施：

1 在桁架和大梁的支座下应设置防潮层；

2 在木柱下应设置柱墩，严禁将木柱直接埋入土中；

3 桁架、大梁的支座节点或其他承重木构件不得封闭在墙、

保温层或通风不良的环境中（图 11.0.1-1 和图 11.0.1-2）；

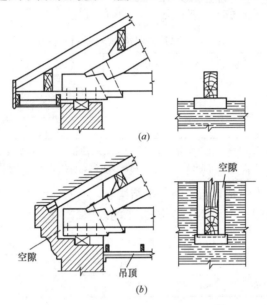

图 11.0.1-1 外排水屋盖支座节点通风构造示意图

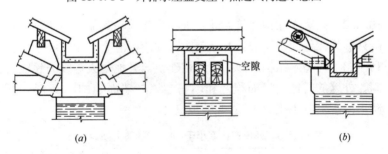

图 11.0.1-2 内排水屋盖支座节点通风构造示意图

4 处于房屋隐蔽部分的木结构，应设通风孔洞；

5 露天结构在构造上应避免任何部分有积水的可能，并应在构件之间留有空隙（连接部位除外）；

6 当室内外温差很大时，房屋的围护结构（包括保温吊顶），应采取有效的保温和隔气措施。

11.0.3 下列情况，除从结构上采取通风防潮措施外，尚应进行药剂处理。

   1 露天结构；

   2 内排水桁架的支座节点处；

   3 檩条、搁栅、柱等木构件直接与砌体、混凝土接触部位；

   4 白蚁容易繁殖的潮湿环境中使用的木构件；

   5 承重结构中使用马尾松、云南松、湿地松、桦木以及新利用树种中易腐朽或易遭虫害的木材。

第十章　注册结构考试相关及其他

一、《建筑地基基础工程施工质量验收规范》GB 50202—2002

4.1.5　对灰土地基、砂和砂石地基、土工合成材料地基、粉煤灰地基、强夯地基、注浆地基、预压地基，其竣工后的结果（地基强度或承载力）必须达到设计要求的标准。检验数量，每单位工程不应少于3点，1000m² 以上工程，每100m² 至少应有1点，3000m² 以上工程，每300m² 至少有1点。每一独立基础下至少应有1点，基槽每20延米应有1点。

4.1.6　对水泥土搅拌桩复合地基、高压喷射注浆桩复合地基、砂桩地基、振冲桩复合地基、土和灰土挤密桩复合地基、水泥粉煤灰碎石桩复合地基及夯实水泥土桩复合地基，其承载力检验，数量为总数的 0.5%～1%，但不应少于3处。有单桩强度检验要求时，数量为总数的 0.5%～1%，但不应少于3根。

5.1.3　打（压）入桩（预制混凝土方桩、先张法预应力管桩、钢桩）的桩位偏差，必须符合表5.1.3的规定。斜桩倾斜度的偏差不得大于倾斜角正切值的15%（倾斜角系桩的纵向中心线与铅垂线间夹角）。

表 5.1.3　预制桩（钢桩）桩位的允许偏差（mm）

项	项　目	允许偏差
1	盖有基础梁的桩： （1）垂直基础梁的中心线 （2）沿基础梁的中心线	100＋0.01H 150＋0.01H
2	桩数为1～3根桩基中的桩	100
3	桩数为4～16根桩基中的桩	1/2桩径或边长

续表 5.1.3

项	项 目	允许偏差
4	桩数大于 16 根桩基中的桩： （1）最外边的桩 （2）中间桩	1/3 桩径或边长 1/2 桩径或边长
	注：H 为施工现场地面标高与桩顶设计标高的距离。	

5.1.4 灌注桩的桩位偏差必须符合表 5.1.4 的规定，桩顶标高至少要比设计标高高出 0.5m，桩底清孔质量按不同的成桩工艺有不同的要求，应按本章的各节要求执行。每浇注 $50m^3$ 必须有 1 组试件，小于 $50m^3$ 的桩，每根桩必须有 1 组试件。

表 5.1.4 灌注桩的平面位置和垂直度的允许偏差

序号	成孔方法		桩径允许偏差（mm）	垂直度允许偏差（%）	桩位允许偏差（mm）	
					1～3 根、单排桩基垂直于中心线方向和群桩基础的边桩	条形桩基沿中心线方向和群桩基础的中间桩
1	泥浆护壁灌注桩	$D \leqslant 1000mm$	± 50	<1	$D/6$，且不大于 100	$D/4$，且不大于 150
		$D > 1000mm$	± 50		$100+0.01H$	$150+0.01H$
2	套管成孔灌注桩	$D \leqslant 500mm$	-20	<1	70	150
		$D > 500mm$			100	150
3	干成孔灌注桩		-20	<1	70	150
4	人工挖孔桩	混凝土护壁	$+50$	<0.5	50	150
		钢套管护壁	$+50$	<1	100	200

注：1 桩径允许偏差的负值是指个别断面。
　　2 采用复打、反插法施工的桩，其桩径允许偏差不受上表限制。
　　3 H 为施工现场地面标高与桩顶设计标高的距离，D 为设计桩径。

5.1.5 工程桩应进行承载力检验。对于地基基础设计等级为甲级或地质条件复杂，成桩质量可靠性低的灌注桩，应采用静载荷试验的方法进行检验，检验桩数不应少于总桩数的 1%，且不应少于 3 根，当总桩数少于 50 根时，应不少于 2 根。

7.1.3　土方开挖的顺序、方法必须与设计工况相一致，并遵循"开槽支撑，先撑后挖，分层开挖，严禁超挖"的原则。

7.1.7　基坑（槽）、管沟土方工程验收必须确保支护结构安全和周围环境安全为前提。当设计有指标时，以设计要求为依据，如无设计指标时应按表 7.1.7 的规定执行。

表 7.1.7　基坑变形的监控值（cm）

基坑类别	围护结构墙顶位移监控值	围护结构墙体最大位移监控值	地面最大沉降监控值
一级基坑	3	5	3
二级基坑	6	8	6
三级基坑	8	10	10

注：1　符合下列情况之一，为一级基坑：
　　　1）重要工程或支护结构做主体结构的一部分；
　　　2）开挖深度大于 10m；
　　　3）与临近建筑物、重要设施的距离在开挖深度以内的基坑；
　　　4）基坑范围内有历史文物、近代优秀建筑、重要管线等需严加保护的基坑。
　　2　三级基坑为开挖深度小于 7m，且周围环境无特别要求时的基坑。
　　3　除一级和三级外的基坑属二级基坑。
　　4　当周围已有的设施有特殊要求时，尚应符合这些要求。

二、《混凝土结构工程施工质量验收规范》GB 50204—2015

4.1.2　模板及支架应根据安装、使用和拆除工况进行设计，并应满足承载力、刚度和整体稳固性要求。

5.2.1　钢筋进场时，应按国家现行标准《钢筋混凝土用钢　第 1 部分：热轧光圆钢筋》GB 1499.1、《钢筋混凝土用钢　第 2 部分：热轧带肋钢筋》GB 1499.2、《钢筋混凝土用余热处理钢筋》

GB 13014、《钢筋混凝土用钢　第 3 部分：钢筋焊接网》GB/T
1499.3、《冷轧带肋钢筋》GB 13788、《高延性冷轧带肋钢筋》
YB/T 4260、《冷轧扭钢筋》JG 190 及《冷轧带肋钢筋混凝土结
构技术规程》JGJ 95、《冷轧扭钢筋混凝土构件技术规程》JGJ
115、《冷拔低碳钢丝应用技术规程》JGJ 19 抽取试件作屈服强
度、抗拉强度、伸长率、弯曲性能和重量偏差检验，检验结果应
符合相应标准的规定。

　　检查数量：按进场批次和产品的抽样检验方案确定。

　　检验方法：检查质量证明文件和抽样检验报告。

5.2.3　对按一、二、三级抗震等级设计的框架和斜撑构件（含
梯段）中的纵向受力普通钢筋应采用 HRB335E、HRB400E、
HRB500E、HRBF335E、HRBF400E 或 HRBF500E 钢筋，其强
度和最大力下总伸长率的实测值应符合下列规定：

　　1　抗拉强度实测值与屈服强度实测值的比值不应小
于 1.25；

　　2　屈服强度实测值与屈服强度标准值的比值不应大
于 1.30；

　　3　最大力下总伸长率不应小于 9%。

　　检查数量：按进场的批次和产品的抽样检验方案确定。

　　检验方法：检查抽样检验报告。

5.5.1　钢筋安装时，受力钢筋的牌号、规格和数量必须符合设
计要求。

　　检查数量：全数检查。

　　检验方法：观察，尺量。

6.2.1　预应力筋进场时，应按国家现行标准《预应力混凝土用
钢绞线》GB/T 5224、《预应力混凝土用钢丝》GB/T 5223、《预
应力混凝土用螺纹钢筋》GB/T 20065 和《无粘结预应力钢绞
线》JG 161 抽取试件作抗拉强度、伸长率检验，其检验结果应
符合相应标准的规定。

　　检查数量：按进场的批次和产品的抽样检验方案确定。

检验方法：检查质量证明文件和抽样检验报告。

6.3.1 预应力筋安装时，其品种、规格、级别和数且必须符合设计要求。

检查数量：全数检查。

检验方法：观察，尺量。

6.4.2 对后张法预应力结构构件，钢绞线出现断裂或滑脱的数量不应超过同一截面钢绞线总根数的 3%，且每根断裂的钢绞线断丝不得超过一丝；对多跨双向连续板，其同一截面应按每跨计算。

检查数量：全数检查。

检验方法：观察，检查张拉记录。

7.2.1 水泥进场时，应对其品种、代号、强度等级、包装或散装仓号、出厂日期等进行检查，并应对水泥的强度、安定性和凝结时间进行检验，检验结果应符合现行国家标准《通用硅酸盐水泥》GB 175 的相关规定。

检查数量：按同一厂家、同一品种、同一代号、同一强度等级、同一批号且连续进场的水泥，袋装不超过 200t 为一批，散装不超过 500t 为一批，每批抽样数量不应少于一次。

检验方法：检查质量证明文件和抽样检验报告。

7.4.1 混凝土的强度等级必须符合设计要求。用于检验混凝土强度的试件应在浇筑地点随机抽取。

检查数量：对同一配合比混凝土，取样与试件留置应符合下列规定：

1 每拌制 100 盘且不超过 100m² 时，取样不得少于一次；

2 每工作班拌制不足 100 盘时，取样不得少于一次；

3 连续浇筑超过 1000m² 时，每 200m² 取样不得少于一次；

4 每一楼层取样不得少于一次；

5 每次取样应至少留置一组试件。

检验方法：检查施工记录及混凝土强度试验报告。

三、《钢结构工程施工质量验收规范》GB 50205—2001

4.2.1 钢材、钢铸件的品种、规格、性能等应符合现行国家产品标准和设计要求。进口钢材产品的质量应符合设计和合同规定标准的要求。

　　检查数量：全数检查。

　　检验方法：检查质量合格证明文件、中文标志及检验报告等。

4.3.1 焊接材料的品种、规格、性能等应符合现行国家产品标准和设计要求。

　　检查数量：全数检查。

　　检验方法：检查焊接材料的质量合格证明文件、中文标志及检验报告等。

4.4.1 钢结构连接用高强度大六角头螺栓连接副、扭剪型高强度螺栓连接副、钢网架用高强度螺栓、普通螺栓、铆钉、自攻钉、拉铆钉、射钉、锚栓（机械型和化学试剂型）、地脚锚栓等紧固标准件及螺母、垫圈等标准配件，其品种、规格、性能等应符合现行国家产品标准和设计要求。高强度大六角头螺栓连接副和扭剪型高强度螺栓连接副出厂时应分别随箱带有扭矩系数和紧固轴力（预拉力）的检验报告。

　　检查数量：全数检查。

　　检验方法：检查产品的质量合格证明文件、中文标志及检验报告等。

5.2.2 焊工必须经考试合格并取得合格证书。持证焊工必须在其考试合格项目及其认可范围内施焊。

　　检查数量：全数检查。

　　检验方法：检查焊工合格证及其认可范围、有效期。

5.2.4 设计要求全焊透的一、二级焊缝应采用超声波探伤进行内部缺陷的检验，超声波探伤不能对缺陷作出判断时，应采用射线探伤，其内部缺陷分级及探伤方法应符合现行国家标准《钢焊缝手工超声波探伤方法和探伤结果分级法》GB 11345或《钢熔化焊对接接头射线照相和质量分级》GB 3323的规定。

焊接球节点网架焊缝、螺栓球节点网架焊缝及圆管 T、K、Y 形节点相关线焊缝，其内部缺陷分级及探伤方法应分别符合国家现行标准《焊接球节点钢网架焊缝超声波探伤方法及质量分级法》JBJ/T 3034.1、《螺栓球节点钢网架焊缝超声波探伤方法及质量分级法》JBJ/T 3034.2、《建筑钢结构焊接技术规程》JGJ 81的规定。

一级、二级焊缝的质量等级及缺陷分级应符合表 5.2.4 的规定。

检查数量：全数检查。

检验方法：检查超声波或射线探伤记录。

表 5.2.4 一级、二级焊缝质量等级及缺陷分级

焊缝质量等级		一级	二级
内部缺陷 超声波探伤	评定等级	Ⅱ	Ⅲ
	检验等级	B 级	B 级
	探伤比例	100%	20%
内部缺陷 射线探伤	评定等级	Ⅱ	Ⅲ
	检验等级	AB 级	AB 级
	探伤比例	100%	20%

注：探伤比例的计数方法应按以下原则确定：

(1) 对工厂制作焊缝，应按每条焊缝计算百分比，且探伤长度应不小于 200mm，当焊缝长度不足 200mm 时，应对整条焊缝进行探伤；

(2) 对现场安装焊缝，应按同一类型、同一施焊条件的焊缝条数计算百分比，探伤长度应不小于 200mm，并应不少于 1 条焊缝。

6.3.1　钢结构制作和安装单位应按本规范附录 B 的规定分别进行高强度螺栓连接摩擦面的抗滑移系数试验和复验，现场处理的构件摩擦面应单独进行摩擦面抗滑移系数试验，其结果应符合设计要求。

　　检查方法：见本规范附录 B。

　　检验方法：检查摩擦面抗滑移系数试验报告和复验报告。

8.3.1　吊车梁和吊车桁架不应下挠。

　　检查数量：全数检查。

　　检验方法：构件直立，在两端支承后，用水准仪和钢尺检查。

10.3.4　单层钢结构主体结构的整体垂直度和整体平面弯曲的允许偏差应符合表 10.3.4 的规定。

　　检查数量：对主要立面全部检查。对每个所检查的立面，除两列角柱外，尚应至少选取一列中间柱。

　　检验方法：采用经纬仪、全站仪等测量。

表 10.3.4　整体垂直度和整体平面弯曲的允许偏差（mm）

项　目	允许偏差	图　例
主体结构的整体垂直度	$H/1000$，且不应大于 25.0	
主体结构的整体平面弯曲	$L/1500$，且不应大于 25.0	

11.3.5 多层及高层钢结构主体结构的整体垂直度和整体平面弯曲的允许偏差应符合表 11.3.5 的规定。

检查数量：对主要立面全部检查。对每个所检查的立面，除两列角柱外，尚应至少选取一列中间柱。

检验方法：对于整体垂直度，可采用激光经纬仪、全站仪测量，也可根据各节柱的垂直度允许偏差累计（代数和）计算。对于整体平面弯曲，可按产生的允许偏差累计（代数和）计算。

表 11.3.5　整体垂直度和整体平面弯曲的允许偏差（mm）

项　目	允许偏差	图　例
主体结构的整体垂直度	$(H/2500+10.0)$，且不应大于 50.0	
主体结构的整体平面弯曲	$L/1500$，且不应大于 25.0	

12.3.4 钢网架结构总拼完成后及屋面工程完成后应分别测量其挠度值，且所测的挠度值不应超过相应设计值的 1.15 倍。

检查数量：跨度 24m 及以下钢网架结构测量下弦中央一点；跨度 24m 以上钢网架结构测量下弦中央一点及各向下弦跨度的四等分点。

检验方法：用钢尺和水准仪实测。

14.2.2 涂料、涂装遍数、涂层厚度均应符合设计要求。当设计对涂层厚度无要求时，涂层干漆膜总厚度：室外应为 150μm，室内应为 125μm，其允许偏差为 $-25\mu m$。每遍涂层干漆膜厚度的允许偏差为$-5\mu m$。

检查数量：按构件数抽查10％，且同类构件不应少于3件。

检验方法：用干漆膜测厚仪检查。每个构件检测5处，每处的数值为3个相距50mm测点涂层干净膜厚度的平均值。

14.3.3 薄涂型防火涂料的涂层厚度应符合有关耐火极限的设计要求。厚涂型防火涂料涂层的厚度，80％及以上面积应符合有关耐火极限的设计要求，且最薄处厚度不应低于设计要求的85％。

检查数量：按同类构件数抽查10％，且均不应少于3件。

检验方法：用涂层厚度测量仪、测针和钢尺检查。测量方法应符合国家现行标准《钢结构防火涂料应用技术规程》CECS 24：90的规定及本规范附录F。

四、《砌体结构工程施工质量验收规范》GB 50203—2011

4.0.1 水泥使用应符合下列规定：

1 水泥进场时应对其品种、等级、包装或散装仓号、出厂日期等进行检查，并应对其强度、安定性进行复验，其质量必须符合现行国家标准《通用硅酸盐水泥》GB 175的有关规定。

2 当在使用中对水泥质量有怀疑或水泥出厂超过三个月（快硬硅酸盐水泥超过一个月）时，应复查试验，并按复验结果使用。

5.2.1 砖和砂浆的强度等级必须符合设计要求。

5.2.3 砖砌体的转角处和交接处应同时砌筑，严禁无可靠措施的内外墙分砌施工。在抗震设防烈度为8度及8度以上地区，对不能同时砌筑而又必须留置的临时间断处应砌成斜槎，普通砖砌体斜槎水平投影长度不应小于高度的2/3，多孔砖砌体的斜槎长高比不应小于1/2。斜槎高度不得超过一步脚手架的高度。

6.1.8 承重墙体使用的小砌块应完整、无破损、无裂缝。

6.1.10 小砌块应将生产时的底面朝上反砌于墙上。

6.2.1 小砌块和芯柱混凝土、砌筑砂浆的强度等级必须符合设计要求。

6.2.3 墙体转角处和纵横交接处应同时砌筑。临时间断处应砌成斜槎,斜槎水平投影长度不应小于斜槎高度。施工洞口可预留直槎,但在洞口砌筑和补砌时,应在直槎上下搭砌的小砌块孔洞内用强度等级不低于 C20(或 Cb20)的混凝土灌实。

7.1.10 挡土墙的泄水孔当设计无规定时,施工应符合下列规定:

1 泄水孔应均匀设置,在每米高度上间隔 2m 左右设置一个泄水孔;

2 泄水孔与土体间铺设长宽各为 300mm、厚 200mm 的卵石或碎石作疏水层。

7.2.1 石材及砂浆强度等级必须符合设计要求。

8.2.1 钢筋的品种、规格、数量和设置部位应符合设计要求。

8.2.2 构造柱、芯柱、组合砌体构件、配筋砌体剪力墙构件的混凝土及砂浆的强度等级应符合设计要求。

10.0.4 冬期施工所用材料应符合下列规定:

1 石灰膏、电石膏等应防止受冻,如遭冻结,应经融化后使用;

2 拌制砂浆用砂,不得含有冰块和大于 10mm 的冻结块;

3 砌体用块体不得遭水浸冻。

五、《木结构工程施工质量验收规范》GB 50206—2012

4.2.1 方木、原木结构的形式、结构布置和构件尺寸,应符合设计文件的规定。

检查数量:检验批全数。

4.2.2 结构用木材应符合设计文件的规定,并应具有产品质量证书。

检查数量:检验批全数。

4.2.12 钉连接、螺栓连接节点的连接件(钉、螺栓)的规格、数量，应符合设计文件的规定。

　　检查数量：检验批全数。

5.2.1 胶合木结构的结构形式、结构布置和构件截面尺寸，应符合设计文件的规定。

　　检查数量：检验批全数。

5.2.2 结构用层板胶合木的类别、强度等级和组坯方式，应符合设计文件的规定，并应有产品质量合格证书和产品标识，同时应有满足产品标准规定的胶缝完整性检验和层板指接强度检验合格证书。

　　检查数量：检验批全数。

5.2.7 各连接节点的连接件类别、规格和数量应符合设计文件的规定。桁架端部节点齿连接胶合木端部的受剪面及螺栓连接中的螺栓位置，不应与漏胶胶缝重合。

　　检查数量：检验批全数。

6.2.1 轻型木结构的承重墙（包括剪力墙）、柱、楼盖、屋盖布置、抗倾覆措施及屋盖掀起措施等，应符合设计文件的规定。

　　检查数量：检验批全数。

6.2.2 进场规格材应有产品质量合格证书和产品标识。

　　检查数量：检验批全数。

6.2.11 轻型木结构各类构件间连接的金属连接件的规格、钉连接的用钉规格和数量，应符合设计文件的规定。

　　检查数量：检验批全数。

7.1.4 阻燃剂、防火涂料以及防腐、防虫等药剂，不得危及人畜安全，不得污染环境。

六、《公路桥涵设计通用规范》JTG D60—2004

1.0.6 公路桥涵结构的设计基准期为 100 年。

1.0.9 按持久状况承载能力极限状态设计时，公路桥涵结构的设计安全等级，应根据结构破坏可能产生的后果的严重程度划分为三个设计等级，并不低于表 1.0.9 的规定。

表 1.0.9 公路桥涵结构的设计安全等级

设计安全等级	桥涵结构
一级	特大桥、重要大桥
二级	大桥、中桥、重要小桥
三级	小桥、涵洞

注：本表所列特大、大、中桥等系按本规范表 1.0.11 中的单孔跨径确定，对多跨
不等跨桥梁，以其中最大跨径为准；本表冠以"重要"的大桥和小桥，系指
高速公路和一级公路上、国防公路上及城市附近交通繁忙公路上的桥梁。

4.1.2 公路桥涵设计时，对不同的作用应采用不同的代表值。

1 永久作用应采用标准值作为代表值。

2 可变作用应根据不同的极限状态分别采用标准值、频遇
值或准永久值作为其代表值。承载能力极限状态设计及按弹性阶
段计算结构强度时应采用标准值作为可变作用的代表值。正常使
用极限状态按短期效应（频遇）组合设计时，应采用频遇值作为
可变作用的代表值；按长期效应（准永久）组合设计时，应采用
准永久值作为可变作用的代表值。

3 偶然作用取其标准值作为代表值。

4.1.6 公路桥涵结构按承载能力极限状态设计时，应采用以下
两种作用效应组合：

1 基本组合。永久作用的设计值效应与可变作用设计值效
应相组合，其效应组合表达式为：

$$\gamma_0 S_{ud} = \gamma_0 \left(\sum_{i=1}^{m} \gamma_{Gi} S_{Gik} + \gamma_{Q1} S_{Q1k} + \psi_c \sum_{j=2}^{m} \gamma_{Qj} S_{Qjk} \right)$$

$$(4.1.6\text{-}1)$$

或　　　$$\gamma_0 S_{ud} = \gamma_0 \left(\sum_{i=1}^{m} S_{Gid} + S_{Q1d} + \psi_c \sum_{j=2}^{n} S_{Qjd} \right) \quad (4.1.6\text{-}2)$$

式中　S_{ud}——承载能力极限状态下作用基本组合的效应组合设

计值；

γ_0——结构重要性系数，按本规范表 1.0.9 规定的结构设计安全等级采用，对应于设计安全等级一级、二级和三级分别取 1.1、1.0 和 0.9；

γ_{Gi}——第 i 个永久作用效应的分项系数，应按表 4.1.6 的规定采用；

S_{Gik}、S_{Gid}——第 i 个永久作用效应的标准值和设计值；

γ_{Q1}——汽车荷载效应（含汽车冲击力、离心力）的分项系数，取 $\gamma_{Q1}=1.4$。当某个可变作用在效应组合中其值超过汽车荷载效应时，则该作用取代汽车荷载，其分项系数应采用汽车荷载的分项系数；对专为承受某作用而设置的结构或装置，设计时该作用的分项系数取与汽车荷载同值；计算人行道板和人行道栏杆的局部荷载，其分项系数也与汽车荷载取同值；

S_{Q1k}、S_{Q1d}——汽车荷载效应（含汽车冲击力、离心力）的标准值和设计值；

γ_{Qj}——在作用效应组合中除汽车荷载效应（含汽车冲击力、离心力）、风荷载外的其他第 j 个可变作用效应的分项系数，取 $\gamma_{Qj}=1.4$，但风荷载的分项系数取 $\gamma_{Qj}=1.1$；

S_{Qjk}、S_{Qjd}——在作用效应组合中除汽车荷载效应（含汽车冲击力、离心力）外的其他第 j 个可变作用效应的标准值和设计值；

ψ_c——在作用效应组合中除汽车荷载效应（含汽车冲击力、离心力）外的其他可变作用效应的组合系数，当永久作用与汽车荷载和人群荷载（或其他一种可变作用）组合时，人群荷载（或其他一种可变作用）的组合系数取 $\psi_c=0.80$；当除汽车荷载（含汽车冲击力、离心力）外尚有两种其他可变作用参与组合时，其组合系数取 $\psi_c = 0.70$；尚有三种可变作用参与组合时，其组合系数取 $\psi_c = 0.60$；尚有四种及多于四种的可变作用参与组合时，取 $\psi_c = 0.50$。

设计弯桥时，当离心力与制动力同时参与组合时，制动力标准值或设计值按 70% 取用。

2 偶然组合。永久作用标准值效应与可变作用某种代表值效应、一种偶然作用标准值效应相组合。偶然作用的效应分项系数取 1.0；与偶然作用同时出现的可变作用，可根据观测资料和工程经验取用适当的代表值。地震作用标准值及其表达式按现行《公路工程抗震设计规范》规定采用。

表 4.1.6　永久作用效应的分项系数

编号	作用类别		永久作用效应分项系数	
			对结构的承载能力不利时	对结构的承载能力有利时
1	混凝土和圬工结构重力（包括结构附加重力）		1.2	1.0
	钢结构重力（包括结构附加重力）		1.1 或 1.2	
2	预加力		1.2	1.0
3	土的重力		1.2	1.0
4	混凝土的收缩及徐变作用		1.0	1.0
5	土侧压力		1.4	1.0
6	水的浮力		1.0	1.0
7	基础变位作用	混凝土和圬工结构	0.5	0.5
		钢结构	1.0	1.0

注：本表编号 1 中，当钢桥采用钢桥面板时，永久作用效应分项系数取 1.1；当采用混凝土桥面板时，取 1.2。

4.3.1 公路桥涵设计时，汽车荷载的计算图式、荷载等级及其标准值、加载方法和纵横向折减等应符合下列规定：

汽车荷载分为公路—Ⅰ级和公路—Ⅱ级两个等级。

汽车荷载由车道荷载和车辆荷载组成。车道荷载由均布荷载和集中荷载组成。

桥梁结构的整体计算采用车道荷载；桥梁结构的局部加载、涵洞、桥台和挡土墙土压力等的计算采用车辆荷载。车辆荷载与车道荷载的作用不得叠加。

3　各级公路桥涵设计的汽车荷载等级应符合表 4.3.1-1 的规定。

表 4.3.1-1　各级公路桥涵的汽车荷载等级

公路等级	高速公路	一级公路	二级公路	三级公路	四级公路
汽车荷载等级	公路—Ⅰ级	公路—Ⅰ级	公路—Ⅱ级	公路—Ⅱ级	公路—Ⅱ级

二级公路为干线公路且重型车辆多时，其桥涵的设计可采用公路—Ⅰ级汽车荷载。

四级公路上重型车辆少时，其桥涵设计所采用的公路—Ⅱ级车道荷载的效应可乘以 0.8 的折减系数，车辆荷载的效应可乘以 0.7 的折减系数。

4　车道荷载的计算图式见图 4.3.1-1。

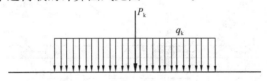

图 4.3.1-1　车道荷载

1）公路—Ⅰ级车道荷载的均布荷载标准值为 $q_k = 10.5 \text{kN/m}$；集中荷载标准值按以下规定选取：桥梁计算跨径小于或等于 5m 时，$P_k = 180 \text{kN}$；桥梁计算跨径等于或大于 50m 时，$P_k = 360 \text{kN}$；桥梁计算跨径在 5m～50m 之间时，P_k 值采用直线内插求得。计算剪力效应时，上述集中荷载标准值 P_k 应乘以 1.2 的系数。

2）公路—Ⅱ级车道荷载的均布荷载标准值 q_k 和集中荷载标准值 P_k 按公路—Ⅰ级车道荷载的 0.75 倍采用。

3）车道荷载的均布荷载标准值应满布于使结构产生最不利效应的同号影响线上；集中荷载标准值只作用于相应影响线中一个最大影响线峰值处。

5 车辆荷载的立面、平面尺寸见图 4.3.1-2，主要技术指标规定于表 4.3.1-2。公路—Ⅰ级和公路—Ⅱ级汽车荷载采用相同的车辆荷载标准值。

表 4.3.1-2　车辆荷载的主要技术指标

项 目	单位	技术指标	项 目	单位	技术指标
车辆重力标准值	kN	550	轮 距	m	1.8
前轴重力标准值	kN	30	前轮着地宽度及长度	m	0.3×0.2
中轴重力标准值	kN	2×120	中、后轮着地宽度及长度	m	0.6×0.2
后轴重力标准值	kN	2×140	车辆外形尺寸（长×宽）	m	15×2.5
轴 距	m	3+1.4+7+1.4			

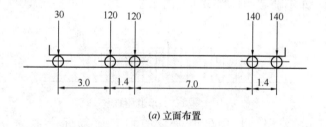

(a) 立面布置

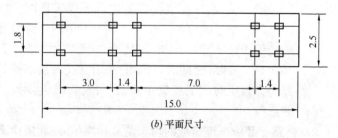

(b) 平面尺寸

图 4.3.1-2　车辆荷载的立面、平面尺寸

6 车道荷载横向分布系数应按设计车道数如图 4.3.1-3 布置车辆荷载进行计算。

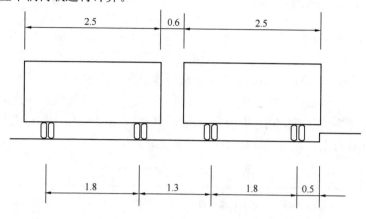

图 4.3.1-3 车辆荷载横向布置

7 桥涵设计车道数应符合表 4.3.1-3 的规定。多车道桥梁上的汽车荷载应考虑多车道折减。当桥涵设计车道数等于或大于 2 时，由汽车荷载产生的效应应按表 4.3.1-4 规定的多车道折减系数进行折减。但折减后的效应不得小于两设计车道的荷载效应。

表 4.3.1-3 桥涵设计车道数

桥面宽度 W (m)		桥涵设计车道数
车辆单向行驶时	车辆双向行驶时	
$W<7.0$		1
$7.0{\leqslant}W<10.5$	$6.0{\leqslant}W<14.0$	2
$10.5{\leqslant}W<14.0$		3
$14.0{\leqslant}W<17.5$	$14.0{\leqslant}W<21.0$	4
$17.5{\leqslant}W<21.0$		5
$21.0{\leqslant}W<24.5$	$21.0{\leqslant}W<28.0$	6
$24.5{\leqslant}W<28.0$		7
$28.0{\leqslant}W<31.5$	$28.0{\leqslant}W<35.0$	8

表 4.3.1-4 横向折减系数

横向布置设计车道数（条）	2	3	4	5	6	7	8
横向折减系数	1.00	0.78	0.67	0.60	0.55	0.52	0.50

8 大跨径桥梁上的汽车荷载应考虑纵向折减。

当桥梁计算跨径大于 150m 时，应按表 4.3.1-5 规定的纵向折减系数进行折减。当为多跨连续结构时，整个结构应按最大的计算跨径考虑汽车荷载效应的纵向折减。

表 4.3.1-5 纵向折减系数

计算跨径 L_0（m）	纵向折减系数	计算跨径 L_0（m）	纵向折减系数
$150 < L_0 < 400$	0.97	$800 \leqslant L_0 < 1000$	0.94
$400 \leqslant L_0 < 600$	0.96	$L_0 \geqslant 1000$	0.93
$600 \leqslant L_0 < 800$	0.95		

4.3.2 汽车荷载冲击力应按下列规定计算：

1 钢桥、钢筋混凝土及预应力混凝土桥、圬工拱桥等上部构造和钢支座、板式橡胶支座、盆式橡胶支座及钢筋混凝土柱式墩台，应计算汽车的冲击作用。

2 填料厚度（包括路面厚度）等于或大于 0.5m 的拱桥、涵洞以及重力式墩台不计冲击力。

3 支座的冲击力，按相应的桥梁取用。

4 汽车荷载的冲击力标准值为汽车荷载标准值乘以冲击系数 μ。

5 冲击系数 μ 可按下式计算：

当 $f < 1.5$Hz 时， $\mu = 0.05$

当 1.5Hz $\leqslant f \leqslant 14$Hz 时，$\mu = 0.1767 \ln f - 0.0157$ (4.3.2)

当 $f>14\text{Hz}$ 时，　　　　$\mu=0.45$

式中　f——结构基频（Hz）。

6 汽车荷载的局部加载及在 T 梁、箱梁悬臂板上的冲击系数采用 1.3。

4.3.5 人群荷载标准值按下列规定采用：

1 当桥梁计算跨径小于或等于 50m 时，人群荷载标准值为 3.0kN/m^2；当桥梁计算跨径等于或大于 150m 时，人群荷载标准值为 2.5kN/m^2；当桥梁计算跨径在 50m～150m 之间时，可由线性内插得到人群荷载标准值。对跨径不等的连续结构，以最大计算跨径为准。

城镇郊区行人密集地区的公路桥梁，人群荷载标准值取上述规定值的 1.15 倍。

专用人行桥梁，人群荷载标准值为 3.5kN/m^2。

2 人群荷载在横向应布置在人行道的净宽度内，在纵向施加于使结构产生最不利荷载效应的区段内。

3 人行道板（局部构件）可以一块板为单元，按标准值 4.0kN/m^2 的均布荷载计算。

4 计算人行道栏杆时，作用在栏杆立柱顶上的水平推力标准值取 0.75kN/m；作用在栏杆扶手上的竖向力标准值取 1.0kN/m。

七、《城市桥梁设计规范》CJJ 11—2011

3.0.8 桥梁结构的设计基准期应为 100 年。

3.0.14 当桥梁按持久状况承载能力极限状态设计时，根据结构的重要性、结构破坏可能产生后果的严重性，应采用不低于表 3.0.14 规定的设计安全等级。

表 3.0.14 桥梁设计安全等级

安全等级	结构类型	类　别
一级	重要结构	特大桥、大桥、中桥、重要小桥

续表 3.0.14

安全等级	结构类型	类　　别
二级	一般结构	小桥、重要挡土墙
三级	次要结构	挡土墙、防撞护栏

注：1 表中所列特大、大、中桥等系按本规范表 3.0.2 中单孔跨径确定，对多跨
　　　不等跨桥梁，以其中最大跨径为准；冠以"重要"的小桥、挡土墙系指城
　　　市快速路、主干路及交通特别繁忙的城市次干路上的桥梁、挡土墙。
　　2 对有特殊要求的桥梁，其设计安全等级可根据具体情况另行确定。

3.0.19 桥上或地下通道内的管线敷设应符合下列规定：

1 不得在桥上敷设污水管、压力大于 0.4MPa 的燃气管和其他可燃、有毒或腐蚀性的液、气体管。条件许可时，在桥上敷设的电信电缆、热力管、给水管、电压不高于 10kV 配电电缆、压力不大于 0.4MPa 燃气管必须采取有效的安全防护措施。

2 严禁在地下通道内敷设电压高于 10kV 配电电缆、燃气管及其他可燃、有毒或腐蚀性液、气体管。

8.1.4 当立交、高架道路桥梁的下穿道路紧靠柱式墩或薄壁墩台、墙时，所需的安全带宽度应符合下列规定：

1 当道路设计行车速度大于或等于 60km/h 时，安全带宽度不应小于 0.50m；

2 当道路设计行车速度小于 60km/h 时，安全带宽度不应小于 0.25m。

10.0.2 桥梁设计时，汽车荷载的计算图式、荷载等级及其标准值、加载方法和纵横向折减等应符合下列规定：

1 汽车荷载应分为城—A 级和城—B 级两个等级。

2 汽车荷载应由车道荷载和车辆荷载组成。车道荷载应由均布荷载和集中荷载组成。桥梁结构的整体计算应采用车道荷载，桥梁结构的局部加载、桥台和挡土墙压力等的计算应采用车辆荷载。车道荷载与车辆荷载的作用不得叠加。

3 车道荷载的计算（图 10.0.2-1）应符合下列规定：

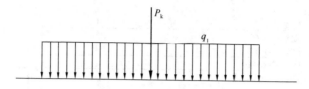

图 10.0.2-1　车道荷载

1）城—A 级车道荷载的均布荷载标准值（q_k）应为 10.5kN/m。集中荷载标准值（P_k）的选取：当桥梁计算跨径小于或等于 5m 时，$P_k = 180$kN；当桥梁计算跨径等于或大于 50m 时，$P_k = 360$kN；当桥梁计算跨径在 5m～50m 之间时，P_k 值应采用直线内插求得。当计算剪力效应时，集中荷载标准值（P_k）应乘以 1.2 的系数。

2）城—B 级车道荷载的均布荷载标准值（q_k）和集中荷载标准值（P_k）应按城—A 级车道荷载的 75% 采用。

3）车道荷载的均布荷载标准值应满布于使结构产生最不利效应的同号影响线上；集中荷载标准值应只作用于相应影响线中一个最大影响线峰值处。

4　车辆荷载的立面、平面布置及标准值应符合下列规定：

1）城—A 级车辆荷载的立面、平面、横桥向布置（图 10.0.2-2）及标准值应符合表 10.0.2 的规定：

表 10.0.2　城—A 级车辆荷载

车轴编号	单位	1	2	3	4	5
轴重	kN	60	140	140	200	160
轮重	kN	30	70	70	100	80
纵向轴距	m		3.6	1.2	6	7.2
每组车轮的横向中距	m	1.8	1.8	1.8	1.8	1.8
车轮着地的宽度×长度	m	0.25× 0.25	0.6× 0.25	0.6× 0.25	0.6× 0.25	0.6× 0.25

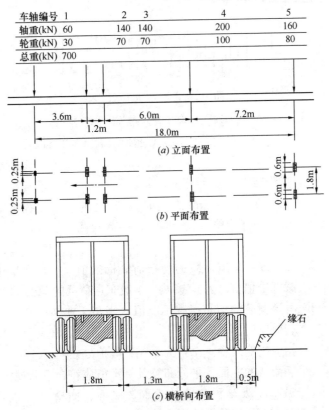

图 10.0.2-2　城—A 级车辆荷载立面、平面、横桥向布置

　　2）城—B 级车辆荷载的立面、平面布置及标准值应采用
现行行业标准《公路桥涵设计通用规范》JTG D60 车
辆荷载的规定值。

　　5　车道荷载横向分布系数、多车道的横向折减系数、大跨
径桥梁的纵向折减系数、汽车荷载的冲击力、离心力、制动力及
车辆荷载在桥台或挡土墙后填土的破坏棱体上引起的土侧压力等
均应按现行行业标准《公路桥涵设计通用规范》JTG D60 的规
定计算。

　　10.0.3　应根据道路的功能、等级和发展要求等具体情况选用设

计汽车荷载。桥梁的设计汽车荷载应根据表 10.0.3 选用，并应符合下列规定：

表 10.0.3 桥梁设计汽车荷载等级

城市道路等级	快速路	主干路	次干路	支路
设计汽车荷载等级	城—A级或城—B级	城—A级	城—A级或城—B级	城—B级

1 快速路、次干路上如重型车辆行驶频繁时，设计汽车荷载应选用城—A级汽车荷载；

2 小城市中的支路上如重型车辆较少时，设计汽车荷载采用城—B级车道荷载的效应乘以 0.8 的折减系数，车辆荷载的效应乘以 0.7 的折减系数；

3 小型车专用道路，设计汽车荷载可采用城—B级车道荷载的效应乘以 0.6 的折减系数，车辆荷载的效应乘以 0.5 的折减系数。

10.0.7 作用在桥上人行道栏杆扶手上竖向荷载应为 1.2kN/m；水平向外荷载应为 2.5kN/m。两者应分别计算。

八、《城市桥梁抗震设计规范》CJJ 166—2011

3.1.3 地震基本烈度为 6 度及以上地区的城市桥梁，必须进行抗震设计。

3.1.4 各类城市桥梁的抗震措施。应符合下列要求：

1 甲类桥梁抗震措施，当地震基本烈度为 6～8 度时，应符合本地区地震基本烈度提高一度的要求；当为 9 度时，应符合比 9 度更高的要求。

2 乙类和丙类桥梁抗震措施，一般情况下，当地震基本烈度为 6～8 度时，应符合本地区地震基本烈度提高一度的要求；当为 9 度时，应符合比 9 度更高的要求。

3 丁类桥梁抗震措施均应符合本地区地震基本烈度的要求。

4.2.1 存在饱和砂土或饱和粉土（不含黄土）的地基，除 6 度设防外，应进行液化判别；存在液化土层的地基，应根据桥梁的抗震设防类别、地基的液化等级，结合具体情况采取相应的措施。

6.3.2　当采用多振型反应谱法计算时，振型阶数在计算方向给出的有效振型参与质量不应低于该方向结构总质量的 90%。

6.4.2　时程分析的最终结果，当采用 3 组地震加速度时程计算时，应取各组计算结果的最大值；当采用 7 组及以上地震加速度时程计算时，可取结果的平均值。

8.1.1　对地震基本烈度 7 度及以上地区，墩柱塑性铰区域内加密箍筋的配置，应符合下列要求：

1　加密区的长度不应小于墩柱弯曲方向截面边长或墩柱上弯矩超过最大弯矩 80% 的范围；当墩柱的高度与弯曲方向截面边长之比小于 2.5 时，墩柱加密区的长度应取墩柱全高；

2　加密箍筋的最大间距不应大于 10cm 或 $6d_{b1}$ 或 $b/4$（d_{b1} 为纵筋的直径，b 为墩柱弯曲方向的截面边长）；

3　箍筋的直径不应小于 10mm；

4　螺旋式箍筋的接头必须采用对接焊，矩形箍筋应有 135° 弯钩，并应伸入核心混凝土之内 $6d_{b1}$ 以上。

9.1.3　桥梁减隔震设计，应满足下列要求：

1　桥梁减隔震支座应具有足够的刚度和屈服强度。

2　相邻上部结构之间应设置足够的间隙。

九、《公路钢筋混凝土及预应力混凝土桥涵设计规范》JTG D62—2004

3.1.3　混凝土轴心抗压强度标准值 f_{ck} 和轴心抗拉强度标准值 f_{tk} 应按表 3.1.3 采用。

表 3.1.3　混凝土强度标准值（MPa）

强度种类＼强度等级	C15	C20	C25	C30	C35	C40	C45	C50	C55	C60	C65	C70	C75	C80
f_{ck}	10.0	13.4	16.7	20.1	23.4	26.8	29.6	32.4	35.5	38.5	41.5	44.5	47.4	50.2
f_{tk}	1.27	1.54	1.78	2.01	2.20	2.40	2.51	2.65	2.74	2.85	2.93	3.00	3.05	3.10

3.1.4　混凝土轴心抗压强度设计值 f_{cd} 和轴心抗拉强度设计值 f_{td} 应按表3.1.4采用。

表3.1.4　混凝土强度设计值（MPa）

强度种类 ＼ 强度等级	C15	C20	C25	C30	C35	C40	C45	C50	C55	C60	C65	C70	C75	C80
f_{cd}	6.9	9.2	11.5	13.8	16.1	18.4	20.5	22.4	24.4	26.5	28.5	30.5	32.4	34.6
f_{td}	0.88	1.06	1.23	1.39	1.52	1.65	1.74	1.83	1.89	1.96	2.02	2.07	2.10	2.14

注：计算现浇钢筋混凝土轴心受压和偏心受压构件时，如截面的长边或直径小于300mm，表中数值应乘以系数0.8；当构件质量（混凝土成型、截面和轴线尺寸等）确有保证时，可不受此限。

3.2.2　钢筋的抗拉强度标准值应具有不小于95％的保证率。

普通钢筋的抗拉强度标准值 f_{sk} 和预应力钢筋的抗拉强度标准值 f_{pk}，应分别按表3.2.2-1和表3.2.2-2采用。

表3.2.2-1　普通钢筋抗拉强度标准值（MPa）

钢筋种类	符　号	f_{sk}
R235　$d=8\sim20$	Φ	235
HRB335　$d=6\sim50$	Φ	335
HRB400　$d=6\sim50$	Φ	400
KL400　$d=8\sim40$	ΦR	400

注：表中 d 系指国家标准中的钢筋公称直径，单位mm。

表3.2.2-2　预应力钢筋抗拉强度标准值（MPa）

钢筋种类		符号	f_{pk}
钢绞线	1×2 （二股）	$d=8.0$、10.0 $d=12.0$	ϕ^S	1470、1570、1720、1860 1470、1570、1720
	1×3 （三股）	$d=8.6$、10.8 $d=12.9$		1470、1570、1720、1860 1470、1570、1720
	1×7 （七股）	$d=9.5$、11.1、12.7 $d=15.2$		1860 1720、1860

续表 3.2.2-2

钢 筋 种 类			符号	f_{pk}
消除 应力 钢丝	光面 螺旋肋	$d=4$、5	ϕ^P	1470、1570、1670、1770
		$d=6$	ϕ^H	1570、1670
		$d=7$、8、9		1470、1570
	刻痕	$d=5$、7	ϕ^L	1470、1570
精轧螺纹钢筋		$d=40$	JL	540
		$d=18$、25、32		540、785、930

注：表中 d 系指国家标准中钢绞线、钢丝和精轧螺纹钢筋的公称直径，单位 mm。

3.2.3 普通钢筋的抗拉强度设计值 f_{sd} 和抗压强度设计值 f'_{sd} 应按表 3.2.3-1 采用；预应力钢筋的抗拉强度设计值 f_{pd} 和抗压强度设计值 f'_{pd} 应按表 3.2.3-2 采用。

表 3.2.3-1 普通钢筋抗拉、抗压强度设计值（MPa）

钢筋种类	f_{sd}	f'_{sd}
R235 $d=8\sim20$	195	195
HRB335 $d=6\sim50$	280	280
HRB400 $d=6\sim50$	330	330
KL400 $d=8\sim40$	330	330

注：1 钢筋混凝土轴心受拉和小偏心受拉构件的钢筋抗拉强度设计值大于
    330MPa 时，仍应按 330MPa 取用；
    2 构件中配有不同种类的钢筋时，每种钢筋应采用各自的强度设计值。

表 3.2.3-2 预应力钢筋抗拉、抗压强度设计值（MPa）

钢筋种类		f_{pd}	f'_{pd}
钢绞线 1×2（二股） 1×3（三股） 1×7（七股）	$f_{pk}=1470$	1000	390
	$f_{pk}=1570$	1070	
	$f_{pk}=1720$	1170	
	$f_{pk}=1860$	1260	
消除应力光面钢丝 和螺旋肋钢丝	$f_{pk}=1470$	1000	410
	$f_{pk}=1570$	1070	
	$f_{pk}=1670$	1140	
	$f_{pk}=1770$	1200	

续表 3.2.3-2

钢筋种类		f_{pd}	f'_{pd}
消除应力刻痕钢丝	$f_{pk}=1470$	1000	410
	$f_{pk}=1570$	1070	
精轧螺纹钢筋	$f_{pk}=540$	450	400
	$f_{pk}=785$	650	
	$f_{pk}=930$	770	

5.1.5 桥梁构件的承载能力极限状态计算，应采用下列表达式：

$$\gamma_0 S \leqslant R \tag{5.1.5-1}$$

$$R = R(f_d, a_d) \tag{5.1.5-2}$$

式中 γ_0 ——桥梁结构的重要性系数，按公路桥涵的设计安全等级、一级、二级、三级分别取用 1.1、1.0、0.9；桥梁的抗震设计不考虑结构的重要性系数；

S ——作用（或荷载）效应（其中汽车荷载应计入冲击系数）的组合设计值，当进行预应力混凝土连续梁等超静定结构的承载能力极限状态计算时，公式（5.1.5-1）中的作用（或荷载）效应项应改为 $\gamma_0 S + \gamma_p S_p$，其中 S_p 为预应力（扣除全部预应力损失）引起的次效应；γ_p 为预应力分项系数，当预应力效应对结构有利时，取 $\gamma_p = 1.0$；对结构不利时，取 $\gamma_p = 1.2$；

R ——构件承载力设计值；

$R(\cdot)$ ——构件承载力函数；

f_d ——材料强度设计值；

a_d ——几何参数设计值，当无可靠数据时，可采用几何参数标准值 a_k，即设计文件规定值。

6.3.1 预应力混凝土受弯构件应按下列规定进行正截面和斜截面抗裂验算：

1 正截面抗裂应对构件正截面混凝土的拉应力进行验算，

并应符合下列要求：

1）全预应力混凝土构件，在作用（或荷载）短期效应组合下

预制构件 $\sigma_{st} - 0.85\sigma_{pc} \leqslant 0$ (6.3.1-1)

分段浇筑或砂浆接缝的纵向分块构件

$$\sigma_{st} - 0.80\sigma_{pc} \leqslant 0 \qquad (6.3.1-2)$$

2）A 类预应力混凝土构件，在作用（或荷载）短期效应组合下

$$\sigma_{st} - \sigma_{pc} \leqslant 0.7f_{tk} \qquad (6.3.1-3)$$

但在荷载长期效应组合下

$$\sigma_{lt} - \sigma_{pc} \leqslant 0 \qquad (6.3.1-4)$$

2 斜截面抗裂应对构件斜截面混凝土的主拉应力 σ_{tp} 进行验算，并应符合下列要求：

1）全预应力混凝土构件，在作用（或荷载）短期效应组合下

预制构件 $\sigma_{tp} \leqslant 0.6f_{tk}$ (6.3.1-5)

现场浇筑（包括预制拼装）构件 $\sigma_{tp} \leqslant 0.4f_{tk}$ (6.3.1-6)

2）A 类和 B 类预应力混凝土构件，在作用（或荷载）短期效应组合下

预制构件 $\sigma_{tp} \leqslant 0.7f_{tk}$ (6.3.1-7)

现场浇筑（包括预制拼装）构件 $\sigma_{tp} \leqslant 0.5f_{tk}$ (6.3.1-8)

式中 σ_{st} ——在作用（或荷载）短期效应组合下构件抗裂验算边缘混凝土的法向拉应力，按本规范公式（6.3.2-1）计算；

σ_{lt} ——在荷载长期效应组合下构件抗裂验算边缘混凝土的法向拉应力，按本规范公式（6.3.2-2）计算；

σ_{pc} ——扣除全部预应力损失后的预加力在构件抗裂验算边缘产生的混凝土预压应力，按本规范第 6.1.5 条规定计算；

σ_{tp} ——由作用（或荷载）短期效应组合和预加力产生的

混凝土主拉应力，按本规范第 6.3.3 条规定计算；

f_{tk} ——混凝土的抗拉强度标准值，按本规范表 3.1.3 采用。

注：（1）本条规定的荷载长期效应组合系指结构自重和直接施加于桥上的活荷载产生的效应组合，不考虑间接施加于桥上的其他作用效应；

（2）B 类预应力混凝土受弯构件在结构自重作用下控制截面受拉边缘不得消压。

9.1.1 普通钢筋和预应力直线形钢筋的最小混凝土保护层厚度（钢筋外缘或管道外缘至混凝土表面的距离）不应小于钢筋公称直径，后张法构件预应力直线形钢筋不应小于其管道直径的 1/2，且应符合表 9.1.1 的规定。

表 9.1.1 普通钢筋和预应力直线形钢筋最小混凝土保护层厚度（mm）

序号	构 件 类 别	环境条件		
		Ⅰ	Ⅱ	Ⅲ、Ⅳ
1	基础、桩基承台（1）基坑底面有垫层或侧面有模板（受力主筋） （2）基坑底面无垫层或侧面无模板（受力主筋）	40 60	50 75	60 85
2	墩台身、挡土结构、涵洞、梁、板、拱圈、拱上建筑（受力主筋）	30	40	45
3	人行道构件、栏杆（受力主筋）	20	25	30
4	箍筋	20	25	30
5	缘石、中央分隔带、护栏等行车道构件	30	40	45
6	收缩、温度、分布、防裂等表层钢筋	15	20	25

注：对于环氧树脂涂层钢筋，可按环境类别Ⅰ取用。

9.1.12 钢筋混凝土构件中纵向受力钢筋的最小配筋百分率应符合下列要求：

1 轴心受压构件、偏心受压构件全部纵向钢筋的配筋百分率不应小于 0.5，当混凝土强度等级 C50 及以上时不应小于 0.6；同时，一侧钢筋的配筋百分率不应小于 0.2。当大偏心受拉构件的受压区配置按计算需要的受压钢筋时，其配筋百分率不应小于 0.2。

2 受弯构件、偏心受拉构件及轴心受拉构件的一侧受拉钢筋的配筋百分率不应小于 $45f_{td}/f_{sd}$，同时不应小于 0.20。

轴心受压构件、偏心受压构件全部纵向钢筋的配筋百分率和一侧纵向钢筋（包括大偏心受拉构件受压钢筋）的配筋百分率应按构件的毛截面面积计算。轴心受拉构件及小偏心受拉构件一侧受拉钢筋的配筋百分率应按构件毛截面面积计算。受弯构件、大偏心受拉构件的一侧受拉钢筋的配筋百分率为 $100A_s/bh_0$，其中 A_s 为受拉钢筋截面面积，b 为腹板宽度（箱形截面梁为各腹板宽度之和），h_0 为有效高度。当钢筋沿构件截面周边布置时，"一侧的受压钢筋"或"一侧的受拉钢筋"系指受力方向两个对边中的一边布置的纵向钢筋。

预应力混凝土受弯构件最小配筋率应满足下列条件：

$$\frac{M_{ud}}{M_{cr}} \geqslant 1.0 \qquad (9.1.12)$$

式中 M_{ud}——受弯构件正截面抗弯承载力设计值，按本规范第 5.2.2 条、第 5.2.3 条和第 5.2.5 条有关公式的等号右边式子计算；

M_{cr}——受弯构件正截面开裂弯矩值，按本规范公式 (6.5.2-6) 计算。

部分预应力混凝土受弯构件中普通受拉钢筋的截面面积，不应小于 $0.003bh_0$。

9.4.1 预应力混凝土梁当设置竖向预应力钢筋时，其纵向间距宜为 500～1000mm。

预应力混凝土 T 形、I 形截面梁和箱形截面梁腹板内应分别设置直径不小于 10mm 和 12mm 的箍筋，且应采用带肋钢筋，间距不应大于 250mm；自支座中心起长度不小于一倍梁高范围内，应采用闭合式箍筋，间距不应大于 100mm。

在 T 形、I 形截面梁下部的马蹄内，应另设直径不小于

8mm 的闭合式箍筋，间距不应大于 200mm。此外，马蹄内尚应设直径不小于 12mm 的定位钢筋。

9.8.2　预制构件的吊环必须采用 R235 钢筋制作，严禁使用冷加工钢筋。每个吊环按两肢截面计算，在构件自重标准值作用下，吊环的拉应力不应大于 50MPa。当一个构件设有四个吊环时，设计时仅考虑三个吊环同时发挥作用。吊环埋入混凝土的深度不应小于 35 倍吊环直径，端部应做成 180°弯钩，且应与构件内钢筋焊接或绑扎。吊环内直径不应小于三倍钢筋直径，且不应小于 60mm。

十、《公路桥涵地基与基础设计规范》JTG D63—2007

4.1.1　桥涵墩台基础（不包括桩基础）基底埋置深度应符合下列规定：

2　上部为外超静定结构的桥涵基础，其地基为冻胀土层时，应将基底埋入冻结线以下不小于 0.25m。

5　涵洞基础，在无冲刷处（岩石地基除外），应设在地面或河床底以下埋深不小于 1m 处；如有冲刷，基底埋深应在局部冲刷线以下不小于 1m；如河床上有铺砌层时，基础底面宜设置在铺砌层顶面以下不小于 1m。

6　非岩石河床桥梁墩台基底埋深安全值可按表 4.1.1-6 确定。

表 4.1.1-6　基底埋深安全值（m）

桥梁类别 ＼ 总冲刷深度（m）	0	5	10	15	20
大桥、中桥、小桥（不铺砌）	1.5	2.0	2.5	3.0	3.5
特大桥	2.0	2.5	3.0	3.5	4.0

注：1　总冲刷深度为自河床面算起的河床自然演变冲刷、一般冲刷与局部冲刷深度之和。

2　表列数值为墩台基底埋入总冲刷深度以下的最小值；若对设计流量、水位和原始断面资料无把握或不能获得河床演变准确资料时，其值宜适当加大。

3　若桥位上下游有已建桥梁，应调查已建桥梁的特大洪水冲刷情况，新建桥梁墩台基础埋置深度不宜小于已建桥梁的冲刷深度且酌加必要的安全值。

4　如河床上有铺砌层时，基础底面宜设置在铺砌层顶面以下不小于 1m。

4.4.3 验算墩台抗倾覆和抗滑动的稳定性时，稳定性系数不应小于表 4.4.3 的规定。

表 4.4.3 抗倾覆和抗滑动的稳定性系数

作 用 组 合		验算项目	稳定性系数
使用阶段	永久作用（不计混凝土收缩及徐变、浮力）和汽车、人群的标准值效应组合	抗倾覆 抗滑动	1.5 1.3
	各种作用（不包括地震作用）的标准值效应组合	抗倾覆 抗滑动	1.3 1.2
施工阶段作用的标准值效应组合		抗倾覆 抗滑动	1.2

5.2.2 （混凝土桩。）

1 桩身混凝土强度等级：钻（挖）孔桩、沉桩不应低于 C25；管桩填芯混凝土不应低于 C15。

7.1.2 地下连续墙支护结构的设计安全等级及结构重要性系数应根据支护结构破坏、土体失稳或过大变形对基坑周边环境及地下结构施工造成影响的严重性按表 7.1.2 选用。

地下连续墙基础的设计安全等级及结构重要性系数应与桥梁整体结构一致。

表 7.1.2 支护结构安全等级及重要性系数

安全等级	破坏后果	γ_0
一级	很严重	1.1
二级	严重	1.0
三级	不严重	0.9

7.2.1 基坑支护结构应保证岩土开挖、地下结构施工的安全。

7.2.4 支护结构的支撑必须采用稳定的结构体系和连接构造，刚度应满足变形要求。

十一、《建筑施工临时支撑结构技术规范》JGJ 300—2013

7.1.1　支撑结构严禁与起重机械设备、施工脚手架等连接。

7.1.3　支撑结构使用过程中，严禁拆除构配件。

7.7.2　支撑结构作业层上的施工荷载不得超过设计允许荷载。

第二篇 岩 土 工 程

第一章 勘 察

一、《岩土工程勘察规范》GB 50021—2001，2009 年版

1.0.3 各项建设工程在设计和施工之前，必须按基本建设程序进行岩土工程勘察。

4.1.11 详细勘察应按单体建筑物或建筑群提出详细的岩土工程资料和设计、施工所需的岩土参数；对建筑地基做出岩土工程评价，并对地基类型、基础形式、地基处理、基坑支护、工程降水和不良地质作用的防治等提出建议。主要应进行下列工作：

    1 搜集附有坐标和地形的建筑总平面图，场区的地面整平标高，建筑物的性质、规模、荷载、结构特点，基础形式、埋置深度，地基允许变形等资料；

    2 查明不良地质作用的类型、成因、分布范围、发展趋势和危害程度，提出整治方案的建议；

    3 查明建筑范围内岩土层的类型、深度、分布、工程特性，分析和评价地基的稳定性、均匀性和承载力；

    4 对需进行沉降计算的建筑物，提供地基变形计算参数，预测建筑物的变形特征；

    5 查明埋藏的河道、沟浜、墓穴、防空洞、孤石等对工程不利的埋藏物；

    6 查明地下水的埋藏条件，提供地下水位及其变化幅度；

    7 在季节性冻土地区，提供场地土的标准冻结深度；

    8 判定水和土对建筑材料的腐蚀性。

4.1.17 详细勘察的单栋高层建筑勘探点的布置，应满足对地基均匀性评价的要求，且不应少于 4 个；对密集的高层建筑群，勘探点可适当减少，但每栋建筑物至少应有 1 个控制性勘探点。

4.1.18 详细勘察的勘探深度自基础底面算起，应符合下列规定：

1 勘探孔深度应能控制地基主要受力层，当基础底面宽度不大于 5m 时，勘探孔的深度对条形基础不应小于基础底面宽度的 3 倍，对单独柱基不应小于 1.5 倍，且不应小于 5m；

2 对高层建筑和需作变形验算的地基，控制性勘探孔的深度应超过地基变形计算深度；高层建筑的一般性勘探孔应达到基底下 0.5～1.0 倍的基础宽度，并深入稳定分布的地层；

3 对仅有地下室的建筑或高层建筑的裙房，当不能满足抗浮设计要求，需设置抗浮桩或锚杆时，勘探孔深度应满足抗拔承载力评价的要求；

4 当有大面积地面堆载或软弱下卧层时，应适当加深控制性勘探孔的深度。

4.1.20 详细勘察采取土试样和进行原位测试应满足岩土工程评价要求，并符合下列要求：

1 采取土试样和进行原位测试的勘探孔的数量，应根据地层结构、地基土的均匀性和工程特点确定，且不应少于勘探孔总数的 1/2，钻探取土试样孔的数量不应少于勘探孔总数的 1/3；

2 每个场地每一主要土层的原状土试样或原位测试数据不应少于 6 件（组），当采用连续记录的静力触探或动力触探为主要勘察手段时，每个场地不应少于 3 个孔；

3 在地基主要受力层内，对厚度大于 0.5m 的夹层或透镜体，应采取土试样或进行原位测试。

4.8.5 当场地水文地质条件复杂，在基坑开挖过程中需要对地下水进行控制（降水或隔渗），且已有资料不能满足要求时，应进行专门的水文地质勘察。

4.9.1 桩基岩土工程勘察应包括下列内容：

1 查明场地各层岩土的类型、深度、分布、工程特性和变化规律；

2 当采用基岩作为桩的持力层时，应查明基岩的岩性、构造、岩面变化、风化程度，确定其坚硬程度、完整程度和基本质量等级，判定有无洞穴、临空面、破碎岩体或软弱岩层；

　　3　查明水文地质条件，评价地下水对桩基设计和施工的影响，判定水质对建筑材料的腐蚀性；

　　4　查明不良地质作用，可液化土层和特殊性岩土的分布及其对桩基的危害程度，并提出防治措施的建议；

　　5　评价成桩可能性，论证桩的施工条件及其对环境的影响。

5.1.1　拟建工程场地或其附近存在对工程安全有影响的岩溶时，应进行岩溶勘察。

5.2.1　拟建工程场地或其附近存在对工程安全有影响的滑坡或有滑坡可能时，应进行专门的滑坡勘察。

5.3.1　拟建工程场地或其附近存在对工程安全有影响的危岩或崩塌时，应进行危岩和崩塌勘察。

5.4.1　拟建工程场地或其附近有发生泥石流的条件并对工程安全有影响时，应进行专门的泥石流勘察。

5.7.2　在抗震设防烈度等于或大于 6 度的地区进行勘察时，应确定场地类别。当场地位于抗震危险地段时，应根据现行国家标准《建筑抗震设计规范》GB 50011 的要求，提出专门研究的建议。

5.7.8　地震液化的进一步判别应在地面以下 15m 的范围内进行；对于桩基和基础埋深大于 5m 的天然地基，判别深度应加深至 20m。对判别液化而布置的勘探点不应少于 3 个，勘探孔深度应大于液化判别深度。

5.7.10　凡判别为可液化的场地，应按现行国家标准《建筑抗震设计规范》GB 50011 的规定确定其液化指数和液化等级。

　　勘察报告除应阐明可液化的土层、各孔的液化指数外，尚应根据各孔液化指数综合确定场地液化等级。

7.2.2　地下水位的量测应符合下列规定：

　　1　遇地下水时应量测水位；

　　3　对工程有影响的多层含水层的水位量测，应采取止水措施，将被测含水层与其他含水层隔开。

14.3.3　岩土工程勘察报告应根据任务要求、勘察阶段、工程特点和地质条件等具体情况编写，并应包括下列内容：

　　1　勘察目的、任务要求和依据的技术标准；

　　2　拟建工程概况；

　　3　勘察方法和勘察工作布置；

　　4　场地地形、地貌、地层、地质构造、岩土性质及其均匀性；

　　5　各项岩土性质指标，岩土的强度参数、变形参数、地基承载力的建议值；

　　6　地下水埋藏情况、类型、水位及其变化；

　　7　土和水对建筑材料的腐蚀性；

　　8　可能影响工程稳定的不良地质作用的描述和对工程危害程度的评价；

　　9　场地稳定性和适宜性的评价。

二、《高层建筑岩土工程勘察规程》JGJ 72—2004

3.0.6　详细勘察阶段应采用多种手段查明场地工程地质条件；应采用综合评价方法，对场地和地基稳定性作出结论；应对不良地质作用和特殊性岩土的防治、地基基础形式、埋深、地基处理、基坑工程支护等方案的选型提出建议；应提供设计、施工所需的岩土工程资料和参数。

8.1.2　对有直接危害的不良地质作用地段，不得选作高层建筑建设场地。对于有不良地质作用存在，但经技术经济论证可以治理的高层建筑场地，应提出防治方案建议，采取安全可靠的整治措施。

8.2.1　天然地基分析评价应包括以下基本内容：

　　1　场地、地基稳定性和处理措施的建议；

　　2　地基均匀性；

　　3　确定和提供各岩土层尤其是地基持力层承载力特征值的建议值和使用条件；

4 预测高层和高低层建筑地基的变形特征；

5 对地基基础方案提出建议；

6 抗震设防区应对场地地段划分、场地类别、覆盖层厚度、地震稳定性等作出评价；

7 对地下室防水和抗浮进行评价；

8 基坑工程评价。

8.3.2 桩基评价应包括以下基本内容：

1 推荐经济合理的桩端持力层；

2 对可能采用的桩型、规格及相应的桩端入土深度（或高程）提出建议；

3 提供所建议桩型的侧阻力、端阻力和桩基设计、施工所需的其他岩土参数；

4 对沉（成）桩可能性、桩基施工对环境影响的评价和对策以及其他设计、施工应注意事项提出建议。

10.2.2 详细勘察报告应满足施工图设计要求，为高层建筑地基基础设计、地基处理、基坑工程、基础施工方案及降水截水方案的确定等提供岩土工程资料，并应作出相应的分析和评价。

三、《软土地区岩土工程勘察规程》JGJ 83—2011

5.0.5 现场勘察时，应测量地下水位，水位测量孔的数量应满足工程评价的需求，并应符合下列规定：

1 当遇第一层稳定潜水时，每个场地的水位测量孔数量不应少于钻探孔数量的1/2，且对单栋建筑物场地，水位测量孔数量不应少于3个；

2 当场地有多层对工程有影响的地下水时，应专门设置水位测量孔，并应分层测量地下水位或承压水头高度。

四、《冻土工程地质勘察规范》GB 50324—2001

3.1.2 冻土的描述和定名，除应按附录B定名外，尚应符合下列规定：

3.1.2.1 根据土的颗粒级配和液、塑限指标，按国际《土的分类标准》GB 50145 确定土类名称。

3.1.2.2 按冻土含冰特征，可定名为少冰冻土、多冰冻土、富冰冻土、饱冰冻土和含土冰层。

3.1.2.3 当冰层厚度大于 2.5cm，且其中不含土时，应单另标出定名为纯冰层（ICE）。

3.2.1 季节冻土和季节融化层土的冻胀性，根据土冻胀率 η 的大小，按表 3.2.1 划分为：不冻胀、弱冻胀、冻胀、强冻胀和特强冻胀五级。冻土层的平均冻胀率 η 按下式计算：

$$\eta = \frac{\Delta z}{Z_d} \times 100(\%) \tag{3.2.1}$$

式中 Δz——地表冻胀量（mm）；

$\quad\quad Z_d$——设计冻深（mm），$Z_d = h - \Delta z$；

$\quad\quad h$——冻层厚度（mm）。

表 3.2.1 季节冻土与季节融化层土的冻胀性分级

土的名称及代号	冻前天然含水量 w（%）	冻结期间地下水位距冻结面的最小距离 h_w（m）	平均冻胀率 η（%）	冻胀等级	冻胀类别
碎（卵）石、砾、粗、中砂（粒径＜0.074mm，含量＜15%），细砂（粒径＜0.074mm，含量＜10%）	不考虑	不考虑	$\eta \leqslant 1$	I	不冻胀
碎（卵）石、砾、粗、中砂（粒径＜0.074mm，含量＞15%），细砂（粒径＜0.074mm，含量＞10%）	$w \leqslant 12$	＞1.0	$\eta \leqslant 1$	I	不冻胀
		≤1.0	$1 < \eta \leqslant 3.5$	II	弱冻胀
	$12 < w \leqslant 18$	＞1.0			
		≤1.0	$3.5 < \eta \leqslant 6$	III	冻胀
	$w > 18$	＞0.5			
		≤0.5	$6 < \eta \leqslant 12$	IV	强冻胀

续表 3.2.1

土的名称及代号	冻前天然含水量 w（%）	冻结期间地下水位距冻结面的最小距离 h_w（m）	平均冻胀率 η（%）	冻胀等级	冻胀类别
粉砂	$w \leqslant 14$	>1.0	$\eta \leqslant 1$	I	不冻胀
		$\leqslant 1.0$	$1 < \eta \leqslant 3.5$	II	弱冻胀
	$14 < w \leqslant 19$	>1.0			
		$\leqslant 1.0$	$3.5 < \eta \leqslant 6$	III	冻胀
	$19 < w \leqslant 23$	>1.0			
		$\leqslant 1.0$	$6 < \eta \leqslant 12$	IV	强冻胀
	$w > 23$	不考虑	$\eta > 12$	V	特强冻胀
粉土	$w \leqslant 19$	>1.5	$\eta \leqslant 1$	I	不冻胀
		$\leqslant 1.5$	$1 < \eta \leqslant 3.5$	II	弱冻胀
	$19 < w \leqslant 22$	>1.5			
		$\leqslant 1.5$	$3.5 < \eta \leqslant 6$	III	冻胀
	$22 < w \leqslant 26$	>1.5			
		$\leqslant 1.5$	$6 < \eta \leqslant 12$	IV	强冻胀
	$26 < w \leqslant 30$	>1.5			
		$\leqslant 1.5$	$\eta > 12$	V	特强冻胀
	$w > 30$	不考虑			
黏性土	$w \leqslant w_p + 2$	>2.0	$\eta \leqslant 1$	I	不冻胀
		$\leqslant 2.0$	$1 < \eta \leqslant 3.5$	II	弱冻胀
	$w_p + 2 < w \leqslant w_p + 5$	>2.0			
		$\leqslant 2.0$	$3.5 < \eta \leqslant 6$	III	冻胀
	$w_p + 5 < w \leqslant w_p + 9$	>2.0			
		$\leqslant 2.0$	$6 < \eta \leqslant 12$	IV	强冻胀
	$w_p + 9 < w \leqslant w_p + 15$	>2.0			
		$\leqslant 2.0$	$\eta > 12$	V	特强冻胀
	$w > w_p + 15$	不考虑			

注：①w_p—塑限含水量（%）；

　　w—冻前天然含水量在冻层内的平均值；

②盐渍化冻土不在表列；

③塑性指数大于 22 时，冻胀性降低一级；

④<0.005mm 粒径含量>60%时，为不冻胀土；

⑤碎石类土当填充物大于全部质量的 40%时，其冻胀性按填充物土的类别判定。

3.2.2 多年冻土的融化下沉性，根据土的融化下沉系数 δ_0 的大小，按表 3.2.2 划分为：不融沉、弱融沉、融沉、强融沉和融陷五级。冻土层的平均融沉系数 δ_0 按下式计算：

$$\delta_0 = \frac{h_1 - h_2}{h_1} = \frac{e_1 - e_2}{1 + e_1} \times 100(\%) \qquad (3.2.2)$$

式中 h_1、e_1 ——分别为冻土试样融化前的高度（mm）和孔隙比；

$\qquad$ h_2、e_2 ——分别为冻土试样融化后的高度（mm）和孔隙比。

表 3.2.2 多年冻土的融沉性分级

土 的 名 称	总含水量 w（%）	平均融沉系数 δ_0	融沉等级	融沉类别
碎（卵）石、砾、粗、中砂（粒径<0.074mm、含量<15%）	$w<10$	$\delta_0 \leqslant 1$	I	不融沉
	$w \geqslant 10$	$1<\delta_0 \leqslant 3$	II	弱融沉
碎（卵）石、砾、粗、中砂（粒径<0.074mm、含量>15%）	$w<12$	$\delta_0 \leqslant 1$	I	不融沉
	$12 \leqslant w<15$	$1<\delta_0 \leqslant 3$	II	弱融沉
	$15 \leqslant w<25$	$3<\delta_0 \leqslant 10$	III	融沉
	$w \geqslant 25$	$10<\delta_0 \leqslant 25$	IV	强融沉
粉、细砂	$w<14$	$\delta_0 \leqslant 1$	I	不融沉
	$14 \leqslant w<18$	$1<\delta_0 \leqslant 3$	II	弱融沉
	$18 \leqslant w<28$	$3<\delta_0 \leqslant 10$	III	融沉
	$w>28$	$10<\delta_0 \leqslant 25$	IV	强融沉
粉土	$w<17$	$\delta_0 \leqslant 1$	I	不融沉
	$17 \leqslant w<21$	$1<\delta_0 \leqslant 3$	II	弱融沉
	$21 \leqslant w<32$	$3<\delta_0 \leqslant 10$	III	融沉
	$w \geqslant 32$	$10<\delta_0 \leqslant 25$	IV	强融沉

续表 3.2.2

土 的 名 称	总含水量 w （%）	平均融沉系数 δ_0	融沉 等级	融沉类别
黏性土	$w < w_p$	$\delta_0 \leqslant 1$	I	不融沉
	$w_p \leqslant w < w_p + 4$	$1 < \delta_0 \leqslant 3$	II	弱融沉
	$w_p + 4 \leqslant w < w + 15$	$3 < \delta_0 \leqslant 10$	III	融沉
	$w_p + 15 \leqslant w < w_p + 35$	$10 < \delta_0 \leqslant 25$	IV	强融沉
含土冰层	$w \geqslant w_p + 35$	$\delta_0 > 25$	V	融陷

注：①总含水量 w 包括冰和未冻水；

②盐渍化冻土、冻结泥炭化土、腐殖土、高塑性黏土不在表列；

③塑限含水 w_p。

4.2.1 多年冻土区冻土工程地质勘察根据工程要求应进行下列工作：

4.2.1.1 查明多年冻土类型（按附录 A）、分布范围及其特征，及其他与地质-地理环境的相互关系。

4.2.1.2 查明季节融化层（当无实测资料时，可按附录 D 和 E 确定）与多年冻土层厚度，以及在剖面上彼此之间的相互关系及随空间的变化。

4.2.1.3 查明多年冻土层的物质成分、性质与含冰量、冻土组构类型（可按附录 C 进行鉴别）、地下冰层的厚度及分布特征。

4.2.1.4 查明多年冻土层年平均地温，地温年变化深度，当无实测资料时，可按附录 L 确定。

4.2.1.5 查明多年冻土层物理、力学和热物理性质，冻土融化下沉特性，给出设计参数及其随温度的变化关系。

4.2.1.6 查明多年冻土区内融区的形成、存在原因、分布特征，及其与冻土条件和自然因素及人为工程活动的关系。

4.2.1.7 查明多年冻土区地表水及地下水的储运条件，及其与多年冻土层的相互关系和作用。

4.2.1.8 查明多年冻土区的冻土现象类型、特征和发育规律及其对工程建筑的影响与危害。

4.2.1.9 查明多年冻土条件与工程建筑，经济开发区的相互作用与制约关系。

4.2.1.10 对冻土工程地质条件作出评价，预报工程建筑运营期间冻土-工程-地质（水文地质）条件的变化，并依此提出合理的治理建议与措施。

4.2.2 季节冻土区冻土工程地质勘察，根据工程要求应进行下列工作：

4.2.2.1 查明季节冻结层的厚度（无实测资料时，可按附录 D 确定）与特征，及其与地质－地理环境的相互关系。

4.2.2.2 查明季节冻结层的冻土含冰特征及其在垂直剖面上的分布和随空间的变化。

4.2.2.3 查明季节冻结层的物质成分与含水特征。

4.2.2.4 查明季节冻结层岩土的物理力学及热学性质，土的冻胀特性，给出设计参数。

4.2.2.5 查明地下水补给、径流、排泄条件及与地表水的关系，以及冻结前和冻结期间的变化情况。

4.2.2.6 查明场地冻土现象类型、成因、分布、对场地和地基稳定的影响及其发展趋势。

4.3.2 冻土工程地质分区应根据场地的复杂程度分为三级，并相应地反映下列内容：

4.3.2.1 第一级分区反映下列内容：

（1）冻土分布区域、范围与厚度。

（2）多年冻土的年平均地温。

（3）地貌单元如分水岭、山坡、河谷等的冻土形成及存在条件。

（4）冻结沉积物的成因类型。

（5）主要冻土现象等。

4.3.2.2 第二级分区应反映下列内容：

（1）在一级分区的基础上，除反映各冻土类型的地质、地貌、构造的基本条件外，还要阐明冻土的成分、冰包裹体的性质、分布及其所决定的冻土构造和埋藏条件。

（2）根据多年冻土的年平均地温（T_{cp}）确定冻土地温带：

T_{cp}＜－2.0℃的为稳定带；

T_{cp}＝－1.0～－2.0℃的为基本稳定带；

T_{cp}＝－0.5～－1.0℃为不稳定带；

T_{cp}＞－0.5℃的为极不稳定带。

（3）多年冻土及融区的分布面积、厚度及其连续性。

（4）季节冻结层及其与下卧多年冻土层的衔接关系。

（5）表明各地带的冻土现象、年平均气温、地下水、雪盖及植被等基本特征。

4.3.2.3 第三级分区应反映下列内容：

（1）在二级分区的基础上，除反映冻土的工程地质条件及自然条件外，主要阐明各建筑地段冻土的含冰程度、物理力学和热学性质。

（2）按冻土工程地质条件及其物理力学参数，划出不同的冻土工程地质分区地段，并作出评价。

4.4.2 冻土工程地质条件评价应包括下列内容：

4.4.2.1 冻土类型及分布、成分、组构、性质、厚度评价。

4.4.2.2 冻土温度状况的变化，包括地表积雪、植被、水体、沼泽化、大气降水渗透作用、土的含水率、地形等影响引起的变化。

4.4.2.3 季节冻结与季节融化深度的变化。

4.4.2.4 冻土物理力学和热学性质的变化。

4.4.2.5 冻土现象（过程）的动态变化。

4.4.4 对冻土工程地质环境变化的影响应按下列内容进行评价：

4.4.4.1 人类工程活动作用形式（施工准备工作及施工方式）。

4.4.4.2 自然条件的破坏情况。

4.4.4.3 冻土工程地质条件变化状况。

4.4.4.4 冻土现象类型及其变化特点。

4.4.4.5 工程建筑物在运营期间冻土工程地质条件的变化情况。

5.1.3 冻土工程地质调查与测绘，应包括下列主要内容：

5.1.3.1　查明地貌形态特征、分布情况和成因类型并划分地貌单元；查明地貌与第四纪地质、岩性、构造、地表水以及地下水等与冻土现象的关系。

5.1.3.2　冻土的分布、埋藏、成分、结构、地下冰类型及其与各种自然条件的关系。

5.1.3.3　季节冻结与季节融化层土的成分、含水率和含冰量以及最大冻结与融化深度。

5.1.3.4　多年冻土的年平均地温、地表温度较差和冻层下卧岩土的温度变化动态。

5.1.3.5　冻土现象的形成、分布、形态、规模和发育程度。

5.1.3.6　建筑物在施工和使用期间，由于气候与人为因素对建筑场地冻土工程地质条件影响的预测。

5.2.1　多年冻土区对工程建筑有影响的主要冻土现象包括：

冻胀丘、冰椎、地下冰、融冻泥流、热融滑塌、热融湖塘、热融洼地、冻土沼泽等。在进行勘察时，应结合工程类型，有针对性地开展工作。

6.2.1　根据冻土层类别选择钻探方法时，应符合下列要求：

6.2.1.1　当冻土为第四系松散地层时，宜采取低速干钻方法。回次钻探时间不宜过长，一般以进尺 0.20～0.50m 为宜。

6.2.1.2　对于高含冰量的冻结黏性土层，应采取快速干钻方法。回次进尺不宜大于 0.80m。

6.2.1.3　对于冻结的碎块石和基岩，在钻探时，可采用低温冲洗液钻进方法。

6.2.3　根据冻土工程地质环境变化特点，冻土钻探工作应符合下列要求：

6.2.3.1　为了保持冻土层中钻孔孔壁稳定，应设置护孔管及套管封水或其他止水措施，防止地表水和地下水流入孔内。

6.2.3.2　为取得土的最大冻结与融化深度资料，应在地表开始融化或冻结之前的适宜季节进行钻探。

6.2.3.3　在钻探和测温期间，应减少对场地地表植被的破坏。

已破坏的要在任务完成后，恢复植被的天然状态。

6.2.3.4 对需要保留的观测孔和测温孔，应按勘察阶段要求处理，否则应及时回填。

7.2.2 冻土试验的项目，根据各工种在不同勘察阶段的实际需要可按表 7.2.2 选定。

表 7.2.2　冻土室内分析测试项目选择表

测试项目	设计前期勘察		设计阶段勘察		施工图阶段勘察	
	土　类					
	粗粒土	细粒土	粗粒土	细粒土	粗粒土	细粒土
1. 粒度成分	+	+	+	+	+	+
2. 总含水量	+	+	+	+	+	+
3. 液、塑限	−	+	−	+	−	+
4. 矿物颗粒比重	+	+	+	+	+	+
5. 天然密度	+	+	+	+	+	+
6. 未冻水含量	−	−	C	C	+	+
7. 盐渍度	−	+	−	+	+	+
8. 有机质含量	+	+	+	+	+	+
9. 矿物颗粒比热	C	C	C	C	+	+
10. 导热系数	C	C	C	C	+	+
11. 起始冻结温度	+	+	+	+	+	+
12. 冻胀性	−	−	+	+	+	+
13. 渗透系数					+	+
14. 地下水化学成分	−	−	+	−	+	−
15. 切向冻胀力	C	C	C	C	+，C	+，C
16. 水平冻胀力	C	C	C	C	+，C	+，C
17. 抗压强度	C	C	C	C	+，C	+，C
18. 抗剪强度	C	C	C	C	+，C	+，C
19. 融化系数，融化后体积压缩系数	C	C	C	C	+，C	+，C

注：+——测定；−——不测定；C——查表确定。

7.3.3 原位测试应包括下列内容：

7.3.3.1 地温与地温场、地下水位、多年冻土上限深度、季节冻结深度、季节冻土层的分层冻胀以及冻融过程等。

7.3.3.2 载荷试验、桩基静载试验、波速试验、融化压缩试验以及冻胀力试验等。

7.4.1 冻土区的建筑场地、重要工程以及建筑面积较大的高温车间等，从勘察工作开始就应设置定位观测站。

7.4.2 定位观测站应包括下列观测内容和要求：

7.4.2.1 气温、冻土地温（要有一定数量的孔深达到地温年变化深度）、冻土上限、季节冻结深度、地下水位、融化下沉以及冻胀量等。

7.4.2.2 建筑物建成后需验证的设计方案和施工措施。

7.4.2.3 已建建筑物下的冻土地基及建筑场区内在人为活动影响下冻土条件变化情况。

7.4.2.4 建筑物地基周围及其整个建筑场区地温场的变化特点与稳定状态。

7.4.2.5 所采用各种防止冻胀，消除融沉措施的适用性及效果。

8.3.3 初步勘察阶段，应进行下列工作：

8.3.3.1 初步查明冻土的分布规律，以及冻土现象的类型、成因和对场地稳定性的影响程度，并提出在建筑物使用期间冻土工程地质条件可能发生的变化。

8.3.3.2 查明地下水埋藏条件及其对工程建筑的影响。

8.3.3.3 对抗震设防烈度等于或大于 7 度的建筑场地，应判明场地的地震效应。

8.3.3.4 查明构造地质、环境地质对建筑场地的影响。

8.4.3 详细勘察应进行下列工作：

8.4.3.1 查明冻土现象的成因、类型、分布范围、发展趋势及危害程度，并提出整治所需冻土技术参数和整治方案的建议。

8.4.3.2 查明建筑物地基范围内的冻土类别、构造、厚度、温度、工程性质，并计算和评价地基的承载力与稳定性。

8.4.3.3 查明地下水类型、埋藏条件、变化幅度和地层的渗透性，并评价对地基基础冻胀与融沉的影响。

8.4.3.4　判定地下水对建筑材料和金属的浸蚀性。

8.4.3.5　在塑性冻土分布地段，对一级或重要建筑物，提供地基变形计算参数。预测建筑物的沉降、差异沉降或整体倾斜。

8.4.3.6　利用塑性冻土作为重要建筑物地基时，应作下列静载试验：

（1）对于桩基应作桩的静载试验。

（2）对其他类型基础宜作静载试验或其他原位测试。

8.4.3.7　在确定融土的变形特征时，允许根据地基土的物理力学指标用计算方法确定土层的变形。

8.4.3.8　工程施工和运营期间应进行地质环境变化的监测和预报工作。

8.4.6　详细勘察勘探孔深度应根据下列不同情况确定：

8.4.6.1　坚硬冻土作为地基时，一般孔深度应等于地温年变化深度，控制孔深度应大于地温年变化深度2～5m，控制测温孔深度应大于地温年变化深度5m。

8.4.6.2　塑性冻土作为地基时，钻孔深度应大于融化盘深度3～4m。对需要进行变形验算的地基控制性勘探孔的深度应大于地基压缩层计算深度1～2m，并考虑相邻基础的影响。在一般情况下，勘探孔深度可按表8.4.6-1确定。

表8.4.6-1　详细勘察勘探孔深度

条形基础		单独基础	
基础荷重（kN/m）	勘探点深度（m）	基础荷重（kN/m）	勘探点深度（m）
100	6～8	500	6～8
200	8～10	1000	7～10
500	11～15	5000	9～14
1000	15～20	10000	12～16
2000	20～24	20000	14～20
—	—	50000	18～26

注：①　勘探孔深由基础底面算起；

②　当压缩层范围内有地下水时，勘探点深度取大值，无地下水时取小值；

③　表内所列数值应根据地基土类别或遇有基岩时勘探点深度应适当调整。

8.4.6.3 在塑性冻土区的一、二级建筑物，如采用箱形基础和筏式基础时，控制性勘探孔应大于地基压缩层的计算深度，一般性勘探孔应能控制主要受力层，勘探孔深度可按下式计算：

$$Z = d + m_c b \tag{8.4.6}$$

式中 Z——勘探孔深度（m）；

d——箱形基础或筏式基础埋置深度（m）；

m_c——与土的压缩性有关的经验系数，根据地基土的类别按表 8.4.6-2 取值；

b——箱形基础或筏式基础宽度（m），对圆形基础或环形基础按最大直径考虑。

表 8.4.6-2　经验系数 m_c 值

勘探孔类别　　　土的类别	碎石土	砂土	粉土	黏性土
控制孔	0.5～0.7	0.7～0.9	0.9～1.2	1.0～1.5
一般孔	0.3～0.4	0.4～0.5	0.5～0.7	0.6～0.9

注：表中 m_c 值对同一土类中时代老的、密实的或地下水位深者取小值；反之取大值。

8.4.6.4 当钻孔达到预定深度遇有厚层地下冰或饱冰冻土时，应加深勘探孔深度。

8.4.9 桩基勘察工作量布置应符合下列要求：

8.4.9.1 勘探点的布置应按建筑物的柱列线布置，对群桩基础应布置在建筑物中心、角点和周边的位置上，勘探点间距不大于30m。当持力层层面坡度大于10%或冻土工程性质变化较大时，宜加密勘探点。当冻土工程条件复杂时，对大口径桩或墩也应适当加密勘探点。

8.4.9.2 控制性勘探孔应占勘探点数的 1/3～1/2。

9.3.3 初测阶段冻土工程地质调查与测绘的基本内容除应符合现行国家有关规范和本规范第 5 章规定外，尚应重点调查以下内容：

9.3.3.1 初步查明沿线富冰、饱冰冻土和含土冰层的分布、成因和厚度。

9.3.3.2 初步查明控制线路方案的重大路基工点、大桥、隧道、铁路区段站及以上大站、公路管理、养护及服务设施场地、互通式立体交叉等的冻土工程地质条件。

9.3.3.3 根据沿线地震基本烈度区划资料，结合沿线岩性、构造、地貌、水文地质和多年冻土条件，确定 7 度及 7 度以上的烈度分界线。

9.3.3.4 提供多年冻土地基的物理、力学和热学参数。

9.3.3.5 在沿线重大工程地段和大的地貌单元可建立长期地温观测点。观测孔和地温观测应符合下列规定：

（1）观测孔深度不应小于地温年变化深度。

（2）地温观测应在成孔后立即进行。

（3）观测周期应根据勘察大纲的有关技术要求而定。

9.3.6 路基工程地质调查与测绘除应查明一般冻土工程与水文地质条件外，尚应调查以下内容：

9.3.6.1 沿线多年冻土上限的分布，季节融化层的成分及冻胀性，地面植被的覆盖程度。

9.3.6.2 路基基底以下 1.0～3.0 倍上限深度范围内多年冻土的特征。

9.3.6.3 沿线冻土现象的分布及对路基工程的影响。

9.3.6.4 从保护冻土地质环境出发，确定取土、弃土位置。

9.3.7 桥位区冻土工程地质调查与测绘除应符合现行国家有关标准（规范）规定外，尚应查明以下几点内容：

9.3.7.1 桥位区多年冻土的分布及物理力学特征。

9.3.7.2 桥位区融区的分布及特点。

9.3.7.3 桥位区冻土现象类型、分布及危害程度。

9.3.8 隧道冻土工程地质调查与测绘，除应符合现行国家有关标准（规范）规定外，尚应按以下几点要求进行：

9.3.8.1 查明隧道通过地段多年冻土的分布及特征以及地下水

的类型、补给、径流、排泄条件及动态特征。

9.3.8.2　隧道口处冻土现象的类型及危害程度。

9.3.8.3　长大公路隧道宜进行地温、地下水和简易气象等项目的观测，铁路隧道可视需要确定。

9.3.8.4　勘探孔深度应达到隧道路肩设计高程以下 2～3m，如冻土条件复杂时可适当加深。

9.3.9　站场及房屋建筑冻土工程地质勘察的内容和要求除按第 8 章的有关规定执行外，应注意查明活动层的厚度、成分及冻胀性，地下冰以及高含冰冻土的特征及分布范围、冻土现象的类型、分布及危害程度。

9.4.3　定测阶段冻土工程地质勘探工作应符合下列要求：

9.4.3.1　勘探点的数量应满足各类工程施工图设计时对冻土工程地质资料的需要。勘探点的距离应根据冻土工程地质条件的复杂程度和冻土现象的性质以及建筑物类型确定。桥梁工程原则上每墩应有一个钻孔。隧道洞口必须有钻孔，中间钻孔布置视地质条件复杂程度而定。对于一般路基工程，每公里应不少于 4～6 个勘探孔（点）。挖方段钻孔间距以满足编制详细冻土工程地质图的需要为原则。

9.4.3.2　勘探深度应视勘探目的和工点的具体情况而定。但应满足以下要求：

（1）路基、桥涵、隧道、站场工点的勘探深度应符合第 9 章第 9.3.6 条至 9.3.9 条的规定。

（2）对于铺筑高级路面的公路路基，其勘探深度应至基底下 2.5～3.0 倍上限深度。

（3）房屋和其他建筑物场地的勘探深度应符合第 8 章有关规定。

10.3.3　水利枢纽建筑物冻土工程地质勘察应包括下列内容：

10.3.3.1　冻土及融土的平面分布规律。

10.3.3.2　冻土层的厚度及其垂直结构。

10.3.3.3　土的季节冻结与季节融化深度。

10.3.3.4 冻土的温度状态和类型。

10.3.3.5 冻土构造特征。

10.3.3.6 冻土现象。

10.3.3.7 季节冻土和季节融化层土的冻胀性级别，冻结前及冻结期间地下水位变化。

10.3.3.8 冻土的物理、力学和热学性质。

10.3.3.9 料场的开采条件。

10.4.2 在主体建筑物区内，在需要作进一步查证和专门研究的地段应布置少量钻孔和坑槽探，并取样作专门的补充试验。

11.2.3 选线勘察应进行下列工作：

11.2.3.1 调查沿线的地形、地貌、地质构造、地层岩性、冻土类型和特征、水文地质等，并提供线路比选方案的冻土工程地质条件。

11.2.3.2 对越岭地段，应调查其地质构造、岩性、冻土特征、水文地质和冻土现象等情况，并推荐线路越岭方案。

11.2.3.3 勘察工作要求应按第4章第2节执行，了解冻土工程地质条件，分析其发展趋势，对管道的危害程度以及管道修建后的变化。

11.2.3.4 对穿、跨越大中河流地段，应了解河流的冻结特征、冰汛以及有关冻土、冰的力学参数和其对构筑物稳定性的影响。

11.2.3.5 线路穿过的湖泊地段，应调查水位波动淹没范围、冻结和湖底融蚀变化，以及地下水埋藏深度等，并对线路影响方案作出评价。

11.3.3 初步勘察应包括下列内容：

11.3.3.1 沿线地貌单元的划分。

11.3.3.2 管道埋没深度内及下卧层的冻土工程地质特征。

11.3.3.3 沿线井、泉的分布及地下水等情况。

11.3.3.4 拟穿、跨越河流岸坡的稳定性，河床及两岸冻土工程地质条件，并确定冻融土的分界线。

11.3.3.5 管道（特别是散热性的管道）修建后，确定管温的影响半径及对冻土地基的影响情况和结果。

12.2.3 初步勘察应包括下列内容：

12.2.3.1 调查地形、地貌、年平均地温、多年冻土厚度、工程地质与水文地质情况，季节冻结与季节融化深度和冻土现象等，并进行综合评价。

12.2.3.2 对特殊设计的跨越大型沟谷、河流等地段，应查明两岸冻土地基在自然条件下的稳定性，并提出最优跨越方案。

12.3.1 详细勘察主要任务是在初步勘察的基础上进行线路定位勘察，对架空线路工程中的转角塔、耐张塔、终端塔及大跨越塔等重要塔基及冻土工程地质条件复杂地段，应逐基勘探（包括原位测试、定位观测）；对直线塔和冻土工程地质条件简单的地段可隔基布置一个勘探点。确定合理的地基利用原则，基础形式及工程防冻害的有效措施等。其内容应包括以下几点：

12.3.1.1 一般地区应查明塔基及其附近地下冰埋藏条件、水文地质和地表水情况，并进行冻土的物理力学特性指标试验。

12.3.1.2 对丘陵和山区应查明多年冻土分布、地下冰埋藏条件及冻土现象等。

12.3.1.3 查明多年冻土地基的年平均地温与基础底面的最高土温。

五、《岩土工程勘察安全规范》GB 50585—2010

3.0.4 勘察单位应对从业人员定期进行安全生产教育和安全生产操作技能培训，未经培训考核合格的作业人员，严禁上岗作业。

3.0.10 未按规定佩戴和使用劳动防护用品的勘察作业人员，严禁上岗作业。

4.1.1 勘察作业组成员不应少于2人，作业时两人之间距离不应超出视线范围，并应配备通信设备或定位仪器，严禁单人进行作业。

6.1.9 水域勘察作业定毕，应及时清除埋设的套管、井口管和留置在水域的其他障碍物。

6.3.2 特殊气象、水文条件时，水域勘察应符合下列规定：

 1 大雾或浪高大于 1.5m 时，勘探作业船舶和水上勘探平台等严禁抛锚、起锚、迁移和定位作业，交通船舶不得靠近漂浮钻场接送作业人员；

 2 浪高大于 2.0m 时，勘探作业船舶和水上勘探平台等漂浮钻场严禁勘探作业；

 3 5 级以上大风时，严禁勘察作业；6 级以上大风或接到台风预警信号时，应立即撤船回港；

 4 在江、河、溪、谷等水域勘察作业时，接到上游洪峰警报后应停止作业，并应撤离作业现场靠岸度汛。

8.1.5 堆载平台加载、卸载和试验期间，堆载高度 1.5 倍范围内严禁非作业人员进入。

8.1.7 起重吊装作业时，必须由持上岗证的人员指挥和操作，人员严禁滞留在起重臂和起重物下。起重机严禁载运人员。

9.1.5 采用爆炸震源作业前，应确定爆炸危险边界，并应设置安全隔离带和安全标志，同时应部署警戒人员或警戒船。非作业人员严禁进入作业区。

10.2.1 钻探机组迁移时，钻塔必须落下，非车装钻探机组严禁整体迁移。

11.1.3 接驳供电线路、拆装和维修用电设备必须由持证电工完成，严禁带电作业。

11.2.5 每台用电设备必须有单独的剩余电流动作保护装置和开关箱，一个开关箱严禁直接控制 2 台及以上用电设备。

12.1.1 采购、运输、保管和使用危险品的从业人员必须接受相关专业安全教育、职业卫生防护和应急救援知识培训，并应经考核合格后上岗作业。

12.2.7 放射性试剂和放射源必须存放在铅室中。

12.3.5 在林区、草原、化工厂、燃料厂及其他对防火有特别要求的场地内作业时，必须严格遵守当地有关部门的防火规定。

12.5.2 爆炸、爆破作业人员必须经过专业技术培训，并应取得相应类别的安全作业证书。

12.6.5 使用剧毒药品必须实行双人双重责任制，使用时必须双人作业，作业中途不得擅离职守。

12.8.5 有毒物质、易燃易爆物品、油类、酸碱类物质和有害气体严禁向城市下水道和地表水体排放。

13.2.1 住人临时用房严禁存放柴油、汽油、氧气瓶、乙炔气瓶、煤气罐等易燃、易爆液体或气体容器。

第二章 地下工程

一、《锚杆喷射混凝土支护技术规范》GB 50086—2001

1.0.3 锚喷支护的设计与施工，必须做好工程的地质勘察工作，因地制宜，正确有效地加固围岩，合理利用围岩的自承能力。

4.1.11 对下列地质条件的锚喷支护设计，应通过试验后确定：

1 膨胀性岩体；

2 未胶结的松散岩体；

3 有严重湿陷性的黄土层；

4 大面积淋水地段；

5 能引起严重腐蚀的地段；

6 严寒地区的冻胀岩体。

4.3.1 喷射混凝土的设计强度等级不应低于 C15；对于竖井及重要隧洞和斜井工程，喷射混凝土的设计强度等级不应低于 C20；喷射混凝土 1d 龄期的抗压强度不应低于 5MPa。钢纤维喷射混凝土的设计强度等级不应低于 C20，其抗拉强度不应低于 2MPa。

不同强度等级喷射混凝土的设计强度应按表 4.3.1 采用。

表 4.3.1　喷射混凝土的强度设计值（MPa）

喷射混凝土 强度等级 强度种类	C15	C20	C25	C30
轴心抗压	7.5	10.0	12.5	15.0
抗　拉	0.9	1.1	1.3	1.5

4.3.3 喷射混凝土支护的厚度，最小不应低于 50mm，最大不宜超过 200mm。

二、《建筑边坡工程技术规范》GB 50330—2013

3.1.3 建筑边坡工程的设计使用年限不应低于被保护的建（构）筑物设计使用年限。

3.3.6 边坡支护结构设计时应进行下列计算和验算：

　　1 支护结构及其基础的抗压、抗弯、抗剪、局部抗压承载力的计算；支护结构基础的地基承载力计算；

　　2 锚杆锚固体的抗拔承载力及锚杆杆体抗拉承载力的计算；

　　3 支护结构稳定性验算。

18.4.1 岩石边坡开挖爆破施工应采取避免边坡及邻近建（构）筑物震害的工程措施。

19.1.1 边坡塌滑区有重要建（构）筑物的一级边坡工程施工时必须对坡顶水平位移、垂直位移、地表裂缝和坡顶建（构）筑物变形进行监测。

三、《建筑基坑支护技术规程》JGJ 120—2012

3.1.2 基坑支护应满足下列功能要求：

　　1 保证基坑周边建（构）筑物、地下管线、道路的安全和正常使用；

　　2 保证主体地下结构的施工空间。

8.1.3 当基坑开挖面上方的锚杆、土钉、支撑未达到设计要求时，严禁向下超挖土方。

8.1.4 采用锚杆或支撑的支护结构，在未达到设计规定的拆除条件时，严禁拆除锚杆或支撑。

8.1.5 基坑周边材料、设施或车辆荷载严禁超过设计要求的地面荷载限值。

8.2.2 安全等级为一级、二级的支护结构，在基坑开挖过程与支护结构使用期内，必须进行支护结构的水平位移监测和基坑开挖影响范围内建（构）筑物、地面的沉降监测。

四、《建筑基坑工程监测技术规范》GB 50497—2009

3.0.1 开挖深度大于等于 5m，或开挖深度小于 5m 但现场地质情况和周围环境较复杂的基坑工程以及其他需要监测的基坑工程应实施基坑工程监测。

7.0.4 当出现下列情况之一时，应提高监测频率：

1 监测数据达到报警值。

2 监测数据变化较大或者速率加快。

3 存在勘察未发现的不良地质。

4 超深、超长开挖或未及时加撑等违反设计工况施工。

5 基坑及周边大量积水、长时间连续降雨、市政管道出现泄漏。

6 基坑附近地面荷载突然增大或超过设计限值。

7 支护结构出现开裂。

8 周边地面突发较大沉降或出现严重开裂。

9 邻近建筑突发较大沉降、不均匀沉降或出现严重开裂。

10 基坑底部、侧壁出现管涌、渗漏或流沙等现象。

8.0.1 基坑工程监测必须确定监测报警值，监测报警值应满足基坑工程设计、地下结构设计以及周边环境中被保护对象的控制要求。监测报警值应由基坑工程设计方确定。

8.0.7 当出现下列情况之一时，必须立即进行危险报警，并应对基坑支护结构和周边环境中的保护对象采取应急措施。

1 监测数据达到监测报警值的累计值。

2 基坑支护结构或周边土体的位移值突然明显增大或基坑出现流沙、管涌、隆起、陷落或较严重的渗漏等。

3 基坑支护结构的支撑或锚杆体系出现过大变形、压屈、断裂、松弛或拔出的迹象。

4 周边建筑的结构部分、周边地面出现较严重的突发裂缝或危害结构的变形裂缝。

5 周边管线变形突然明显增长或出现裂缝、泄漏等。

6 根据当地工程经验判断，出现其他必须进行危险报警的情况。

五、《地下建筑工程逆作法技术规程》JGJ 165—2010

3.0.4 地下建筑工程逆作法施工必须设围护结构，其主体结构的水平构件应作为围护结构的水平支撑；当围护结构为永久性承重外墙时，应选择与主体结构沉降相适应的岩土层作为排桩或地下连续墙的持力层。

3.0.5 逆作法施工应全过程监测。

5.1.3 地下建筑工程逆作法结构设计应根据结构破坏可能产生的后果，采用不同的安全等级及结构的重要性系数，并应符合下列规定：

1 施工期间临时结构的安全等级和重要性系数应符合表5.1.3规定。

表5.1.3 临时结构的安全等级和重要性系数

安全等级	破坏后果	r_0
一级	支护结构破坏、土体变形对基坑周边环境及地下结构施工影响严重	1.1
二级	支护结构破坏、土体变形对基坑周边环境及地下结构施工影响一般	1.0
三级	支护结构破坏、土体变形对基坑周边环境及地下结构施工影响不严重	0.9

2 当支承结构作为永久结构时，其结构安全等级和重要性系数不得小于地下结构安全等级和重要性系数。

3 支承结构安全等级和重要性系数应按施工与使用两个阶段选用较高的结构安全等级和重要性系数。

4 当地下逆作结构的部分构件只作为临时结构构件的一部分时，应按临时结构的安全等级及结构的重要性系数取用。当形成最终永久结构的构件时，应按永久结构的安全等级及结构的重要性系数取用。

6.5.5　土方开挖时应根据柱网轴线和实际情况设置足够通风口及地下通风、换气、照明和用电设备。

6.6.3　当水平结构作为周边围护结构的水平支承时，其后浇带处应按设计要求设置传力构件。

六、《复合土钉墙基坑支护技术规范》GB 50739—2011

6.1.3　土方开挖应与土钉、锚杆及降水施工密切结合，开挖顺序、方法应与设计工况相一致；复合土钉墙施工必须符合"超前支护，分层分段，逐层施作，限时封闭，严禁超挖"的要求。

七、《建筑边坡工程鉴定与加固技术规范》GB 50843—2013

3.1.3　加固后的边坡工程应进行正常维护，当改变其用途和使用条件时应进行边坡工程安全性鉴定。

4.1.1　既有边坡工程加固前应进行边坡加固工程勘察。

5.1.1　既有边坡工程加固前应进行边坡工程鉴定。

9.1.1　边坡进行加固施工，对被保护对象可能引发较大变形或危害时，应对加固的边坡及被保护对象进行监测。

八、《建筑深基坑工程施工安全技术规范》JGJ 311—2013

5.4.5　基坑工程变形监测数据超过报警值，或出现基坑、周边建（构）筑、管线失稳破坏征兆时，应立即停止施工作业，撤离人员，待险情排除后方可恢复施工。

第三章 地 基 基 础

一、《建筑地基基础设计规范》GB 50007—2011

3.0.2 根据建筑物地基基础设计等级及长期荷载作用下地基变形对上部结构的影响程度，地基基础设计应符合下列规定：

1 所有建筑物的地基计算均应满足承载力计算的有关规定；

2 设计等级为甲级、乙级的建筑物，均应按地基变形设计；

3 设计等级为丙级的建筑物有下列情况之一时应作变形验算：

    1）地基承载力特征值小于130kPa，且体型复杂的建筑；

    2）在基础上及其附近有地面堆载或相邻基础荷载差异较大，可能引起地基产生过大的不均匀沉降时；

    3）软弱地基上的建筑物存在偏心荷载时；

    4）相邻建筑距离近，可能发生倾斜时；

    5）地基内有厚度较大或厚薄不均的填土，其自重固结未完成时。

4 对经常受水平荷载作用的高层建筑、高耸结构和挡土墙等，以及建造在斜坡上或边坡附近的建筑物和构筑物，尚应验算其稳定性；

5 基坑工程应进行稳定性验算；

6 建筑地下室或地下构筑物存在上浮问题时，尚应进行抗浮验算。

3.0.5 地基基础设计时，所采用的作用效应与相应的抗力限值应符合下列规定：

1 按地基承载力确定基础底面积及埋深或按单桩承载力确定桩数时，传至基础或承台底面上的作用效应应按正常使用极限状态下作用的标准组合。相应的抗力应采用地基承载力特征值或单桩承载力特征值；

2 计算地基变形时，传至基础底面上的作用效应应按正常使用极限状态下作用的准永久组合，不应计入风荷载和地震作用；相应的限值应为地基变形允许值；

3 计算挡土墙、地基或滑坡稳定以及基础抗浮稳定时，作用效应应按承载能力极限状态下作用的基本组合，但其分项系数均为1.0；

4 在确定基础或桩基承台高度、支挡结构截面、计算基础或支挡结构内力、确定配筋和验算材料强度时，上部结构传来的作用效应和相应的基底反力、挡土墙土压力以及滑坡推力，应按承载能力极限状态下作用的基本组合，采用相应的分项系数；当需要验算基础裂缝宽度时，应按正常使用极限状态下作用的标准组合；

5 基础设计安全等级、结构设计使用年限、结构重要性系数应按有关规范的规定采用，但结构重要性系数 γ_0 不应小于1.0。

5.1.3 高层建筑基础的埋置深度应满足地基承载力、变形和稳定性要求。位于岩石地基上的高层建筑，其基础埋深应满足抗滑稳定性要求。

5.3.1 建筑物的地基变形计算值，不应大于地基变形允许值。

5.3.4 建筑物的地基变形允许值应按表5.3.4规定采用。对表中未包括的建筑物，其地基变形允许值应根据上部结构对地基变形的适应能力和使用上的要求确定。

表5.3.4 建筑物的地基变形允许值

变　形　特　征		地基土类别	
		中、低压缩性土	高压缩性土
砌体承重结构基础的局部倾斜		0.002	0.003
工业与民用建筑相邻柱基的沉降差	框架结构	$0.002l$	$0.003l$
	砌体墙填充的边排柱	$0.0007l$	$0.001l$

续表 5.3.4

变 形 特 征		地基土类别	
		中、低压缩性土	高压缩性土
工业与民用建筑相邻 柱基的沉降差	当基础不均匀沉降时 不产生附加应力的结构	$0.005l$	$0.005l$
单层排架结构（柱距为 6m）柱基的沉降量（mm）		（120）	200
桥式吊车轨面的倾斜 （按不调整轨道考虑）	纵向	0.004	
	横向	0.003	
多层和高层建筑 的整体倾斜	$H_g \leqslant 24$	0.004	
	$24 < H_g \leqslant 60$	0.003	
	$60 < H_g \leqslant 100$	0.0025	
	$H_g > 100$	0.002	
体型简单的高层建筑基础的平均沉降量（mm）		200	
高耸结构基础的倾斜	$H_g \leqslant 20$	0.008	
	$20 < H_g \leqslant 50$	0.006	
	$50 < H_g \leqslant 100$	0.005	
	$100 < H_g \leqslant 150$	0.004	
	$150 < H_g \leqslant 200$	0.003	
	$200 < H_g \leqslant 250$	0.002	
高耸结构基础的 沉降量（mm）	$H_g \leqslant 100$	400	
	$100 < H_g \leqslant 200$	300	
	$200 < H_g \leqslant 250$	200	

注：1 本表数值为建筑物地基实际最终变形允许值；

2 有括号者仅适用于中压缩性土；

3 l 为相邻柱基的中心距离（mm）；H_g 为自室外地面起算的建筑物高度（m）；

4 倾斜指基础倾斜方向两端点的沉降差与其距离的比值；

5 局部倾斜指砌体承重结构沿纵向 6m～10m 内基础两点的沉降差与其距离的比值。

6.1.1 山区（包括丘陵地带）地基的设计，应对下列设计条件分析认定：

1 建设场区内，在自然条件下，有无滑坡现象，有无影响场地稳定性的断层、破碎带；

2 在建设场地周围，有无不稳定的边坡；

3 施工过程中，因挖方、填方、堆载和卸载等对山坡稳定性的影响；

4 地基内岩石厚度及空间分布情况、基岩面的起伏情况、有无影响地基稳定性的临空面；

5 建筑地基的不均匀性；

6 岩溶、土洞的发育程度，有无采空区；

7 出现危岩崩塌、泥石流等不良地质现象的可能性；

8 地面水、地下水对建筑地基和建设场区的影响。

6.3.1 当利用压实填土作为建筑工程的地基持力层时，在平整场地前，应根据结构类型、填料性能和现场条件等，对拟压实的填土提出质量要求。未经检验查明以及不符合质量要求的压实填土，均不得作为建筑工程的地基持力层。

6.4.1 在建设场区内，由于施工或其他因素的影响有可能形成滑坡的地段，必须采取可靠的预防措施。对具有发展趋势并威胁建筑物安全使用的滑坡，应及早采取综合整治措施，防止滑坡继续发展。

7.2.7 复合地基设计应满足建筑物承载力和变形要求。当地基土为欠固结土、膨胀土、湿陷性黄土、可液化土等特殊性土时，设计采用的增强体和施工工艺应满足处理后地基土和增强体共同承担荷载的技术要求。

7.2.8 复合地基承载力特征值应通过现场复合地基载荷试验确定，或采用增强体载荷试验结果和其周边土的承载力特征值结合经验确定。

8.2.7 扩展基础的计算应符合下列规定：

1 对柱下独立基础，当冲切破坏锥体落在基础底面以内时，应验算柱与基础交接处以及基础变阶处的受冲切承载力；

2 对基础底面短边尺寸小于或等于柱宽加两倍基础有效高

度的柱下独立基础，以及墙下条形基础，应验算柱（墙）与基础交接处的基础受剪切承载力；

3 基础底板的配筋，应按抗弯计算确定；

4 当基础的混凝土强度等级小于柱的混凝土强度等级时，尚应验算柱下基础顶面的局部受压承载力。

8.4.6 平板式筏基的板厚应满足柱下受冲切承载力的要求。

8.4.9 平板式筏基应验算距内筒和柱边缘 h_0 处截面的受剪承载力。当筏板变厚时，尚应验算变厚度处筏板的受剪承载力。

8.4.11 梁板式筏基底板应计算正截面受弯承载力，其厚度尚应满足受冲切承载力、受剪切承载力的要求。

8.4.18 梁板式筏基基础梁和平板式筏基的顶面应满足底层柱下局部受压承载力的要求。对抗震设防烈度为 9 度的高层建筑，验算柱下基础梁、筏板局部受压承载力时，应计入竖向地震作用对柱轴力的影响。

8.5.10 桩身混凝土强度应满足桩的承载力设计要求。

8.5.13 桩基沉降计算应符合下列规定：

1 对以下建筑物的桩基应进行沉降验算；

  1）地基基础设计等级为甲级的建筑物桩基；

  2）体形复杂、荷载不均匀或桩端以下存在软弱土层的设计等级为乙级的建筑物桩基；

  3）摩擦型桩基。

2 桩基沉降不得超过建筑物的沉降允许值，并应符合本规范表 5.3.4 的规定。

8.5.20 柱下桩基础独立承台应分别对柱边和桩边、变阶处和桩边连线形成的斜截面进行受剪计算。当柱边外有多排桩形成多个剪切斜截面时，尚应对每个斜截面进行验算。

8.5.22 当承台的混凝土强度等级低于柱或桩的混凝土强度等级时，尚应验算柱下或桩上承台的局部受压承载力。

9.1.3 基坑工程设计应包括下列内容：

1 支护结构体系的方案和技术经济比较；

2　基坑支护体系的稳定性验算；

3　支护结构的强度、稳定和变形计算；

4　地下水控制设计；

5　对周边环境影响的控制设计；

6　基坑土方开挖方案；

7　基坑工程的监测要求。

9.1.9　基坑土方开挖应严格按设计要求进行，不得超挖。基坑周边堆载不得超过设计规定。土方开挖完成后应立即施工垫层，对基坑进行封闭，防止水浸和暴露，并应及时进行地下结构施工。

9.5.3　支撑结构的施工与拆除顺序，应与支护结构的设计工况相一致，必须遵循先撑后挖的原则。

10.2.1　基槽（坑）开挖到底后，应进行基槽（坑）检验。当发现地质条件与勘察报告和设计文件不一致或遇到异常情况时，应结合地质条件提出处理意见。

10.2.10　复合地基应进行桩身完整性和单桩竖向承载力检验以及单桩或多桩复合地基载荷试验，施工工艺对桩间土承载力有影响时还应进行桩间土承载力检验。

10.2.13　人工挖孔桩终孔时，应进行桩端持力层检验。单柱单桩的大直径嵌岩桩，应视岩性检验孔底下 3 倍桩身直径或 5m 深度范围内有无土洞、溶洞、破碎带或软弱夹层等不良地质条件。

10.2.14　施工完成后的工程桩应进行桩身完整性检验和竖向承载力检验。承受水平力较大的桩应进行水平承载力检验，抗拔桩应进行抗拔承载力检验。

10.3.2　基坑开挖应根据设计要求进行监测，实施动态设计和信息化施工。

10.3.8　下列建筑物应在施工期间及使用期间进行沉降变形观测：

1　地基基础设计等级为甲级建筑物；

2　软弱地基上的地基基础设计等级为乙级建筑物；

3 处理地基上的建筑物；

4 加层、扩建建筑物；

5 受邻近深基坑开挖施工影响或受场地地下水等环境因素变化影响的建筑物；

6 采用新型基础或新型结构的建筑物。

二、《建筑地基处理技术规范》JGJ 79—2012

3.0.5 处理后的地基应满足建筑物地基承载力、变形和稳定性要求，地基处理的设计尚应符合下列规定：

1 经处理后的地基，当在受力层范围内仍存在软弱下卧层时，应进行软弱下卧层地基承载力验算；

2 按地基变形设计或应作变形验算且需进行地基处理的建筑物或构筑物，应对处理后的地基进行变形验算；

3 对建造在处理后的地基上受较大水平荷载或位于斜坡上的建筑物及构筑物，应进行地基稳定性验算。

4.4.2 换填垫层的施工质量检验应分层进行，并应在每层的压实系数符合设计要求后铺填上层。

5.4.2 预压地基竣工验收检验应符合下列规定：

1 排水竖井处理深度范围内和竖井底面以下受压土层，经预压所完成的竖向变形和平均固结度应满足设计要求；

2 应对预压的地基土进行原位试验和室内土工试验。

6.2.5 压实地基的施工质量检验应分层进行。每完成一道工序，应按设计要求进行验收，未经验收或验收不合格时，不得进行下一道工序施工。

6.3.2 强夯置换处理地基，必须通过现场试验确定其适用性和处理效果。

6.3.10 当强夯施工所引起的振动和侧向挤压对邻近建构筑物产生不利影响时，应设置监测点，并采取挖隔振沟等隔震或防振措施。

6.3.13 强夯处理后的地基竣工验收，承载力检验应根据静载荷试验、其他原位测试和室内十丁试验等方法综合确定。强夯置换后的地基竣工验收，除应采用单墩载荷试验进行承载力检验外，尚应采用动力触探等查明置换墩着底情况及密度随深度的变化情况。

7.1.2 对散体材料复合地基增强体应进行密实度检验；对有粘结强度复合地基增强体应进行强度及桩身完整性检验。

7.1.3 复合地基承载力的验收检验应采用复合地基静载荷试验，对有粘结强度的复合地基增强体尚应进行单桩静载荷试验。

7.3.2 水泥土搅拌桩用于处理泥炭土、有机质土、pH 值小于 4 的酸性土、塑性指数大于 25 的黏土，或在腐蚀性环境中以及无工程经验的地区使用时，必须通过现场和室内试验确定其适用性。

7.3.6 水泥土搅拌干法施工机械必须配置经国家计量部门确认的具有能瞬时检测并记录出粉体计量装置及搅拌深度自动记录仪。

8.4.4 注浆加固处理后地基的承载力应进行静载荷试验检验。

10.2.7 处理地基上的建筑物应在施工期间及使用期间进行沉降观测，直至沉降达到稳定为止。

三、《高层建筑筏形与箱形基础技术规范》JGJ 6—2011

3.0.2 高层建筑筏形与箱形基础的地基设计应进行承载力和地基变形计算。对建造在斜坡上的高层建筑，应进行整体稳定验算。

3.0.3 高层建筑筏形与箱形基础设计和施工前应进行岩土工程勘察，为设计和施工提供依据。

6.1.7 基础混凝土应符合耐久性要求。筏形基础和桩箱、桩筏基础的混凝土强度等级不应低于 C30；箱形基础的混凝土强度等级不应低于 C25。

四、《建筑桩基技术规范》JGJ 94—2008

3.1.3 桩基应根据具体条件分别进行下列承载能力计算和稳定性验算：

1 应根据桩基的使用功能和受力特征分别进行桩基的竖向承载力计算和水平承载力计算；

2 应对桩身和承台结构承载力进行计算；对于桩侧土不排水抗剪强度小于 10kPa 且长径比大于 50 的桩，应进行桩身压屈验算；对于混凝土预制桩，应按吊装、运输和锤击作用进行桩身承载力验算；对于钢管桩，应进行局部压屈验算；

3 当桩端平面以下存在软弱下卧层时，应进行软弱下卧层承载力验算；

4 对位于坡地、岸边的桩基，应进行整体稳定性验算；

5 对于抗浮、抗拔桩基，应进行基桩和群桩的抗拔承载力计算；

6 对于抗震设防区的桩基，应进行抗震承载力验算。

3.1.4 下列建筑桩基应进行沉降计算：

1 设计等级为甲级的非嵌岩桩和非深厚坚硬持力层的建筑桩基；

2 设计等级为乙级的体形复杂、荷载分布显著不均匀或桩端平面以下存在软弱土层的建筑桩基；

3 软土地基多层建筑减沉复合疏桩基础。

5.2.1 桩基竖向承载力计算应符合下列要求：

1 荷载效应标准组合：

轴心竖向力作用下

$$N_k \leqslant R \qquad (5.2.1-1)$$

偏心竖向力作用下，除满足上式外，尚应满足下式的要求：

$$N_{kmax} \leqslant 1.2R \qquad (5.2.1-2)$$

2 地震作用效应和荷载效应标准组合：

轴心竖向力作用下

$$N_{Ek} \leqslant 1.25R \qquad (5.2.1\text{-}3)$$

偏心竖向力作用下，除满足上式外，尚应满足下式的要求：

$$N_{Ekmax} \leqslant 1.5R \qquad (5.2.1\text{-}4)$$

式中 N_k——荷载效应标准组合轴心竖向力作用下，基桩或复合基桩的平均竖向力；

N_{kmax}——荷载效应标准组合偏心竖向力作用下，桩顶最大竖向力；

N_{Ek}——地震作用效应和荷载效应标准组合下，基桩或复合基桩的平均竖向力；

N_{Ekmax}——地震作用效应和荷载效应标准组合下，基桩或复合基桩的最大竖向力；

R——基桩或复合基桩竖向承载力特征值。

5.4.2 符合下列条件之一的桩基，当桩周土层产生的沉降超过基桩的沉降时，在计算基桩承载力时应计入桩侧负摩阻力：

1 桩穿越较厚松散填土、自重湿陷性黄土、欠固结土、液化土层进入相对较硬土层时；

2 桩周存在软弱土层，邻近桩侧地面承受局部较大的长期荷载，或地面大面积堆载（包括填土）时；

3 由于降低地下水位，使桩周土有效应力增大，并产生显著压缩沉降时。

5.5.1 建筑桩基沉降变形计算值不应大于桩基沉降变形允许值。

5.5.4 建筑桩基沉降变形允许值，应按表 5.5.4 规定采用。

表 5.5.4 建筑桩基变形允许值

变 形 特 征	允许值
砌体承重结构基础的局部倾斜	0.002
各类建筑相邻柱（墙）基的沉降差	
（1）框架、框架-剪力墙、框架-核心筒结构	$0.002l_0$
（2）砌体墙填充的边排柱	$0.0007l_0$
（3）当基础不均匀沉降时不产生附加应力的结构	$0.005l_0$

续表 5.5.4

变 形 特 征		允许值
单层排架结构（柱距为 6m）桩基的沉降量（mm）		120
桥式吊车轨面的倾斜（按不调整轨道考虑） 纵向 横向		0.004 0.003
多层和高层建筑的整体倾斜	$H_g \leqslant 24$	0.004
	$24 < H_g \leqslant 60$	0.003
	$60 < H_g \leqslant 100$	0.0025
	$H_g > 100$	0.002
高耸结构桩基的整体倾斜	$H_g \leqslant 20$	0.008
	$20 < H_g \leqslant 50$	0.006
	$50 < H_g \leqslant 100$	0.005
	$100 < H_g \leqslant 150$	0.004
	$150 < H_g \leqslant 200$	0.003
	$200 < H_g \leqslant 250$	0.002
高耸结构基础的沉降量（mm）	$H_g \leqslant 100$	350
	$100 < H_g \leqslant 200$	250
	$200 < H_g \leqslant 250$	150
体型简单的剪力墙结构 高层建筑桩基最大沉降量（mm）	—	200

注：l_0 为相邻柱（墙）二测点间距离，H_g 为自室外地面算起的建筑物高度（m）。

5.9.6 桩基承台厚度应满足柱（墙）对承台的冲切和基桩对承台的冲切承载力要求。

5.9.9 柱（墙）下桩基承台，应分别对柱（墙）边、变阶处和桩边联线形成的贯通承台的斜截面的受剪承载力进行验算。当承台悬挑边有多排基桩形成多个斜截面时，应对每个斜截面的受剪承载力进行验算。

5.9.15 对于柱下桩基，当承台混凝土强度等级低于柱或桩的混凝土强度等级时，应验算柱下或桩上承台的局部受压承载力。

8.1.5 挖土应均衡分层进行，对流塑状软土的基坑开挖，高差不应超过 1m。

8.1.9 在承台和地下室外墙与基坑侧壁间隙回填土前，应排除积水，清除虚土和建筑垃圾，填土应按设计要求选料，分层夯实，对称进行。

9.4.2 工程桩应进行承载力和桩身质量检验。

五、《建筑基桩检测技术规范》JGJ 106—2014

4.3.4 为设计提供依据的单桩竖向抗压静载试验应采用慢速维持荷载法。

9.2.3 高应变检测专用锤击设备应具有稳固的导向装置。重锤应形状对称，高径（宽）比不得小于 1。

9.2.5 采用高应变法进行承载力检测时，锤的重量与单桩竖向抗压承载力特征值的比值不得小于 0.02。

9.4.5 高应变实测的力和速度信号第一峰起始段不成比例时，不得对实测力或速度信号进行调整。

六、《载体桩设计规程》JGJ 135—2007

4.5.1 对于下列建筑物的载体桩基应进行沉降计算：

　1 建筑桩基设计等级为甲级的载体桩基；

　2 体形复杂、荷载不均匀或桩端以下存在软弱下卧层的设计等级为乙级的载体桩基；

　3 地基条件复杂、对沉降要求严格的载体桩基。

4.5.4 建筑物载体桩基沉降变形计算值不应大于建筑物桩基沉降变形允许值。

七、《三岔双向挤扩灌注桩设计规程》JGJ 171—2009

3.0.3 淤泥及淤泥质土层、松散状态的沙土层、可液化土层、湿陷性黄土层、大气影响深度以内的膨胀土层、遇水丧失承载力的强风化岩层不得作为抗压三岔双向挤扩灌注桩的承力盘和承力岔的持力土层。

4.0.2 三岔双向挤扩灌注桩桩身混凝土强度等级不得低于 C25。

八、《冻土地区建筑地基基础设计规范》JGJ 118—2011

3.2.1 多年冻土地区建筑地基基础设计前应进行冻土工程地质勘察，查清建筑场地的冻土工程地质条件。

6.1.1 在多年冻土地区建筑物地基设计中，应对地基进行静力计算和热工计算。

1 地基的静力计算应包括承载力计算，变形计算和稳定性验算。确定冻土地基承载力时，应计入地基土的温度影响。

2 地基的热工计算应包括地温特征值计算、地基冻结深度计算、地基融化深度计算等。

8.1.1 多年冻土地区及季节冻土地区的边坡应采取可靠措施防止融化期的失稳。

九、《液压振动台基础技术规范》GB 50699—2011

8.0.1 液压振动台的混凝土基础施工完毕并达到设计强度后，必须对基础进行振动测试以作检验。

第四章 区域性地质

一、《膨胀土地区建筑技术规范》GB 50112—2013

3.0.3 地基基础设计应符合下列规定：

1 建筑物的地基计算应满足承载力计算的有关规定；

2 地基基础设计等级为甲级、乙级的建筑物，均应按地基变形设计；

3 建造在坡地或斜坡附近的建筑物以及受水平荷载作用的高层建筑、高耸构筑物和挡土结构、基坑支护等工程，尚应进行稳定性验算。验算时应计及水平膨胀力的作用。

5.2.2 膨胀土地基上建筑物的基础埋置深度不应小于1m。

5.2.16 膨胀土地基上建筑物的地基变形计算值，不应大于地基变形允许值。地基变形允许值应符合表5.2.16的规定。表5.2.16中未包括的建筑物，其地基变形允许值应根据上部结构对地基变形的适应能力及功能要求确定。

表 5.2.16 膨胀土地基上建筑物地基变形允许值

结构类型		相对变形		变形量
		种类	数值	(mm)
砌体结构		局部倾斜	0.001	15
房屋长度三到四开间及四角有构造柱或配筋砌体承重结构		局部倾斜	0.0015	30
工业与民用建筑相邻柱基	框架结构无填充墙时	变形差	$0.001l$	30
	框架结构有填充墙时	变形差	$0.0005l$	20
	当基础不均匀升降时不产生附加应力的结构	变形差	$0.003l$	40

注：l为相邻柱基的中心距离（m）。

二、《湿陷性黄土地区建筑规范》GB 50025—2004

4.1.1 在湿陷性黄土场地进行岩土工程勘察应查明下列内容，并应结合建筑物的特点和设计要求，对场地、地基作出评价，对地基处理措施提出建议。

    1 黄土地层的时代、成因；

    2 湿陷性黄土层的厚度；

    3 湿陷系数、自重湿陷系数和湿陷起始压力随深度的变化；

    4 场地湿陷类型和地基湿陷等级的平面分布；

    5 变形参数和承载力；

    6 地下水等环境水的变化趋势；

    7 其他工程地质条件。

4.1.7 采取不扰动土样，必须保持其天然的湿度、密度和结构，并应符合 I 级土样质量的要求。

5.7.2 在湿陷性黄土场地采用桩基础，桩端必须穿透湿陷性黄土层，并应符合下列要求：

    1 在非自重湿陷性黄土场地，桩端应支承在压缩性较低的非湿陷性黄土层中；

    2 在自重湿陷性黄土场地，桩端应支承在可靠的岩（或土）层中。

6.1.1 当地基的湿陷变形、压缩变形或承载力不能满足设计要求时，应针对不同土质条件和建筑物的类别，在地基压缩层内或湿陷性黄土层内采取处理措施，各类建筑的地基处理应符合下列要求：

    1 甲类建筑应消除地基的全部湿陷量或采用桩基础穿透全部湿陷性黄土层，或将基础设置在非湿性黄土层上；

    2 乙、丙类建筑应消除地基的部分湿陷量。

8.1.1 在湿陷性黄土场地，对建筑物及其附属工程进行施工，应根据湿陷性黄土的特点和设计要求采取措施防止施工用水和场地雨水流入建筑物地基（或基坑内）引起湿陷。

8.1.5 在建筑物邻近修建地下工程时，应采取有效措施，保证原有建筑物和管道系统的安全使用，并应保持场地排水畅通。

8.2.1 建筑场地的防洪工程应提前施工，并应在汛期前完成。

8.3.1 浅基坑或基槽的开挖与回填，应符合下列规定：

1 当基坑或基槽挖至设计深度或标高时，应进行验槽；

8.3.2 深基坑的开挖与支护，应符合下列要求：

1 深基坑的开挖与支护，必须进行勘察与设计；

8.4.5 当发现地基浸水湿陷和建筑物产生裂缝时，应暂时停止施工，切断有关水源，查明浸水的原因和范围，对建筑物的沉降和裂缝加强观测，并绘图记录，经处理后方可继续施工。

8.5.5 管道和水池等施工完毕，必须进行水压试验。不合格的应返修或加固，重做试验，直至合格为止。

清洗管道用水、水池用水和试验用水，应将其引至排水系统，不得任意排放。

9.1.1 在使用期间，对建筑物和管道应经常进行维护和检修，并应确保所有防水措施发挥有效作用，防止建筑物和管道的地基浸水湿陷。

三、《湿陷性黄土地区建筑基坑工程安全技术规程》JGJ 167—2009

3.1.5 对安全等级为一级且易于受水浸湿的坑壁以及永久性坑壁，设计中应采用天然状态下的土性参数进行稳定和变形计算，并应采用饱和状态（$S_r = 85\%$）条件下的参数进行校核；校核时其安全系数不应小于 1.05。

5.1.4 存在下列情况之一时，不应采用坡率法：

1 放坡开挖对拟建或相邻建（构）筑物及重要管线有不利影响；

2 不能有效降低地下水位和保持基坑内干作业；

3 填土较厚或土质松软、饱和，稳定性差；

4 场地不能满足放坡要求。

5.2.5 基坑侧壁稳定性验算，应考虑垂直裂缝的影响，对于具有垂直张裂隙的黄土基坑，在稳定计算中应考虑裂隙的影响，裂隙深度应采用静止直立高度 $z_0 = \dfrac{2c}{\gamma \sqrt{k_a}}$ 计算。一级基坑安全系数不得低于 1.30，二、三级基坑安全系数不得低于 1.20。

13.2.4 基坑的上、下部和四周必须设置排水系统，流水坡向应明显，不得积水。基坑上部排水沟与基坑边缘的距离应大于 2m，沟底和两侧必须作防渗处理。基坑底部四周应设置排水沟和集水坑。

第五章 注册岩土考试相关

一、《铁路桥涵地基和基础设计规范》TB 10002.5—2005

1.0.4 桥涵地基基础的设计，应保证具有足够的强度、刚度、稳定性、耐久性和符合规定的沉降控制，并按满足 100 年设计使用的年限设计。

1.4.9 墩台明挖基础和沉井基础的基底埋置深度应符合下列规定：

1 除不冻胀土外，对于冻胀、强冻胀和特强冻胀土应在冻结线以下不小于 0.25m；对于弱冻胀土，不应小于冻结深度。

2 在无冲刷处或设有铺砌防冲时，不应小于地面以下 2.0m，特殊困难情况下不小于 1.0m。

3 在有冲刷处，基底应在墩台附近最大冲刷线下不小于下列安全值；对于一般桥梁，安全值为 2m 加冲刷总深度的 10%；对于特大桥（或大桥）属于技术复杂、修复困难或重要者，安全值为 3m 加冲刷总深度的 10%，如表 1.0.9 所示。

表 1.0.9　基底埋置安全值

	冲刷总深度（m）		0	5	10	15	20
安全值（m）	一般桥梁		2.0	2.5	3.0	3.5	4.0
	特大桥（或大桥）属于技术复杂、修复困难或重要者	设计频率流量	3.0	3.5	4.0	4.5	5.0
		检算频率流量	1.5	1.8	2.0	2.3	2.5

注：冲刷总深度为自河床面算起的一般冲刷深度与局部冲刷深度之和。

建于抗冲性能强的岩石上的基础，可不考虑上述规定。对于抗冲性能较差的岩石，应根据冲刷的具体情况确定基底埋置深度。

4 处于天然河道上的特大、大排洪桥不宜采用明挖基础。

1.0.10 涵洞基础除设置在不冻胀地基土上者外。出入口和自两端洞口向内各 2m 范围内的涵身基底埋深：对于冻胀、强冻胀和特强冻胀土应在冻结线以下 0.25m；对于弱冻胀土，应不小于冻结深度。涵洞中间部分的基底埋深可根据地区经验确定。严寒地区，当涵洞中间部分的埋深与洞口埋深相差较大时，其连接处应设置过渡段。冻结较深的地区，也可将基底至冻结线下 0.25m 处的地基土换填为粗颗粒土（包括碎石类土、砾砂、粗砂、中砂，但其中黏粒含量应小于或等于 15％，或粒径小于 0.2mm 的颗粒应小于或等于 25％）。

3.2.1 桥涵基础的沉降应按恒载计算。对于静定结构，其墩台总沉降量与墩台施工完成时的沉降量之差不得大于下列容许值：

对于有碴桥面桥梁：墩台均匀沉降量　　　　80mm；

相邻墩台均匀沉降量之差 40mm。

对于明桥面桥梁：墩台均匀沉降量　　　　40mm；

相邻墩台均匀沉降量之差 20mm。

对于涵洞：涵身沉降量　100mm。

对于超静定结构，其相邻墩台均匀沉降量之差的容许值，应根据沉降对结构产生的附加应力的影响而定。

5 明挖基础

5.1.2 基底压应力不得大于地基的容许承载力。

5.2.2 外力对基底截面重心的偏心距 e 不应大于表 5.2.2 规定的值。

表 5.2.2　偏心距 e 限值的规定

地基及荷载情况		e
建于非岩石地基上的墩台，仅承受恒载作用时	合力的作用点应接近基础底面的重心	
建于非岩石地基（包括土状的风化岩层）上的墩台，当承受主力加附加力时	桥墩与土的基本承载力 $\sigma_0 >$ 200kPa 的桥台	1.0ρ
	土的基本承载力 $\sigma_0 \leqslant$ 200kPa 的桥台	0.8ρ

续表 5.2.2

地基及荷载情况			e
建于岩石地基上的墩台，当承受主力加附加力时		硬质岩	1.5ρ
		其他岩石	1.2ρ
墩台承受长钢轨伸缩力或挠曲力加主力时	非岩石地基	土的基本承载力 $\sigma_0 > 200\text{kPa}$	0.8ρ
		土的基本承载力 $\sigma_0 \leqslant 200\text{kPa}$	0.6ρ
	岩石地基	硬质岩	1.25ρ
		其他岩石	1.0ρ
墩台承受主力加特殊荷载（地震力除外）的	非岩石地基	土的基本承载力 $\sigma_0 > 200\text{kPa}$	1.2ρ
		土的基本承载力 $\sigma_0 \leqslant 200\text{kPa}$	1.0ρ
	岩石地基	硬质岩	2.0ρ
		其他岩石	1.5ρ

注：e——外力对基底截面重心的偏心距，$e = \dfrac{M}{N}$，这里 N 和 M 分别为作用于基底的垂直力和所有外力对基底截面重心的力矩；

ρ——基底截面核心半径，$\rho = \dfrac{W}{A}$，这里 W 为相应于应力较小边缘的截面抵抗矩，A 为基底面积。

$\dfrac{e}{\rho}$（包括斜向弯曲）可按下式计算：

$$\frac{e}{\rho} = 1 - \frac{\sigma_{\min}}{\dfrac{N}{A}}$$

其中 $\sigma_{\min}$ 为基底最小应力。

8.1　湿陷性黄土地基

8.1.10　涵洞不应采用分离式基础。

8.2.1　软土地基上桥涵基础的工后沉降量，应符合本规范第 3.2.1 条的规定。

8.2.3　当桥涵基础的计算沉降量超过容许值，或地基土的容许承载力不足时，应采取工程措施或地基加固措施。

二、《铁路路基支挡结构设计规范》TB 10025—2006

1.0.7　混凝土结构耐久性设计应符合铁路混凝土耐久性设计的

有关要求。钢筋混凝土结构设计使用年限为 60 年。

3.5.6 挡土墙上应设置向墙外坡度不应小于 4‰ 的泄水孔，按上下左右每隔 2～3m 交错布置，折线墙背的易积水处必须设置泄水孔。

7.1.1 一般地区路肩地段或路堤地段，锚定板挡土墙墙高不应大于 10m，设计使用年限为 60 年。

三、《水利水电工程地质勘察规范》GB 50487—2008

5.2.7 工程场地地震动参数确定应符合下列规定：

1 坝高大于 200m 的工程或库容大于 $10×10^9 m^3$ 的大（1）型工程，以及 50 年超越概率 10‰ 的地震动峰值加速度大于或等于 0.10g 地区且坝高大于 150m 的大（1）型工程，应进行场地地震安全性评价工作。

5 场地地震安全性评价应包括工程使用期限内，不同超越概率水平下，工程场地基岩的地震动参数。

6.2.2 可溶岩区水库严重渗漏地段勘察应查明下列内容：

1 可溶岩层、隔水层及相对隔水层的厚度、连续性和空间分布。

4 主要渗漏地段或主要渗漏通道的位置、形态和规模，喀斯特渗漏的性质，估算渗漏量，提出防渗处理范围、深度和处理措施的建议。

6.2.6 水库浸没的勘察方法应符合下列规定：

5 建筑物浸没区和范围较大的农作物浸没区应建立地下水动态观测网；当浸没区地层为双层结构，且上部土层厚度较大时，应分别观测下部含水层和上部土层内的地下水动态。

6.2.7 水库库岸滑坡、崩塌和坍岸区的勘察应包括下列内容：

1 查明水库区对工程建筑物、城镇和居民区环境有影响的滑坡、崩塌的分布、范围、规模和地下水动态特征。

2 查明库岸滑坡、崩塌和坍岸区岩土体物理力学性质，调查库岸水上、水下与水位变动带稳定坡角。

3 查明坍岸区岸坡结构类型、失稳模式、稳定现状，预测水库蓄水后坍岸范围及危害性。

4 评价水库蓄水前和蓄水后滑坡、崩塌体的稳定性，估算滑坡、崩塌入库方量、涌浪高度及影响范围，评价其对航运、工程建筑物、城镇和居民区环境的影响。

5 提出库岸滑坡、崩塌和坍岸的防治措施和长期监测方案建议。

6.3.1 土石坝坝址勘察应包括下列内容：

2 查明坝基河床及两岸覆盖层的层次、厚度和分布，重点查明软土层、粉细砂、湿陷性黄土、架空层、漂孤石层以及基岩中的石膏夹层等工程性质不良岩土层的情况。

6.4.1 混凝土重力坝（砌石重力坝）坝址勘察应包括下列内容：

2 查明岩体的岩性、层次，易溶岩层、软弱岩层、软弱夹层和蚀变带等的分布、性状、延续性、起伏差、充填物、物理力学性质以及与上下岩层的接触情况。

3 查明断层、破碎带、断层交汇带和裂隙密集带的具体位置、规模和性状。特别是顺河断层和缓倾角断层的分布和特征。

6.5.1 混凝土拱坝（砌石拱坝）坝址的勘察内容除应符合本规范第 6.4.1 条的规定外，还应包括下列内容：

2 查明与拱座岩体有关的岸坡卸荷、岩体风化、断裂、喀斯特洞穴及溶蚀裂隙、软弱层（带）、破碎带的分布与特征，确定拱座利用岩面和开挖深度，评价坝基和拱座岩体质量，提出处理建议。

3 查明与拱座岩体变形有关的断层、破碎带、软弱层（带）、喀斯特洞穴及溶蚀裂隙、风化、卸荷岩体的分布及工程地质特性，提出处理建议。

4 查明与拱座抗滑稳定有关的各类结构面，特别是底滑面、侧滑面的分布、性状、连通率，确定拱座抗滑稳定的边界条件，分析岩体变形与抗滑稳定的相互关系，提出处理建议。

6.8.1 地下厂房系统勘察应包括下列内容：

4 查明厂址区水文地质条件,含水层、隔水层、强透水带的分布及特征。可溶岩区应查明喀斯特水系统分布,预测掘进时发生突水(泥)的可能性,估算最大涌水量和对围岩稳定的影响,提出处理建议。

6.9.1 隧洞勘察应包括下列内容:

4 查明隧洞沿线的地下水位、水温和水化学成分,特别要查明涌水量丰富的含水层、汇水构造、强透水带以及与地表溪沟连通的断层、破碎带、节理裂隙密集带和喀斯特通道,预测掘进时突水(泥)的可能性,估算最大涌水量,提出处理建议。提出外水压力折减系数。

7 提出各类岩体的物理力学参数。结合工程地质条件进行围岩工程地质分类。

11 查明岩层中有害气体或放射性元素的赋存情况。

6.19.2 移民新址工程地质勘察应包括下列内容:

2 查明新址区及外围滑坡、崩塌、危岩、冲沟、泥石流、坍岸、喀斯特等不良地质现象的分布范围及规模,分析其对新址区场地稳定性的影响。

3 查明生产、生活用水水源、水量、水质及开采条件。

9.4.8 坝体变形与地基沉降勘察应包括下列内容:

1 查明土石坝填筑料的物质组成、压实度、强度和渗透特性。

2 查明坝体滑坡、开裂、塌陷等病害险情的分布位置、范围、特征、成因,险情发生过程与抢险措施,运行期坝体变形位移情况及变化规律。

四、《水工建筑物抗震设计规范》DL 5073—2000

1.0.2 适用范围:

3) 设计烈度高于9度的水工建筑物或高度大于250m的壅水建筑物,其抗震安全性应进行专门研究论证后,报主管部门审查、批准。

1.0.4 水工建筑物工程场地地震烈度或基岩峰值加速度应根据工程规模和区域地震地质条件按下列规定确定：

    2）基本烈度为 6 度或 6 度以上地区的坝高超过 200m 或库容大于 100 亿 m^3 的大型工程，以及基本烈度为 7 度及 7 度以上地区坝高超过 150m 的大（1）型工程，其设防依据应根据专门的地震危险性分析提供的基岩峰值加速度成果评定。

1.0.5 水工建筑物应根据其重要性和工程场地基本烈度按表 1.0.5 确定其工程抗震设防类别。

表 1.0.5 工程抗震设防类别

工程抗震设防类别	建筑物级别	场地基本烈度
甲	1（壅水）	≥6
乙	1（非壅水）、2（壅水）	
丙	2（非壅水）、3	≥7
丁	4、5	

1.0.6 各类水工建筑物抗震设计的设计烈度或设计地震加速度代表值应按下列规定确定：

    1）一般采用基本烈度作为设计烈度。

    2）工程抗震设防类别为甲类的水工建筑物，可根据其遭受强震影响的危害性，在基本烈度基础上提高 **1** 度作为设计烈度。

    3）凡按 1.0.4 作专门的地震危险性分析的工程，其设计地震加速度代表值的概率水准，对壅水建筑物应取基准期 100 年内超越概率 P_{100} 为 0.02，对非壅水建筑物应取基准期 50 年内超越概率 P_{50} 为 0.05。

    4）其他特殊情况需要采用高于基本烈度的设计烈度时，应经主管部门批准。

5）施工期的短暂状况，可不与地震作用组合；空库时，如需要考虑地震作用，可将设计地震加速度代表值减半进行抗震设计。

1.0.9 设计烈度为8、9度时，工程抗震设防类别为甲类的水工建筑物，应进行动力试验验证，并提出强震观测设计，必要时，在施工期宜设场地效应台阵，以监测可能发生的强震；工程抗震设防类别为乙类的水工建筑物，宜满足类似要求。

4.1.2 设计烈度为8、9度的1、2级下列水工建筑物：土石坝、重力坝等壅水建筑物，长悬臂、大跨度或高耸的水工混凝土结构，应同时计入水平向和竖向地震作用。

4.1.6 混凝土拱坝应同时考虑顺河流方向和垂直河流方向的水平向地震作用。

五、《铁路工程不良地质勘察规程》TB 10027—2012

1.0.3 铁路工程不良地质勘察应按勘测设计阶段循序进行，逐步查清不良地质现象和病害的成因、规模，提供工程设计所需的地质参数和整治方案建议。

1.0.4 铁路工程不良地质勘察应采用综合勘探和综合分析的方法，积极应用新技术、新方法和新设备。

1.0.5 铁路工程不良地质勘察应本着绕避重大不良地质、防灾减灾、节约耕地的原则。做好工程地质选线工作。

3.0.2 铁路工程不良地质勘察应按照地质调绘、勘探测试、资料综合分析及文件编制的工作程序进行，查明工程地质条件，为设计、施工及运营管理提供依据。

3.0.4 铁路工程不良地质勘察应在地质调绘的基础上，根据不同勘察阶段和各种不良地质类型，应用遥感、物探、钻探、原位测试等方法，结合室内试验进行综合勘探和综合分析。

3.0.5 铁路工程初步设计阶段不良地质危险性评估结论应纳入设计文件，危害工程安全的不良地质应查明不良地质的特性，提出根治的措施意见。

3.0.6　控制线路方案、影响铁路安全的复杂不良地质地段，应开展加深地质工作或专题地质研究。

六、《铁路工程特殊岩土勘察规程》TB 10038—2012

1.0.3　铁路工程特殊岩土勘察应按勘察设计阶段的要求循序渐进，逐步查清特殊岩土的工程地质条件和地质病害成因、规模及发展趋势，提供工程设计所需的岩土参数及工程措施建议。

1.0.4　铁路工程特殊岩土勘察应根据地层岩性的区域性差异和铁路的建设标准，采用综合勘探、综合分析的方法。

3.0.3　铁路工程特殊岩土勘察应按地质调绘、勘探测试、资料综合分析、图件编制的工作流程，查明特殊岩土的工程地质特征。

3.0.6　铁路工程特殊岩土勘察应在地质调绘的基础上。充分利用遥感、物探、原位测试、钻探、井（坑）探、洛阳铲勘探等方法，结合室内试验进行综合勘探和综合分析。

3.0.7　特殊岩土分布区应加强工程地质选线，线路应选择在特殊岩土分布范围小、岩土性质相对简单的地段通过；特殊岩土的性质复杂且线路难以绕避时，地质勘察应满足工程类型比选、采取工程处理措施的要求。

七、《水运工程岩土勘察规范》JTS 133—2013

3.0.1　勘察工作应由具有相应资质的勘察单位承担。

5.4.3　施工图设计阶段勘察工作的布置应符合下列规定。

　5.4.3.3　取原状土孔的数量应不少于勘探点总数的1/3，其余应为原位测试孔。控制性勘探点的数量应不少于勘探点总数的1/6。

6.3.5　勘察工作的布置应符合下列规定。

　6.3.5.3　取原状土孔的数量不少于勘探点总数的1/2，控制性勘探点的数量不少于勘探点总数的1/3。

7.4.5 勘察工作的布置应符合下列规定。

7.4.5.2 取原状土孔的数量应不少于勘探孔总数的 1/2，其余应为原位测试孔；勘探孔中控制性钻孔数量应不少于勘探孔总数的 1/3。

8.4.3 施工图设计阶段勘察工作的布置应符合下列规定。

8.4.3.3 取原状土孔的数量应不少于勘探点总数的 1/3，其余应为原位测试孔。控制性勘探点的数量应不少于勘探点总数的 1/6。

八、《铁路路基设计规范》TB 10001—2005

1.0.3 铁路列车竖向活载必须采用中华人民共和国铁路标准活载。轨道和列车荷载应采用换算土柱代替，换算土柱高度及分布宽度应符合本规范附录 A 的规定。

附录 A 列车和轨道荷载换算土柱高度及分布宽度

1.0.8 路基工程的地基应满足承载力和路基工后沉降的要求。其地基处理措施必须根据铁路等级、地质资料、路堤高度、填料、建设工期等通过检算确定。

1.0.9 路基填料应作为工程材料进行勘察设计。路基土石方调配应确保路基各部位填料符合填料标准要求，并符合节约用地的原则。设计时应合理规划，对移挖作填、集中取（弃）土、填料改良等方案进行经济、技术比较。

3.0.1 当路肩高程受洪水位或潮水位控制时，应计算其设计水位，设计洪水频率或重现期应符合下列规定：

1 设计洪水频率标准应采用 1/100。当观测洪水（含调查洪水）频率小于设计洪水频率时，应按观测洪水频率设计；当观测洪水频率小于 1/300 时，应按 1/300 频率设计。

2 在淤积严重或有特殊要求的水库地段，应在可行性研究阶段确定洪水频率标准。

3 改建既有线与增建第二线的洪水频率，应根据多年运营和水害情况在可行性研究阶段确定。

表 A

项 目	单位	I级铁路					II级铁路		
		特重型	特重型	重　型	重　型	次重型	次重型	中　型	轻型
路段旅客列车设计行车速度 v	km/h	120<v≤160	120<v≤160	120<v≤160	120	120	80≤v≤120	80≤v≤100	80
钢轨	kg/m	75	60	60	60	50	50	50	50
混凝土轨枕型号		III	III	III	III	II	II	II	II
铺轨根数	根/km	1667	1667	1667	1667	1760	1760	1760	1760
混凝土轨枕长度	m	2.6	2.6	2.6	2.6	2.5	2.5	2.5	2.5
道床顶面宽度	m	3.5	3.5	3.4	3.4	3.3	3.3	3.0	2.9
道床边坡坡岸		1.75	1.75	1.75	1.75	1.75	1.75	1.75	1.5
道床厚度	m	0.5	0.5	0.5	0.5	0.45	0.45	0.40	0.35
换算土柱宽度	m	3.7	3.7	3.7	3.7	3.5	3.5	3.4	3.3
荷载强度	kPa	60.2	60.2	59.7	59.7	60.1	60.1	59.1	58.5
换算土柱重度 18kN/m³	m	3.4	3.4	3.4	3.4	3.4	3.4	3.3	3.3
换算土柱重度 19kN/m³	m	3.2	3.2	3.2	3.2	3.2	3.2	3.2	3.1
换算土柱重度 20kN/m³	m	3.1	3.1	3.0	3.0	3.0	3.0	3.0	3.0
换算土柱重度 21kN/m³	m	2.9	2.9	2.9	2.9	2.9	2.9	2.9	2.8

轨道条件

基床表层类型换算土柱高度土质

续表A

项目			单位	I级铁路			II级铁路		
				特重型	重型	次重型	次重型	中型	轻型
基床表层类型	硬质岩石	道床厚度	m	0.35	0.35	0.35	0.3	0.3	0.25
		换算土柱宽度	m	3.4	3.4	3.4	3.2	3.2	3.1
		荷载强度	kPa	60.5	60.1	60.1	60.8	59.8	59.6
		换算土柱重度 19kN/m³	m	3.2	3.2	3.2	3.2	3.2	3.2
		20kN/m³	m	3.1	3.1	3.1	3.1	3.0	3.0
		21kN/m³	m	2.9	2.9	2.9	2.9	2.9	2.9
		22kN/m³	m	2.8	2.8	2.8	2.8	2.8	2.8
	级配碎石或级配砂砾石	道床厚度	m	0.3	0.3	—	—	—	—
		换算土柱宽度	m	3.3	3.3	—	—	—	—
		荷载强度	kPa	60.8	60.3	—	—	—	—
		换算土柱重度 19kN/m³	m	3.2	3.2	—	—	—	—
		20kN/m³	m	3.1	3.1	—	—	—	—
		21kN/m³	m	2.9	2.9	—	—	—	—
		22kN/m³	m	2.8	2.8	—	—	—	—

注：1 表中换算土柱高度按特重型、重型、次重型轨道、重型、次重型轨道高度应减小0.1m，设有缝线路轨道为无缝线路，中型、轻型为有缝线路轨道的计算值；当重型、次重型轨道铺，其换算土柱高度不符时，需另用换算土柱高度；

2 重度竖向计算荷载，即需另计算换算土柱高度；

3 列车竖向荷载采用"中—活载"，即轴重220kN，同距1.5m；

4 II型轨道和轨道荷载分布于路基面上的宽度，自轨枕底两端向下按45°散角计算；

5 II型轨枕换算的换算土柱高度考虑了轨枕枕底每延米加强地段每延米铺设根数1840的影响。

表4.2.3　直线地段标准路基面宽度

项　目		单位	I级铁路							II级铁路		
			特重型		重型			次重型		次重型	中型	轻型
			160	120≤v<160	160	120<v≤160	120	120	80≤v<120	80≤v<120	80≤v≤100	80
旅客列车设计行车速度 v		km/h	160	120≤v<160	160	120<v≤160	120	120	80≤v<120	80≤v<120	80≤v≤100	80
双线线间距		m	4.2	4.0	4.2	4.0	4.0	4.0	4.0	4.0	4.0	4.0
道床顶面宽度		m	3.5	3.5	3.4	3.4	3.4	3.3	3.3	3.3	3.0	2.9
道床厚度		m	0.5	0.5	0.5	0.5	0.5	0.45	0.45	0.45	0.40	0.35
土质	单线 路堤	m	7.9	7.9	7.8	7.8	7.8	7.5	7.5	7.5	7.0	6.3
	单线 路堑	m	7.5	7.5	7.4	7.4	7.4	7.1	7.1	7.1	6.6	5.9
	双线 路堤	m	12.3	12.1	12.2	12	12	11.7	11.7	11.7	11.2	10.5
	双线 路堑	m	11.9	11.7	11.8	11.6	11.6	11.3	11.3	11.3	10.8	10.1
基床表层道床厚度		m	0.35	0.35	0.35	0.35	0.35	0.3	0.3	0.3	0.3	0.25
硬质岩石	单线路堑	m	6.9	6.9	6.8	6.8	6.8	6.5	6.5	6.5	6.2	5.7
	双线路堑	m	11.3	11.3	11.2	11	11	10.7	10.7	10.7	10.4	9.9
级配碎石或级配砂砾石	单线 路堤	m	7.1	7.1	7	7	7	—	—	—	—	—
	单线 路堑	m	6.7	6.7	6.6	6.6	6.6	—	—	—	—	—
	双线 路堤	m	11.5	11.3	11.4	11.2	11.2	—	—	—	—	—
	双线 路堑	m	11.1	10.9	11.0	10.8	10.8	—	—	—	—	—

注：1　特重型、重型、次重型混凝土枕的路基面宽度为无缝线路轨道，Ⅱ型混凝土枕的标准值。对 v=120km/h 的重型轨道，当采用有缝线路轨道和Ⅱ型或Ⅱ型混凝土枕时，路基面宽度应减小0.3m；当采用无缝线路轨道时，路基面宽度应减小0.2m；

2　次重型轨道的路基面宽度为无缝线路轨道，Ⅱ型混凝土枕的标准值。当采用有缝线路轨道，Ⅱ型混凝土枕时，路基面宽度应减小0.2m；

3　中型、轻型轨道的路基面宽度为有缝线路轨道，Ⅱ型混凝土枕的标准值。

4　采用大型养路机械的电气化铁路，当接触网的立柱设在线路肩上时，直线地段路基面宽度应满足立柱设置要求：单线铁路不小于7.7m；双线铁路160km/h地段不小于11.9m（其他不小于11.7m）；表4.2.3中宽度小于11.7m地段小于该标准时应采用该标准。

4　滨海路堤的设计潮水位，应采用重现期为 100 年一遇的高潮位。当滨海路堤兼做水运码头时，还应按水运码头设计要求确定设计最低潮位。

4.1.1　路基面形状应设计为三角形路拱，由路基中心线向两侧设 4％的人字排水坡。曲线加宽时，路基面仍应保持三角形。

4.2.2　路堤的路肩宽度不应小于 0.8m，路堑的路肩宽度不应小于 0.6m。

4.2.3　直线地段标准路基面宽度，应按表 4.2.3 采用。

6.1.1　路基基床应分为表层及底层，表层厚度为 0.6m，底层厚度为 1.9m，总厚度为 2.5m。

6.1.2　基床底层的顶部和基床以下填料部位的顶部应设 4％的人字排水坡。

6.2.1　基床表层填料的选用应符合下列要求：

4　基床表层的压实标准：对细粒土、粉砂、改良土应采用压实系数和地基系数作为控制指标；对砂类土（粉砂除外）应采用相对密度和地基系数作为控制指标；对砾石类、碎石类、级配碎石或级配砂砾石应采用地基系数和孔隙率作为控制指标。并应符合表 6.2.1-1 和表 6.2.1-2 的规定。

表 6.2.1-1　基床表层的压实标准

层位	填料类别 / 压实指标 铁路等级	细粒土、粉砂、改良土		砂粪土（粉砂除外）		砾石类		碎石类		块石类	
		Ⅰ级	Ⅱ级	Ⅰ级	Ⅱ级	Ⅰ级	Ⅱ级	Ⅰ级	Ⅱ级	Ⅰ级	Ⅱ级
基床表层	压实系数 K	—	(0.93)	—	—	—	—	—	—	—	—
	地基系数 K_{30}（MPa/m）	—	(100)	—	110	150	140	150	140		
	相对密度 D_r	—	—	—	0.8						
	孔隙率 n（％）	—	—	—	—	28	29	28	29		

注：细粒土、粉砂、改良土一栏中，有括号的仅为改良土的压实标准，无括号的为细粒土、粉砂、改良土的压实标准。

表 6.2.1-2   级配碎石或级配砂砾石的基床表层厚度及压实标准

填　料	厚度 (m)	地基系数 K_{30} (MPa/m)	孔隙率 (%)	适用范围
级配碎石或级配砂砾石	0.6	≥150	<28	路堤
级配碎石或级配砂砾石	0.5	≥150	<28	软质岩、强风化硬质岩
中粗砂	0.1	≥130	<18	及土质路堑

6.2.2 基床底层填料的选用应符合下列要求：

4 基床底层的压实标准：对细粒土、粉砂、改良土应采用压实系数和地基系数作为控制指标；对砂类土（粉砂除外）应采用相对密度和地基系数作为控制指标；对砾石类、碎石类、级配碎石或级配砂砾石应采用地基系数和孔隙率作为控制指标；对块石类应采用地基系数作为控制指标。并应符合表 6.2.2 的规定。

表 6.2.2   基床底层的压实标准

层位	填料类别 / 压实指标（铁路等级）	细粒土、粉砂、改良土 I级	II级	砂类土（粉砂除外）I级	II级	砾石类 I级	II级	碎石类 I级	II级	块石类 I级	II级
基床表层	压实系数 K	(0.93)	0.91	—	—	—	—	—	—	—	—
	地基系数 K_{30} (MPa/m)	(100)	90	100	100	120	120	130	130	150	150
	相对密度 D_r	—	—	0.75	0.75	—	—	—	—	—	—
	孔隙率 n（%）	—	—	—	—	31	31	31	31	—	—

注：细粒土、粉砂、改良土一栏中，有括号的仅为改良土的压实标准，无括号的为细粒土、粉砂、改良土的压实标准。

7.2.1 路堤基床以下部位填料，宜选用 A、B、C 组填料。当选用 D 组填料时，应采取加固或土质改良措施；严禁使用 E 组填料。

7.3.1 路堤基床以下部位填料的压实标准：对细粒土、粉砂、改良土应采用压实系数和地基系数作为控制指标；对砂类土（粉砂除外）应采用相对密度和地基系数作为控制指标；对砾石类、碎石类应采用地基系数和孔隙率作为控制指标；对块石类应采用地基系数作为控制指标，并应符合表 7.3.1 的规定。

表 7.3.1　路堤基床以下部位填料的压实标准

填筑部位	填料类别 铁路等级 压实指标		细粒土、粉砂、改良土		砂粪土 （粉砂除外）		砾石类		碎石类		块石类	
			Ⅰ级	Ⅱ级	Ⅰ级	Ⅱ级	Ⅰ级	Ⅱ级	Ⅰ级	Ⅱ级	Ⅰ级	Ⅱ级
不浸水部分	压实系数 K		0.90	0.90	—	—	—	—	—	—	—	—
	地基系数 K_{30} (MPa/m)		80	80	80	80	110	110	120	120	130	130
	相对密度 D_r		—	—	0.7	0.7	—	—	—	—	—	—
	孔隙率 n（%）		—	—	—	—	32	32	32	32	—	—
浸水部分及桥涵两端	压实系数 K		—	—	—	—	—	—	—	—	—	—
	地基系数 K_{30} (MPa/m)		—	—	(80)	(80)	(110)	(110)	(120)	(120)	(130)	(130)
	相对密度 D_r		—	—	(0.7)	(0.7)	—	—	—	—	—	—
	孔隙率 n（%）		—	—	—	—	(32)	(32)	(32)	(32)	—	—

注：1　括号内为砂类土（粉砂除外）、砾石类、碎石类、块石类中渗水土填料的压实标准；

　　2　一次铺设无缝线路的Ⅰ级铁路，路堤与桥台、路堤与硬质岩石路堑连接处过渡段填料的压实标准应满足第 7.5.3 条的规定。

7.6.2　软土及其他类型松软地基上的路基应进行工后沉降分析。路基的工后沉降量应满足以下要求：Ⅰ级铁路不应大于 20cm，路桥过渡段不应大于 10cm，沉降速率均不应大于 5cm/年；Ⅱ级铁路不应大于 30cm。

10.1.3　对支挡结构基底下持力层范围内的软弱层，应检算其整体稳定性。整体稳定系数，重力式挡土墙不小于 1.2，其他挡土墙不得小于 1.3。

11.1.6　设计速度为 160km/h 以下的改建地段。既有线基床表层的基本承载力不应小于 0.15MPa，否则应进行换填或加固处理。

设计速度为 160km/h 的改建地段，既有线基床表层应满足既有线提速 160km/h 路基技术条件的有关规定。

九、《铁路隧道设计规范》TB 10003—2005

1.0.4 隧道勘测设计，必须遵照国家有关政策和法规，重视隧道工程对生态环境和水资源的影响。隧道建设应注意节约用地、节约能源及保护农田水利，对噪声、弃碴、排水等应采取措施妥善处理。

1.0.6 新建铁路隧道的内轮廓，必须符合现行国家标准《标准轨距铁路建筑限界》GB 146.2 的规定及远期轨道类型变化要求。对于旅客列车最高行车速度 160km/h 新建铁路隧道内轮廓尚应考虑机车类型、车辆密封性、旅客舒适度等因素确定，隧道轨面以上净空横断面面积，单线隧道不应小于 $42m^2$，双线隧道不应小于 $76m^2$；曲线上隧道应另行考虑曲线加宽。设救援通道的隧道断面应视救援通道尺寸加大。救援通道的宽度不应小于 1.25m。

双层集装箱运输的隧道建筑限界应符合铁道部相关规定。

位于车站上的隧道，其内部轮廓尚应符合站场设计的规定和要求。

1.0.8 隧道建筑物应按满足 100 年正常使用的永久性结构设计，建成的隧道应能适应运营的需要，方便养护作业，并具有必要的安全防护等设施。

1.0.9 隧道建筑结构、防排水的设计及建筑材料的选择，应充分考虑地区环境的影响。

1.0.10 隧道设计应贯彻国家有关技术经济政策，积极采用新理论、新技术、新材料、新设备、新工艺。

1.0.12 长隧道、特长隧道和地质条件复杂的隧道设计，应编制施工组织设计。高瓦斯隧道和瓦斯突出隧道应按本规范及相关规范、规程单独编制预防煤与瓦斯突出、探煤、揭煤、过煤的实施性施工组织设计。

3.1.4 隧道勘测应详细调查隧道所在地区的自然、人文活动和社会环境状况，评价隧道工程对环境可能造成的影响。

5.1.2 隧道工程各部位建筑材料的强度等级应满足耐久性要求，并不应低于表 5.1.2-1 和表 5.1.2-2 的规定。

表 5.1.2-1　衬砌建筑材料

工程部位 ＼ 材料种类	混凝土	钢筋混凝土	喷射混凝土	
			喷锚衬砌	喷锚支护
拱　圈	C25	C30	C25	C20
边　墙	C25	C30	C25	C20
仰　拱	C25	C30	C25	C20
底　板	—	C30	—	—
仰拱填充	C20	—	—	—
水沟、电缆槽	C25	—	—	—
水沟、电缆槽盖板	—	C25	—	—

表 5.1.2-2　洞门建筑材料

工程部位 ＼ 材料种类	混凝土	钢筋混凝土	砌　体
端　墙	C20	C25	M10 水泥砂浆砌块石成 C20 片石混凝土
顶　帽	C20	C25	M10 水泥砂浆砌粗料石
翼墙和洞口挡土墙	C20	C25	M10 水泥砂浆砌块石
侧沟、截水沟	C15	—	M10 水泥砂浆砌片石
护　坡	C15	—	M10 水泥砂浆砌片石

注：1　护坡材料也可采用 C20 喷射混凝土；

2　最冷月平均气温低于 −15℃ 的地区，表列水泥砂浆强度应提高一级。

5.1.3 建筑材料的选用，应符合下列规定：

1 建筑材料应符合结构强度和耐久性的要求，同时应满足其抗冻、抗渗和抗侵蚀的需要。

3 当有侵蚀性水经常作用时，所用混凝土和水泥砂浆均应具有相应的抗侵蚀性能。

5 隧道混凝土的碱含量应符合国家现行《铁路混凝土工程预防碱—骨料反应技术条件》TB/T 3054 的规定。混凝土和砌体所用的材料除应符合国家有关标准规定外，尚应符合下列要求：

  1）混凝土不应使用碱活性骨料；

  2）钢筋混凝土构件中的钢筋应符合现行国家标准《钢筋混凝土用钢筋》GB 1499 的规定；

  3）片石强度等级不应低于 MU40，块石强度等级不应低于 MU60，有裂缝和易风化的石材不应采用；

  4）片石混凝土内片石掺用量不应大于总体积的 20%。

5.1.5 喷锚支护采用的材料，除应符合本规范的有关规定外，尚应符合下列要求：

2 粗骨料应采用坚硬耐久的碎石或卵石，不得使用碱活性骨料；喷射混凝土中的骨料粒径不宜大于 15mm，喷射钢纤维混凝土中的骨料粒径不宜大于 15mm；骨料宜采用连续级配，细骨料应采用坚硬耐久的中砂或粗砂，细度模数宜大于 2.5；

4 砂浆锚杆用的水泥砂浆强度等级不应低于 M20；

5.1.7 喷射钢纤维混凝土中的钢纤维宜采用普通碳素钢制成，并应满足下列要求：

3 抗拉强度不得小于 600MPa，并不得有油渍和明显的锈蚀；

6.0.4 洞门墙基础的设置应符合下列要求：

1 基础必须置于稳固的地基上，并埋入地面下一定深度，土质地基埋入的深度不应小于 1m；

2 在冻胀性土上设置基础时，基底应置于冻结线以下 0.25m，或采取其他工程措施；

7.1.2 隧道衬砌设计应符合下列规定：

1 隧道应采用曲墙式衬砌，Ⅵ级围岩的衬砌应采用钢筋混凝土结构；

6 单线Ⅲ级以上、双线Ⅱ级及以上地段均应设置仰拱；单线Ⅲ级、双线Ⅱ级及以下地段是否设置仰拱应根据岩性、地下水情况确定；不设仰拱的地段应设底板，底板厚度不得小于 25cm，并应设置钢筋，钢筋净保护层厚度不应小于 30mm；

7.2.6 隧道仰拱与底板施工应符合下列要求：

1 仰拱或底板施作前，必须将隧底虚碴、杂物、积水等清除干净，超挖部分应采用同级混凝土回填与找平；

2 仰拱应超前拱墙衬砌施作，其超前距离宜保持 3 倍以上衬砌循环作业长度；

3 仰拱或底板施工缝、变形缝处应作防水处理，其工艺按有关规定办理；

4 仰拱或底板施作应各段一次成型，不得分部灌筑。

7.2.8 隧道拱、墙背回填应符合下列规定：

1 拱部范围与墙脚以上 1m 范围内的超挖，应用同级混凝土回填；

2 其余部位的空隙，可视围岩稳定情况、空隙大小，采用混凝土、片石混凝土回填；

3 拱部局部坍塌严禁采用浆砌片石回填。

7.3.4 通过含瓦斯地层的隧道，应根据地层每吨煤含瓦斯、瓦斯压力确定瓦斯地段等级，针对不同瓦斯等级地段采用不同的衬砌结构。瓦斯隧道衬砌应采取下列防瓦斯措施：

1 瓦斯隧道应采用复合式衬砌，初期支护的喷射混凝土厚度不应小于 15cm，二次衬砌模筑混凝土厚度不应小于 40cm；

2 衬砌应采用单层或多层全封闭结构，并选用气密性建筑材料，提高混凝土的密实性和抗渗性指标；

3 衬砌施工缝隙应严密封填；

4 应向衬砌背后或地层压注水泥砂浆，或采用内贴式、外贴式防瓦斯层加强封闭。

8.0.4 隧道内铺设有碴道床时应符合下列要求：

1 应采用一级碎石道碴；

4 轨枕端头至侧沟、电缆槽间的道碴宽度不应小于 20cm；靠近道床一侧的侧沟墙身应增设构造钢筋。

10.5.3 钢筋混凝土构件中外侧钢筋的混凝土净保护层最小厚度应符合表 10.5.3 的规定。

表 10.5.3 钢筋混凝土保护层最小厚度（cm）

构件厚度	保护层最小厚度	
	非侵蚀性环境	侵蚀性环境
<15	1	1.5
15～30	3	3.5
31～50	3.5	4
>50	4	5

注：明洞和洞门，可采用非侵蚀性环境栏内数值。

12.1.4 辅助坑道在隧道主体工程竣工后，应按下列规定进行处理：

1 排水系统应整理，水流应通畅；

2 需要利用的辅助坑道应设置永久支护及村砌，其洞（井）口应设置安全防护设施；不予利用的洞（井）口应封闭。

13.1.1 新建和改建隧道防排水，应采取"防、排、截、堵结合，因地制宜，综合治理"的原则。采取切实可靠的设计、施工措施，保障结构物和设备的正常使用和行车安全。对地表水和地下水应作妥善处理，洞内外应形成一个完整的防排水系统。

13.1.2 隧道防、排水设计应根据工程特点及勘测资料进行。其设计内容应包括：

1 防水标准和设防要求；

2 防水混凝土抗渗等级和其他技术指标；

3 防水服选用的材料及其技术指标；

4 工程细部构造的防水措施，选用的材料及其技术指标；

5 工程结构的防水系统，各种洞口工程防排水系统；洞身局部地段地表堵水、截水、排水系统。

13.1.3 Ⅰ级铁路隧道；Ⅱ级铁路电化隧道；车站隧道及机电设备洞室的防水应满足下列要求：

　　1 衬砌不渗水，安装设备的孔眼不渗水；

　　2 道床排水畅通，不漫水；

　　3 在有冻害地段的隧道，衬砌背后不积水、排水沟不冻结。

13.1.4 Ⅱ级铁路非电化隧道；隧道内一般洞室的防水应满足下列要求：

　　1 衬砌不渗水，安装设备的孔眼不渗水；

　　2 道床排水畅通，不浸水；

　　3 在有冻害地段的隧道，衬砌不渗水，衬砌背后不积水、排水沟不冻结。

13.1.5 隧道正洞间的联络通道防水，应达到衬砌不漏水、地面不积水；兼顾运营期间养护维修使用的辅助坑道防水，应达到衬砌拱部不滴水、边墙不淌水、地面不积水；供其他使用的辅助坑道防水，应达到衬砌不能有线流，洞内排水通畅。

13.1.7 隧道修建及运营中的排水有可能影响周围环境，造成污染和危害时，应采取防污染和防其他公害的措施，并应防止水土流失、降低围岩稳定性及造成农田灌溉和人畜用水困难等后患。

13.3.2 隧道排水主要应采取下列措施：

　　2 根据工程地质和水文地质条件，应在衬砌外设环向盲管、纵向盲管（沟）、进水孔和洞内排水沟，组成完整的排水系统，必要时可在隧底设排水盲管（沟）；环向盲管应与纵向盲管（沟）连接，纵向盲管（沟）应与边墙进水孔连接，边墙进水孔应与洞内排水沟连通；各盲管（沟）及进水孔相互间宜采用变径三通连接。

14.1.3 运营隧道内空气的卫生标准应达到：列车通过隧道后15min以内，空气中CO浓度在$30mg/m^3$以下，氮氧化物（换算成NO_2）浓度在$10mg/m^3$以下。电化运营隧道内的卫生标准还应符合：隧道湿度应小于80%，温度应低于$28℃$，臭氧浓度应小于 0.3mg/m³，含有 10% 以下游离 SiO_2 的粉尘浓度应小于 10mg/m³。

瓦斯隧道运营期间，必须进行瓦斯检测，隧道内在任何时间、任何地点保证运营安全的瓦斯浓度不得大于 0.5%。

14.1.4 瓦斯隧道运营期间应采用定时通风，并在列车进入隧道前或在列车出隧道后进行，列车在隧道内运行时不应进行通风。瓦斯隧道运营通风的最小风速不得小于 1.0m/s。当隧道内瓦斯浓度达到 0.4% 时，必须启动风机进行通风，保证隧道内瓦斯浓度不大于 0.5%；当瓦斯浓度降到 0.3% 以下时，可停止通风。

14.2.2 隧道照明的设置应符合下列要求：

3 照明灯具应选用防潮、减震、防腐蚀和不妨碍信号瞭望的灯具；在可能有瓦斯泄出的隧道内应具有防爆性能；

十、《公路隧道设计规范》JTG D70—2004

1.0.3 隧道规划和设计应遵循能充分发挥隧道功能、安全且经济地建设隧道的基本原则。

隧道设计应有完整的勘测、调查资料，综合考虑地形、地质、水文、气象、地震和交通。及其构成，以及营运和施工条件，进行多方案的技术、经济、环保比较。使隧道设计符合安全实用、质量可靠、经济合理、技术先进的要求。

1.0.5 隧道主体结构必须按永久性建筑设计，具有规定的强度、稳定性和耐久性；建成的隧道应能适应长期营运的需要，方便维修作业。

1.0.6 应加强隧道支护衬砌、防排水、路面等主体结构设计与通风、照明、供配电、消防、交通监控等营运设施设计之间的协调，形成合理的综合设计。必要时应对有关的技术问题开展专项设计和研究。

1.0.7 隧道土建设计应体现动态设计与信息化施工的思想，制定地质观察和监控量测的总体方案；地质条件复杂的隧道，应制定地质预测方案，以及时评判设计的合理性，调整支护参数和施工方案。通过动态设计使支护结构适应于围岩实际情况，更加安全、经济。

3.1.1　应根据隧道不同设计阶段的任务、目的和要求，针对公路等级、隧道的特点和规模，确定搜集、调查资料的内容和范围。并认真进行调查、测绘、勘探和试验。调查的资料应齐全、准确，满足设计要求。

3.1.3　应根据隧道所通过地区的地形、地质条件，并综合考虑调查的阶段、方法、范围等，编制相应的调查计划。在调查过程中，如发现实际地质情况与预计的情况不符，应及时修正调查计划。

7.1.2　隧道应遵循"早进洞、晚出洞"的原则，不得大挖大刷，确保边坡及仰坡的稳定。

8.1.2　隧道衬砌设计应综合考虑地质条件、断面形状、支护结构、施工条件等，并应充分利用围岩的自承能力。衬砌应有足够的强度和稳定性，保证隧道长期安全使用。

10.1.1　隧道防排水应遵循"防、排、截、堵结合，因地制宜，综合治理"的原则，保证隧道结构物和营运设备的正常使用和行车安全。隧道防排水设计应对地表水、地下水妥善处理，洞内外应形成一个完整通畅的防排水系统。

15.1.1　隧道路基应稳定、密实、匀质，为路面结构提供均匀的支承。

15.1.2　隧道路面应具有足够的强度和平整、耐久、抗滑、耐磨等性能。

16.1.1　公路隧道通风设计应综合考虑交通条件、地形、地物、地质条件、通风要求、环境保护要求、火灾时的通风控制、维护与管理水平、分期实施的可能性、建设与营运费用等因素。

十一、《铁路工程地质勘察规范》TB 10012—2007

1.0.4　工程地质勘察应查明建设工程地区的工程地质条件，为线路方案选择、各类建筑物设计、特殊岩土处理、不良地质整治、环境保护和水土保持方案的制定及合理确定施工方法等提供可靠依据。

1.0.5　工程地质工作应采用综合勘察和综合分析方法，积极应用新技术、新方法。

3.1.4　工程地质勘察应重视工程地质调绘、工程勘探、地质测试、资料综合分析和文件编制过程中的每一环节，保证地质资料准确、可靠。

3.1.5　工程地质勘察工作应根据勘察阶段、区域及工程场地地质条件、工程类型、勘察手段的适宜性，统筹考虑勘察手段选配，开展综合勘察工作。

3.1.8　按照国家有关规定，在初测阶段根据工程的设置情况，提出应进行地震安全性评价的工程项目和需进行地震动峰值加速度区划界线复核地段的建议。

3.4.7　沿线地震动参数应按现行《中国地震动参数区划图》GB 18306 的规定划分。区划界线位置应依据地震动参数，结合实地地质构造线的延伸或地貌单元及工程的设置情况确定。

3.6.9　对妨碍交通、影响安全和不封孔有可能恶化工程地基、隧道地质条件，或污染环境的钻孔、探井（坑），在鉴定后应按现行《铁路工程地质钻探规程》TB 10014 等有关规定及时回填、平整场地。对位于大江、大河及堤防的钻孔、探井（坑）应根据当地堤防部门的要求回填、平整场地，并做好记录备查。

3.10.1　外业勘察资料应及时分析整理。在确认原始资料准确、完整的基础上，按基础资料、工点资料、综合图件、工程地质勘察报告的程序分别进行编制。

3.10.2　根据调绘、勘探和测试资料等，综合分析、评价工程建设场地的稳定性和适宜性。提供设计参数和工程措施意见。

3.10.3　工程地质勘察成果资料应内容完整，地质参数的选择依据充分，工程措施建议合理。

4.1.2　高路堤、陡坡路堤工程地质勘察应包括下列内容及要求：

　　1　工程地质调绘

　　　　3）查明地下水活动情况及其对基底稳定性的影响。

4.1.3　深路堑、地质复杂路堑工程地质勘察应包括下列内容及要求：

　　1　工程地质调绘

　　　　3）查明覆盖层厚度、地层结构、成因类型及其物理力学性质，查明覆盖层与基岩接触面的形态，有无软弱夹层及其特征；

　　　　6）查明地下水出露位置、流量、活动特征，评价其对路堑边坡及基底稳定的影响。

4.1.4　支挡建筑物工程地质勘察应包括下列内容及要求：

　　1　工程地质调绘

　　　　4）查明水文地质条件，评价地下水对山坡及支挡建筑物的影响；

4.3.2　隧道工程地质调绘应符合下列要求：

　　2　查明洞身是否通过煤层、气田、膨胀性地层、采空区、有害矿体及富集放射性物质的地层等，并进行工程地质条件评价。

4.3.3　隧道通过地段的水文地质工作应包括下列内容：

　　1　查明隧道通过地段的井、泉情况，分析水文地质条件，判明地下水的类型、水质、侵蚀性、补给来源等，预测洞身最大及正常分段涌水量，并取样作水质分析；

　　2　在岩溶发育区，应分析突水、突泥的危险，充分估计隧道施工诱发地面塌陷和地表水漏失等破坏环境条件的问题，并提出相应工程措施意见；

4.4.7　高层建筑、大型站房、大跨度建筑物和房屋集中区地基的工程地质勘察，应执行国家现行有关标准。

4.6.4　建筑材料场地的选择，应满足下列地质条件：

　　1　场地地质构造简单，地层岩性单一，岩性满足所需建筑材料标准要求、便于开采，且开采储量足够；

2 建筑材料开采不会对周边环境产生较大影响，不会形成新的或加剧周边地质灾害的发生和发展；

3 剥离与开采地层的比例经济、合理。

4.6.5 以下区域不得选作建筑材料场地：

1 重要的文化古迹、考古区；

2 疗养区、风景名胜区、旅游区；

3 各类自然保护区、水土保持禁垦区、水源涵养区；

4 不良地质发育区、地质灾害多发区；

5 当地少数民族风俗习惯保护区；

6 有特殊防洪、防震、防爆要求，国防重要设施附近等需要特别保护的区域。

5.3.3 岩堆地段工程地质调绘应符合下列要求：

4 查明岩堆床的形态、岩性、有无软弱夹层或软弱面，分析岩堆的稳定程度；

5 查明地表水和地下水活动对岩堆稳定的影响。

5.10.3 放射性地区和有害气体地段的工程地质选线应遵循下列原则：

1 线路应绕避已知或可能存在放射性矿床区、含大量有害气体地层地段，无法绕避时应选择较窄处通过；

2 车站及生活区必须设置在放射性强度或比活度符合国家现行《辐射防护规定》GB 8703 规定的地段，不得建在放射性强度较高的地区或含有害气体的地段；

3 饮用水源严禁建在放射性超标的地区。

5.10.5 施工阶段应对放射性地段、有害气体分布地层进行监测，确保施工安全。

7.1.2 工程地质勘察工作深度应满足设计要求，并与设计阶段相适应，不应超越阶段要求，亦不得将本阶段应做的工作推到下一阶段或施工中去完成。

8.2.5 改建铁路工程勘探、地质测试工作应符合下列要求：

3 对影响既有建筑物稳定及行人与行车安全的坑、孔经鉴定、测试后，应立即回填夯实。

9.1.1 施工阶段工程地质工作应针对现场地质情况，加强监测，确保施工安全；及时根据地质条件的变化，提出改进施工方法的意见及处理措施，保障施工的正常进行；根据施工情况编录竣工地质资料。

9.2.4 隧道工程施工地质工作主要应包括下列内容：

5 长隧道或地质复杂的隧道在施工过程中应加强地质监测，对隧道围岩变化位置、涌水量、断层带等开展地质超前预报工作，预防突发性地质灾害的发生，保证施工顺利进行。

十二、《城市轨道交通岩土工程勘察规范》GB 50307—2012

7.2.3 详细勘察应进行下列工作：

1 查明不良地质作用的特征、成因、分布范围、发展趋势和危害程度，提出治理方案的建议。

2 查明场地范围内岩土层的类型、年代、成因、分布范围、工程特性，分析和评价地基的稳定性、均匀性和承载能力，提出天然地基、地基处理或桩基等地基基础方案的建议，对需进行沉降计算的建（构）筑物、路基等，提供地基变形计算参数。

3 分析地下工程围岩的稳定性和可挖性，对围岩进行分级和岩土施工工程分级，提出对地下工程有不利影响的工程地质问题及防治措施的建议，提供基坑支护、隧道初期支护和衬砌设计与施工所需的岩土参数。

4 分析边坡的稳定性，提供边坡稳定性计算参数，提出边坡治理的工程措施建议。

5 查明对工程有影响的地表水体的分布、水位、水深、水质、防渗措施、淤积物分布及地表水与地下水的水力联系等，分析地表水体对工程可能造成的危害。

6 查明地下水的埋藏条件，提供场地的地下水类型、勘察时水位、水质、岩土渗透系数、地下水位变化幅度等水文地质资料，分析地下水对工程的作用，提出地下水控制措施的建议。

7 判定地下水和土对建筑材料的腐蚀性。

8 分析工程周边环境与工程的相互影响，提出环境保护措施的建议。

9 应确定场地类别，对抗震设防烈度大于 **6** 度的场地，应进行液化判别，提出处理措施的建议。

10 在季节性冻土地区，应提供场地土的标准冻结深度。

7.3.6 地下工程控制性勘探孔的数量不应少于勘探点总数的 1/3。采取岩土试样及原位测试勘探孔的数量：车站工程不应少于勘探点总数的 1/2，区间工程不应少于勘探点总数的 2/3。

7.4.5 高架工程控制性勘探孔的数量不应少于勘探点总数的 1/3。取样及原位测试孔的数量不应少于勘探点总数的 1/2。

10.3.2 勘察时遇地下水应量测水位。当场地存在对工程有影响的多层含水层时，应分层量测。

11.1.1 拟建工程场地或其附近存在对工程安全有不利影响的不良地质作用且无法规避时，应进行专项勘察工作。

十三、《生活垃圾卫生填埋处理技术规范》GB 50869—2013

3.0.3 填埋物中严禁混入危险废物和放射性废物。

4.0.2 填埋场不应设在下列地区：

1 地下水集中供水水源地及补给区，水源保护区；

2 洪泛区和泄洪道；

3 填埋库区与敞开式渗沥液处理区边界距居民居住区或人畜供水点的卫生防护距离在 500m 以内的地区；

4 填埋库区与渗沥液处理区边界距河流和湖泊 50m 以内的地区；

5 填埋库区与渗沥液处理区边界距民用机场 3km 以内的地区；

6 尚未开采的地下蕴矿区；

7 珍贵动植物保护区和国家、地方自然保护区；

8 公园，风景、游览区，文物古迹区，考古学、历史学及生物学研究考察区。

9　军事要地、军工基地、和国家保密地区。

8.1.1　填埋场必须进行防渗处理，防止对地下水和地表水的污染，同时还应防止地下水进入填埋场。

10.1.1　填埋场必须设置有效的渗沥液收集系统和采取有效的渗沥液处理措施，严防渗沥液污染环境。

11.1.1　填埋场必须设置有效的填埋气体导排设施，严防填埋气体自然聚集、迁移引起的火灾和爆炸。

11.6.1　填埋库区应按生产的火灾危险性分类中戊类防火区的要求采取防火措施。

11.6.3　填埋场达到稳定安全期前，填埋库区及防火隔离带范围内严禁设置封闭式建（构）筑物，严禁堆放易燃易爆物品，严禁将火种带入填埋库区。

11.6.4　填埋场上方甲烷气体含量必须小于 5%，填埋场建（构）筑物内甲烷气体含量严禁超过 1.25%。

15.0.5　填埋场应设置道路行车指标、安全标识、防火防爆及环境卫生设施设置标志。

十四、《建筑变形测量规范》JGJ 8—2007

3.0.1　下列建筑在施工和使用期间应进行变形测量：

1　地基基础设计等级为甲级的建筑；

2　复合地基或软弱地基上的设计等级为乙级的建筑；

3　加层、扩建建筑；

4　受邻近深基坑开挖施工影响或受场地地下水等环境因素变化影响的建筑；

5　需要积累经验或进行设计反分析的建筑。

3.0.11　当建筑变形观测过程中发生下列情况之一时，必须立即报告委托方，同时应及时增加观测次数或调整变形测量方案：

1　变形量或变形速率出现异常变化；

2　变形量达到或超出预警值；

3 周边或开挖面出现塌陷、滑坡；

4 建筑本身、周边建筑及地表出现异常；

5 由于地震、暴雨、冻融等自然灾害引起的其他变形异常情况。

参 考 文 献

1. 住房和城乡建设部强制性条文协调委员会. 工程建设标准强制性条文——房屋建筑部分（2013 年版）. 北京：中国建筑工业出版社，2013

2. 闫军. 建筑施工强制性条文速查手册. 北京：中国建筑工业出版社，2012

3. 闫军. 交通工程强制性条文速查手册. 北京：中国建筑工业出版社，2013